新形态计算机专业系列规划教材

计算机网络

◎ 主　编　单振辉　彭天彬　张煜笠
◎ 副主编　闫启龙

大连理工大学出版社
Dalian University of Technology Press

图书在版编目(CIP)数据

计算机网络 / 单振辉，彭天彬，张煜笠主编.
大连 ：大连理工大学出版社，2024. 8.(2024.8 重印)--ISBN 978-7
-5685-5116-8

Ⅰ. TP393

中国国家版本馆 CIP 数据核字第 2024Z5L056 号

JISUANJI WANGLUO

大连理工大学出版社出版
地址:大连市软件园路 80 号　邮政编码:116023
发行:0411-84708842　邮购:0411-84708943　传真:0411-84701466
E-mail:dutp@dutp.cn　URL:https://www.dutp.cn

大连雪莲彩印有限公司印刷　　大连理工大学出版社发行

幅面尺寸:185mm×260mm　印张:15.5　字数:377 千字
2024 年 8 月第 1 版　　2024 年 8 月第 2 次印刷

责任编辑:孙兴乐　　责任校对:齐　欣
封面设计:张　莹

ISBN 978-7-5685-5116-8　　定　价:45.00 元

前言 Preface

计算机网络是计算机技术与通信技术相互渗透、密切结合而形成的一门交叉学科。在当今这个信息时代，计算机网络的应用大大缩短了人与人之间的时间与空间距离，进一步扩大了人类社会群体之间的交互与协作范围。同时，计算机网络也对社会的进步产生了巨大的影响。以互联网为代表的网络应用技术和高速网络技术使网络技术发展到了一个更高的阶段。基于网络技术的电子政务、电子商务、远程教育、远程医疗及信息安全技术正在以前所未有的速度发展，计算机网络正在改变人们的工作方式与生活方式，网络技术的发展与应用也已成为影响一个国家与地区政治、经济、科学与文化发展的重要因素之一。

随着我国信息技术与信息产业的发展，社会上需要大批掌握计算机网络与通信技术的人才。因此，计算机网络已经成为广大学生学习的一门重要课程，也是从事计算机应用与信息技术研究的专业技术人员应该掌握的重要知识。为了适应这种新形势和新需要，编者根据多年从事计算机网络课程教学实践与科研工作的经验编写了本教材，希望为广大读者提供一本既保持知识的系统性，又能反映当前网络技术发展成果，语言通俗、层次清晰、概念准确的教材。

本教材由长期从事计算机网络课程教学的一线教师编写，主要特点如下：

(1)针对以往同类图书仅重视理论阐述，实践指导性较弱的问题，本教材各章节理论知识均结合实例进行讲解，从应用和实践的角度介绍相关原理、结构，使学生能够结合实际掌握网络技术相关原理和网络建设的内涵。

(2)面向计算机科学与技术、网络工程等偏重实践应用的专业，注重应用型人才专业技能和工程实用技术的培养，不过度强调理论知识的深度和难度，力求做到语言精练、图文并茂、通俗易懂。对于一些较难理解或掌握的技术，使用示意图和结构图的方式进行演示和讲解;对于一些简单的技术,则只简单讲解。

(3)体系结构完整,内容讲解由浅入深,系统地阐述网络原理和相关公式、算法,同时各章节内容的安排参照了国家软件水平考试大纲,兼顾了学生参加相关考试理论学习的需要。

本教材可作为各类院校计算机专业的教材,也可供从事计算机网络工作的工程技术人员和计算机网络爱好者学习参考。

本教材由哈尔滨信息工程学院单振辉、彭天彬、张煜笠任主编,闫启龙任副主编。具体分工如下:第 1 章、第 2 章由彭天彬编写,第 3 章由彭天彬和闫启龙编写,第 4 章由张煜笠编写,第 5 章由单振辉编写,第 6 章由闫启龙编写,第 7 章由单振辉编写。单振辉拟定编写内容和大纲,张煜笠做全书整理,单振辉、彭天彬、张煜笠和闫启龙负责审稿。全书由单振辉统稿并定稿。

在编写本教材的过程中,编者参考、引用和改编了国内外出版物中的相关资料及网络资源,在此表示深深的谢意!相关著作权人看到本教材后,请与出版社联系,出版社将按照相关法律的规定支付稿酬。

限于水平,书中仍有疏漏和不妥之处,敬请专家和读者批评指正,以使教材日臻完善。

编　者

2024 年 8 月

所有意见和建议请发往:dutpbk@163.com
欢迎访问高教数字化服务平台:https://www.dutp.cn/hep/
联系电话:0411-84708445　84708462

目录 Contents

第 1 章　计算机网络概述 …… 1
1.1　计算机网络的产生与发展 …… 1
1.2　计算机网络的概念与分类 …… 7
1.3　计算机网络的组成与功能 …… 10
1.4　计算机网络的拓扑结构 …… 14
1.5　计算机网络的体系结构 …… 17
习题巩固 …… 23
第 2 章　物理层 …… 25
2.1　物理层概述 …… 25
2.2　数据通信 …… 27
2.3　传输介质 …… 29
2.4　多路复用技术 …… 33
2.5　数据传输方式 …… 36
2.6　宽带接入技术 …… 42
习题巩固 …… 46
第 3 章　数据链路层 …… 49
3.1　数据链路层概述 …… 49
3.2　差错检测和纠正 …… 52
3.3　滑动窗口协议 …… 57
3.4　点对点协议 …… 59
3.5　以太网 …… 61
3.6　虚拟局域网 …… 64
3.7　无线局域网 …… 66
习题巩固 …… 71

第 4 章　网络层 …………………………………………………………… 73
4.1　网络层与 IP ……………………………………………………… 73
4.2　网络层提供的服务……………………………………………… 74
4.3　IPv4 ……………………………………………………………… 77
4.4　IPv6 ……………………………………………………………… 89
4.5　路由协议………………………………………………………… 92
4.6　IP 多播 ………………………………………………………… 110
4.7　移动 IP ………………………………………………………… 114
4.8　广域网 ………………………………………………………… 118
习题巩固………………………………………………………………… 129
第 5 章　传输层…………………………………………………………… 131
5.1　传输层概述 …………………………………………………… 131
5.2　UDP …………………………………………………………… 134
5.3　TCP …………………………………………………………… 137
习题巩固………………………………………………………………… 144
第 6 章　应用层…………………………………………………………… 146
6.1　应用层概述 …………………………………………………… 146
6.2　域名系统(DNS) ……………………………………………… 148
6.3　动态主机配置协议(DHCP) ………………………………… 152
6.4　远程登录协议(Telnet) ……………………………………… 156
6.5　电子邮件(E-mail) …………………………………………… 157
6.6　文件传送协议(FTP) ………………………………………… 158
6.7　超文本传输协议(HTTP) …………………………………… 168
6.8　简单网络管理协议(SNMP) ………………………………… 172
习题巩固………………………………………………………………… 178
第 7 章　网络安全………………………………………………………… 180
7.1　网络安全概述 ………………………………………………… 180
7.2　密码学 ………………………………………………………… 185
7.3　常见加密技术 ………………………………………………… 194
7.4　数字签名 ……………………………………………………… 197
7.5　防火墙技术 …………………………………………………… 202
7.6　入侵检测技术 ………………………………………………… 217
习题巩固………………………………………………………………… 240
参考文献…………………………………………………………………… 242

第1章　计算机网络概述

计算机网络技术发源于20世纪60年代，随着互联网的出现，在近几十多年来得到了飞速发展。如今，计算机通信网络和因特网已经深入到我们工作和生活的各个方面，如电子银行、电子商务、电子政务、企业管理、信息服务、电子社区，以及远程教育、远程医疗等。近年来出现的大数据、云计算等新技术更是建立在互联网的基础上，所以可以毫不夸张地说，当今的知识经济、信息时代均源于网络。

1.1　计算机网络的产生与发展

计算机网络的产生和发展与计算机技术、通信技术密不可分，是计算机技术和通信技术高度结合的产物。当计算机数量和计算机应用普及到一定程度，就会出现计算机互联的需求，希望通过计算机之间的互联互通共享计算机资源，计算机网络也因此应运而生。

1.1.1　计算机网络的发展历史

计算机网络是计算机技术与通信技术相结合的产物。纵观计算机网络的发展历史可以发现，计算机网络和其他事物一样，也经历了从简单到复杂，从低级到高级的发展过程。在这一过程中，计算机技术与通信技术紧密结合，相互促进，共同发展，最终产生了计算机网络。

从1946年世界上第一台计算机ENIAC的诞生到现在网络的全面普及，计算机网络的发展大体可以分为以下4个阶段。

1.第一代计算机网络——面向终端的计算机网络

第一代计算机网络也称面向终端的计算机网络，它是以主机为中心的通信系统。这样的系统中，除一台中心计算机（主机）外，其余终端均不具备自主处理功能。面向终端的计算机网络在结构上有三种形式，如图1-1所示。

（1）第一种结构是主机与终端直接相连，如图1-1(a)所示。在这种结构中，主机负载较重，且一条通信线路只能与一个终端相连，通信线路的利用率较低。

（2）第二种结构是终端共享通信线路，如图1-1(b)所示。这种结构有效提高了通信线

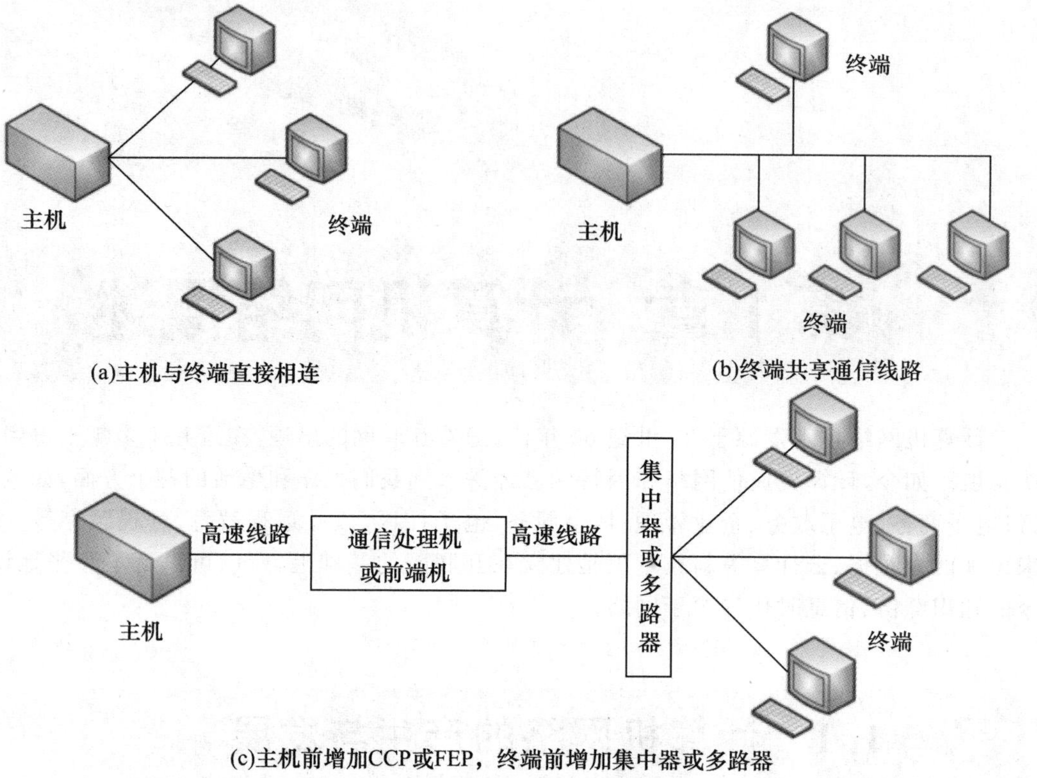

图 1-1　面向终端的计算机网络

路的利用率，但当多个终端同时要求与主机通信时，主机无法确定与哪一个终端进行通信。为解决这一问题，主机需增加相应的设备和软件完成相应的通信协议转换，但是这样会使得主机工作负荷加重。

(3)为了减轻主机负荷，在主机前增加通信处理机(Communication Control Processor，CCP)或前端机(Front end Processor，FEP)，在终端前增加集中器或多路器，这就是第三种结构，如图 1-1(c)所示。CCP 或 FEP 专门负责通信控制，而主机专门进行数据处理。集中器或多路器实际上是设在远程终端的通信处理机，其作用是实现多个终端共享同一条通信线路。

20 世纪 60 年代初，美国航空公司与 IBM 公司联合研制的飞机票预订系统由 1 台主机和 2 000 多个终端组成，是一个典型的面向终端的计算机网络。但这种网络存在着一些明显的缺点：如果主机的负荷较重，会导致系统响应时间过长，且单机系统的可靠性一般较低，一旦主机发生故障，将导致整个网络系统的瘫痪。

2. 第二代计算机网络——以通信子网为中心的网络

为了克服第一代计算机网络的缺点，提高网络的可靠性和可用性，人们开始研究将多台计算机相互连接的方法。1969 年，美国国防部高级研究计划署(Advanced Research Projects Agency，ARPA)开发的计算机分组交换网 ARPANET 投入运行，它成功地连接了加州大学洛杉矶分校、加州大学圣巴巴拉分校、斯坦福大学和犹他大学 4 个节点的计算机。ARPANET 的诞生，标志着计算机网络的发展进入了一个新纪元，也使计算机网络的概念发生了根本性的变化。

早期的面向终端的计算机网络是以单个主机为中心的星型网，各终端通过电话网共享主机的硬件和软件资源。但分组交换网则以由接口信息处理机(Interface Message Processor, IMP)构成的通信子网为中心，主机和终端都处在网络的边缘构成用户资源子网，通信子网与用户资源子网组成两级网络结构，如图1-2所示。用户不仅可以共享通信子网的资源，还可以共享用户资源子网中丰富的硬件和软件资源。这种以通信子网为中心的计算机网络称为第二代计算机网络。

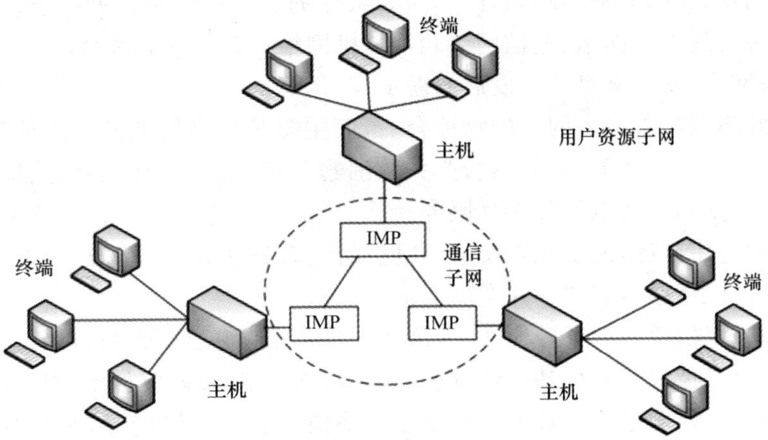

图1-2　通信子网与资源子网组成两级网络结构

3. 第三代计算机网络——标准化网络

在网络中，相互通信的计算机必须高度协调地工作，而这种“协调”是相当复杂的。为了降低网络设计的复杂性，早在当初设计ARPANET时就有专家提出了分层的方法。分层设计可以将庞大而复杂的问题转化为若干较小且易于处理的子问题。

国际标准化组织(International Standard Organization,ISO)于1977年设立了专门的机构研究解决不同公司之间的网络不能互联互通的问题，并于不久后提出了一个使各种计算机能够互联的标准框架——开放式系统互联参考模型(Open System Interconnection/Reference Model,OSI/RM)，简称OSI参考模型。

OSI参考模型是一个开放体系结构，它将网络分为7层，并规定每层的功能。OSI参考模型的出现，意味着计算机网络发展到了第三代，即标准化网络。在开放式环境下，所有计算机设备和通信设备只要遵循共同制定的国际标准，就可以实现不同产品在同一网络中的顺利通信。

4. 第四代计算机网络——以Internet为中心的新一代网络

第四代计算机网络是从20世纪80年代末开始出现的。当时局域网技术已经逐步发展成熟，光纤、高速网络技术、多媒体技术、智能网络技术等相继出现，整个网络就像一个对用户透明的巨大的计算机系统，并逐步发展为以Internet为代表的互联网。20世纪90年代，微电子技术、大规模集成电路技术、光通信技术和计算机技术不断发展，进一步为网络的发展提供了有力的支持。

如今的计算机网络将无数个具有独立工作能力的计算机系统通过通信设备和线路相连，并由功能完善的网络软件实现资源共享和数据通信。随着人们对网络应用要求的日益提高，计算机网络正迅速朝着高速化、实时化、智能化、集成化和多媒体化的方向不断深入，它的快速发展和广泛应用对全球的经济、教育、科技、文化等的发展已经产生并且仍将发挥重要影响。

1.1.2 计算机网络发展新技术

总体而言，计算机网络技术将会在以下几个方面得到飞速发展。

1. 三网融合

目前广泛使用的网络有电信网络、计算机网络和有线电视网络。随着技术的不断发展，新的业务不断出现，新旧业务不断融合，作为其载体的各类网络也不断融合。简单来说，三网融合就是实现有线电视网络、电信网络和计算机网络三者之间的融合，目的是构建一个健全、高效的通信网络，从而满足社会发展的需求。

三网融合并不意味着三大网络的物理合一，而主要是指高层业务应用的融合。三大网络通过技术改造，其技术功能趋于一致，业务范围趋于相同，网络互联互通、资源共享，能为用户提供语音、数据和广播电视等多种服务。

三网融合的应用广泛，遍及智能交通、环境保护、政府工作、公共安全、平安家居等多个领域。具体来说，三网融合有如下几个优点：

(1)信息服务将由单一业务转向文字、语音、数据、图像、视频等多媒体综合业务。

(2)三网融合可极大地减少基础建设投入，并简化网络管理，降低维护成本。

(3)三网融合将使网络从各自独立的专业网络向综合性网络转变，网络性能得以提升，资源利用水平进一步提高。

(4)三网融合是业务的整合，它不仅继承了原有的语音、数据和视频业务，还通过网络的整合，衍生出了更加丰富的增值业务类型，如图文电视、VoIP 、视频邮件和网络游戏等，极大地拓展了业务范围。

(5)三网融合打破了电信运营商和广电运营商在视频传输领域的恶性竞争状态，未来看电视、上网、打电话的资费可能打包下调。

2. 物联网

物联网(Internet of Things，IoT)，顾名思义，就是物物相连的互联网。目前，物联网的精确定义并未统一。关于物联网比较准确的定义是，物联网是利用射频识别系统、传感器、全球定位系统、激光扫描器等信息传感设备，按约定的协议，把任何物体与互联网相连接，进行信息交换和通信，以实现对物体的智能化识别、定位、跟踪、监控和管理的一种网络。

物联网的定义包含两层意思：一是物联网的基础仍然是互联网，它是在互联网的基础上延伸和扩展的网络；二是其用户终端延伸和扩展到了任何物体之间，使任何物体之间都可以进行信息交换和通信。

当物联网与互联网、移动通信网相连时，可随时随地全方位“感知”对方，人们的生活方式将从“感觉”跨入“感知”，从“感知”到“控制”。作为一种新兴技术，物联网的应用正在迅速向各个领域蔓延，从家居、医疗、物流、交通、零售、金融、工业到农业，物联网的应用无处不在。

3. IPv6

TCP/IP 协议簇是互联网的基石之一，而网际协议(Internet Protocol，IP)是 TCP/IP 协议簇的核心协议，是 TCP/IP 协议簇中网络层的协议。目前 IP 的版本为 IPv4。IPv4 的地址位数为 32 位，即理论上约有 42 亿个地址。但是，随着互联网应用的日益广泛和网络技术的不断发展，IPv4 的问题逐渐显露出来，主要有地址资源枯竭、路由表急剧膨胀、对网络安全和多媒体应用的支持不够等。

IPv6 是下一版本的 IP，也可以说是下一代 IP。IPv6 采用 128 位地址长度，几乎可以不受限制地提供地址。理论上约有 3.4×10^{38} 个 IP 地址，而地球的表面积以厘米为单位也仅有 $5.1\times10^{18}\ cm^2$，即使按保守方法估算 IPv6 实际可分配的地址，每平方厘米上也可分配到若干亿个 IP 地址。IPv6 除一劳永逸地解决了地址短缺问题外，同时也解决了 IPv4 中的其他缺陷，主要有端到端 IP 连接、服务质量、安全性、多播、移动性、即插即用等。

4. 宽带接入技术

计算机网络必须要有宽带接入技术的支持，各种宽带服务与应用才有可能开展。因为只有接入网的带宽瓶颈问题解决了，骨干网和城域网的容量潜力才能真正发挥出来。尽管当前宽带接入技术有很多种，但只要是不和光纤或光技术结合的，就很难在下一代网络中应用。目前光纤到户(Fiber To The Home，FTTH)的成本已下降至可以为用户接受的程度。这里涉及两个新技术，一个是基于以太网的无源光网络(Ethernet Passive Optical Network，EPON)的光纤到户技术，另一个是自由空间光系统(Free Space Optical，FSO)。

由 EPON 支持的光纤到户正在异军突起，它能支持吉比特的数据传输速率，并且在不久的将来成本会降到与数字用户线路(Digital Subscriber Line，DSL)和光纤同轴电缆混合网(Hybrid Fiber Cable，HFC)相同的水平。

FSO 技术是通过大气而不是光纤传送光信号。FSO 技术能提供接近光纤通信的速率，例如可达到 1 Gbps，它既在无线接入带宽上有了明显的突破，又因为无需许可证而不需要在稀有资源无线电频率上有很大的投资。FSO 和光纤线路比较，不仅安装简便，而且成本也低很多。FSO 现已在企业和居民区得到应用，但是它和固定无线接入一样，易受环境因素干扰。

5. 移动通信技术

移动通信技术经历了 1G、2G、3G、4G 这几个发展阶段，并正在向 5G 迈进，未来的移动通信技术将以宽带多媒体业务为基础，使用更高更宽的频带，传输容量会更上一层楼。

5G 是指第五代移动电话行动通信标准，也称第五代移动通信技术。它是前几代通信技术的延伸，也是最新一代的移动通信技术。

与前几代移动通信技术相比，5G 不再由某项业务能力或者某个典型技术特征所定义，它不仅是一种更高速率、更大带宽、更强能力的通信技术，还是一个多业务、多技术融合的通信网络，更是面向业务应用和以用户体验为中心的信息生态系统。

5G 的性能目标是提高数据速率、减少延迟、节省能源、降低成本、提高系统容量和支持大规模设备连接。因此，5G 可满足人们对超高流量密度、连接密度及移动性的需求和绝大部分的硬件互联场景。作为万物互联的基础设施，它具备巨大的产业生态价值，能带动芯片、软件等基础产业的快速发展，推动新一轮产业创新浪潮，被誉为全球产业升级的颠覆性起点。

总的来说，与前几代移动通信技术相比，5G 具有以下优点：

(1)从用户体验看,具有更高速率、更大带宽的5G能够满足消费者对更高网络体验的需求。"快"是5G带给大众用户最直观的感受。用户使用5G时,数秒时间即可下载一部高清电影,或是传输数百张高分辨率照片,这会全面提升用户体验。

(2)从行业应用看,5G具有更高的可靠性、更低的时延,能够满足智能制造、自动驾驶等行业应用的特定需求,拓宽融合产业的发展空间,支撑经济社会创新发展。

(3)从发展态势看,5G已于2019年在我国正式商用,且在持续高速发展,大有取代4G、占据行业主导地位之势。

拓展阅读

5G网络规模和质量世界领先——中国5G移动电话用户占比近半

西藏自治区阿里地区改则县古姆乡,屹立着一座信号铁塔。打开手机,屏幕上立刻会跳出"5G"的符号——2023年9月30日,古姆乡5G基站建成开通,标志着西藏自治区所有乡镇实现通达5G网络。

这是中国5G应用发展的真实写照。随着应用进入深水区,5G在中国经济社会高质量发展中的潜力正在逐步释放。工业和信息化部日前发布的《2023年通信业统计公报》显示,从2019年5G商用以来,通信业投资已连续5年保持正增长,连续4年的年投资规模超4 000亿元,其中5G累计投资超过7 300亿元。2023年,三家基础电信企业和中国铁塔股份有限公司共完成电信固定资产投资4 205亿元。其中,5G投资额达1 905亿元,同比增长5.7%,占全部投资的45.3%。

2023年年末,全国工业和信息化工作会议提出,统筹"建、用、研"各项工作,推进5G、千兆光网规模部署,加快布局智能算力设施。根据工信部数据,当前,中国5G基站总数达337.7万个,网络底座进一步夯实,网络应用不断丰富。"我国5G网络规模和质量已是世界领先,但为了更广泛、深入、安全地挖掘5G潜能,网络建设还必须进一步加快,重点在推动偏远地区补盲覆盖、重点场景深度覆盖、5G行业专网发展等。"工信部有关负责人介绍,2024年,5G网络将向深度覆盖挺进。

据了解,当前中国5G移动电话用户占比已近半。截至2023年底,中国移动电话用户规模达17.27亿户,移动电话用户普及率达到122.5部/百人,较全球平均水平(107部/百人)高出15.5个点。移动电话用户加快向5G迁移,5G移动电话用户数达8.05亿户,在移动电话用户中占比46.6%,是全球平均水平的2.5倍;本年净增5G移动电话用户2.44亿户,净增量较上年高出3 840万户。

行业融合应用深化拓展。截至2023年底,行业共发展5G虚拟专网数量3.16万个,达上年末数量的2.2倍。5G行业应用从点状示范向部分领域规模化复制演进,5G应用案例数超9.4万个,已融入97个国民经济大类中的71个,覆盖近七成大类行业,并在采矿、电力、港口等行业规模复制,实现全国31个省(区、市)所有地市覆盖。"5G+工业互联网"加快推广,5G全连接工厂陆续落地,推动5G应用从外围辅助向核心生产控制环节拓展,5G网络的时延、可靠性等指标为生产业务稳定性提供保障。

2024年，伴随数字经济和新型工业化蓬勃发展，各行业的数字化转型进入关键阶段。专家认为，聚焦重点行业应用场景，树立更多示范标杆，加强推广应用，促进5G应用规模化发展，将是今年发展的主线。目前，中国已建成具有一定影响力的工业互联网平台超过340家，“5G+工业互联网”项目超过1万个，而代表当今全球制造业智能制造和数字化最高水平的“灯塔工厂”也已经达到62个，5G-A汽车柔性生产线等前沿项目实现落地。在“灯塔”的指引下，在“标杆”的示范下，今年中国5G的规模化应用有望实现强势发展。

“5G的行业应用已经融入了国民经济的71个大类，特别是在工业、矿业、电力、港口、医疗等重点垂直行业。”中移智库战略与产业研究所主任研究员张丽贤说，“5G应用已经实现了规模复制，助力千行百业实现了转型升级和提质增效。”

资料来源：人民日报海外版

1.2 计算机网络的概念与分类

1.2.1 计算机网络的概念

什么是计算机网络？多年来并没有一个严格的定义。人们从不同的角度对它提出了不同的定义，这些定义归纳起来，可以分为三类。

从计算机与通信技术相结合的观点出发，人们把计算机网络定义为“以计算机之间传输信息为目的而连接起来，实现远程信息处理并进一步达到资源共享的系统”。20世纪60年代初，人们借助通信线路将计算机与远方的终端连接起来，形成了具有通信功能的计算机网络系统，首次实现了通信技术与计算机技术的结合。人们把按照这种观点定义的计算机网络称为“计算机通信网络”。

从强调资源共享的观点出发，计算机网络是“把地理上分散的计算机系统，以能够相互共享资源（硬件、软件和数据）的方式连接起来，并且各自具备独立功能的计算机系统之集合体”。这种定义是由美国信息处理学会联合会在联合会议上提出来的，在之后的有关文献中被广为引用。

从物理结构上看，计算机网络又可定义为“在协议控制下，由若干计算机、终端设备、数据传输线路和通信控制处理机等组成的集合”。

综合上述观点，我们把计算机网络定义为，将分布在不同地理位置并具有独立功能的多台计算机，通过通信设备和线路连接起来，在功能完善的网络软件（网络协议及网络操作系统等）支持下，以实现网络资源共享和数据传输为目的的系统。

我们可以从以下三个方面理解计算机网络的概念：

(1)计算机网络是一个多机系统。两台以上的计算机互联才能构成网络。这里的计算机可以是微机、小型机和大型机等各种类型的计算机，并且每台计算机具有独立的功能，即某台计算机发生故障，不会影响整个网络或其他计算机。

(2)计算机网络是一个互联系统。互联是通过通信设备和通信线路实现的，通信线路可以是双绞线、电话线、同轴电缆、光纤等“有形”介质，也可以是微波或卫星信道等“无形”介质。

(3)计算机网络是一个资源共享系统。计算机之间要实现数据通信和资源共享,必须有功能完善的网络软件支持。这里的网络软件包括网络协议、信息交换方式及网络操作系统等。

我们注意到计算机网络与多用户系统和分布式系统是不同的,多用户系统的终端一般不具有独立的计算能力,只是一个输入输出设备;而分布式系统强调的是分布式计算,要有分布式操作系统的支持,它是建立在网络之上的软件系统。正是因为软件的特性,所以分布式系统具有高度的内聚性和透明性。因此,计算机网络和分布式系统之间的区别更多的在于高层软件(特别是操作系统),而不是硬件。

1.2.2 计算机网络的分类

计算机网络的分类根据问题描述角度的不同而不同,一般可以从下面几个角度进行分类:

(1)依据网络的覆盖范围可以分为局域网、城域网和广域网。

(2)依据网络传输技术可以分为广播式网络和点到点网络。

(3)依据拓扑结构可以分为总线型、星型、环型、树型、网状型。

(4)依据网络协议可以分为以太网、令牌环网、令牌总线网、FDDI 网、ATM 网等。

(5)依据传输介质可以分为有线网(双绞线网、光纤网)、无线网、卫星网等。

上述每种分类标准只给出了网络某方面的特征,并不能全面反映网络的本质,从不同的角度观察计算机网络,有利于全面了解计算机网络的特性。下面介绍两种最常用的网络分类方法,即根据覆盖范围分类和根据网络的传输技术分类。

1. 依据网络的覆盖范围分类

(1)局域网

局域网 (Local Area Network,LAN)是将较小地理区域内的计算机或数据终端设备连接在一起的通信网络。局域网覆盖的地理范围比较小,一般在几十米到几千米之间。它常用于组建一个办公室、一栋楼、一个楼群、一个校园或一个企业的计算机网络。局域网可以由一个建筑物内或相邻建筑物的几百台至上千台计算机组成,也可以小到连接一个房间内的几台计算机、打印机和其他设备。局域网主要用于实现短距离的资源共享。如图 1-3 所示的是一个由几台计算机、打印机和服务器组成的典型局域网。

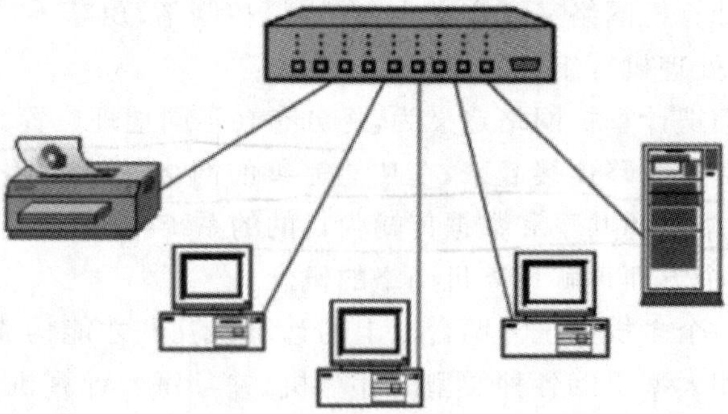

图 1-3 典型局域网

(2)城域网

城域网(Metropolitan Area Network,MAN)是一种大型的LAN,它的覆盖范围介于局域网和广域网之间,一般为几千米至几万米,城域网的覆盖范围在一个城市内,它将位于一个城市之内不同地点的多个计算机局域网连接起来实现资源共享。城域网所使用的通信设备和网络设备的功能要求比局域网高,以便有效地覆盖整个城市的地理范围。一般来说,城域网可以将一个城市内的学校、医院、政府机关、企业等单位的局域网连接起来,从而共享资源,如图1-4所示。

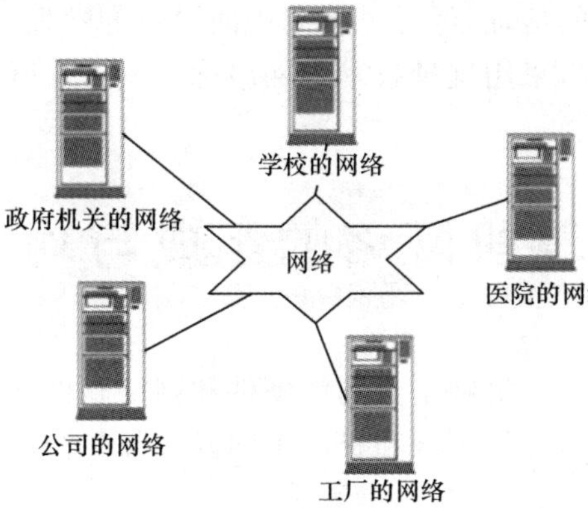

图1-4 城域网

(3)广域网

广域网(Wide Area Network,WAN)是在一个广阔的地理区域内进行数据、语音、图像等信息传输的计算机网络。由于远距离数据传输的带宽有限,因此广域网的数据传输速率比局域网要慢得多。广域网可以覆盖一个城市、一个国家甚至于全球。因特网(Internet)是广域网的一种,但它不是一种具体独立的网络,而是将同类或不同类的物理网络(局域网、城域网与广域网)互联,并通过高层协议实现不同类网络间的通信。如图1-5所示,是一个简单的广域网。

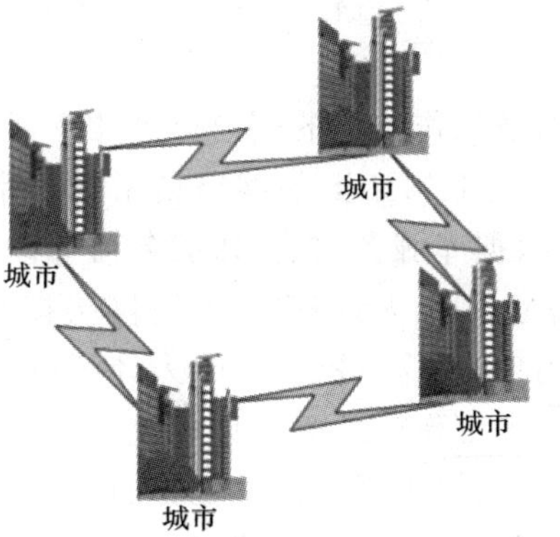

图1-5 广域网

2. 依据网络传输技术分类

(1)广播式网络

在广播式网络中,所有联网的计算机都共享一个公共传输信道。当一台计算机利用公共信道发送数据时，所有其他的节点计算机都会收到这个数据。但由于发送的数据中带有目的地址和源地址，所以只有与目的地址相同的节点计算机才能真正接收数据，其他与目的地址不相符的节点计算机丢弃该数据。在广播式网络中，目的地址可以有三类：单一节点地址、多节点地址和广播地址。

(2)点对点网络

与广播式网络相反，点对点网络由许多互相连接的节点构成，在每对节点之间都有一条专用的通信信道，因此在点对点的网络中，不存在信道共享与复用的情况。当一台计算机发送数据分组后，它会根据目的地址，经过一系列中间设备的转发，直至到达目的节点，这种传输技术称为点对点传输技术，采用这种技术的网络称为点对点网络。

1.3 计算机网络的组成与功能

从系统构成的角度看，计算机网络由网络硬件和网络软件两大部分组成；从系统功能的角度看，计算机网络逻辑上由通信子网和资源子网两大部分构成。

1.3.1 计算机网络的组成

1.计算机网络硬件系统

硬件系统是计算机网络的物质基础，构成计算机网络首先要实现物理上的连接，这些物理设备主要有以下几类。

(1)计算机

网络中的计算机又分为服务器和工作站两类。

①服务器。服务器是计算机网络的核心，负责网络资源管理和用户服务，并使网上的各工作站能共享软件资源和昂贵的外设（如大容量硬盘、光盘、高级打印机等）。通常用小型计算机、专用个人计算机或高档微型计算机作为网络的服务器。一个计算机网络系统至少要有一台服务器，也可以有多台。

服务器的主要功能是为网络工作站上的用户提供共享资源、管理网络文件系统、提供网络打印服务、处理网络通信、响应工作站上的网络请求等。常用的网络服务器有文件服务器、通信服务器、域名服务器、数据库服务器、打印服务器等。

②工作站。工作站是网络上的个人计算机，通过网络接口卡和通信电缆连接到文件服务器上。它保持原有计算机的功能，作为独立的个人计算机为用户服务，同时又可以按照被授予的一定权限访问服务器。各工作站之间可以相互通信，也可以共享网络资源。有的网络工作站本身不具备计算功能，只提供操作网络的界面。

工作站能够访问文件服务器，与文件服务器之间进行信息交换，进行网络系统的信息处理。工作站的功能是向各种服务器发出服务请求和从网络上接收传送给用户的数据。

(2)网络适配器

网络适配器是计算机与通信介质的接口，是构成网络的基本部件。文件服务器和每个工作站至少要安装一块网卡，通过网卡与公共通信电缆相连接。

网卡的主要功能是实现网络数据格式与计算机数据格式的转换、网络数据的接收与发送等。

(3)传输介质

传输介质是计算机之间传输数据信号的重要媒介,它提供了数据信号传输的物理通道。传输介质主要分为两大类:有线传输介质和无线传输介质。有线传输介质包括双绞线、同轴电缆或光缆等。无线传输介质包括无线电、红外线、微波、激光、卫星通信等。

(4)其他网络互联设备

其他网络互联设备主要有中继器、网桥、路由器、交换机等。后面将对此进行详细介绍。

2. 计算机网络软件系统

单纯的物理设备并不能使计算机网络完好地运行起来,还必须配以相应的软件。常用的网络软件包括网络操作系统(Network Operating System)、网络协议、网络管理软件、网络应用软件等。

(1)网络操作系统

网络操作系统是运行在网络硬件基础之上,为网络用户提供共享资源管理服务、基本通信服务、网络系统安全服务及其他网络服务的软件系统。网络操作系统是网络的核心,而其他应用软件系统需要网络操作系统的支持才能运行。

在网络系统中,每个用户都可享用系统中的各种资源,所以网络操作系统必须对用户进行控制,否则就会造成系统混乱,以及信息数据的破坏和丢失。为了协调系统资源,网络操作系统需要通过软件工具对网络资源进行全面管理,进行合理的调度和分配。同时,为了控制用户对资源的访问,必须为用户设置适当的访问权限,采取一系列的安全保密措施。

(2)网络协议

网络协议是在计算机网络中两台或两台以上计算机之间进行信息交换的规则,它包括一套完整的语句和语法规则。一般来说,网络协议可以理解为不同的计算机相互通信的"语言",即两台计算机要进行信息交换,必须事先约定好一个共同遵守的规则。

(3)网络管理软件

网络管理软件用于对网络资源进行分配、管理和维护。例如,通过网络管理软件,可以对服务器、路由器和交换机等设备进行远程配置与维护。

(4)网络应用软件

网络应用软件是提供网络应用性服务的软件。例如,提供网页浏览的浏览器软件,以及提供文件下载、网络电话、视频点播等应用服务的软件。

1.3.2 计算机网络的逻辑结构

从网络系统自身功能上看,计算机网络应该能够实现数据处理与数据通信两大基本功能,所以,将应用与通信功能从逻辑上分离,产生了资源子网与通信子网的概念。计算机网络从逻辑上分为资源子网和通信子网两大部分,二者在功能上各负其责,通过一系列网络协议把二者紧密结合起来,共同实现计算机网络的功能。计算机网络的逻辑结构如图 1-6 所示。资源子网负责面向应用的数据处理,实现网络资源的共享;通信子网负责数据通信处理和通信控制。

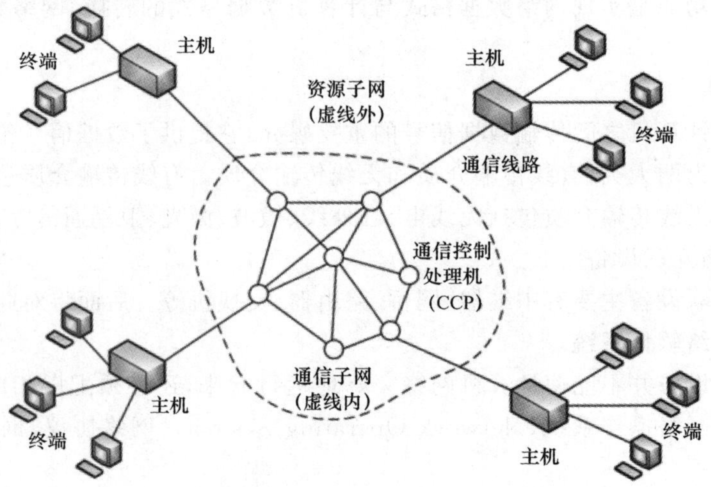

图 1-6　计算机网络的逻辑结构

1. 资源子网

资源子网主要负责全网的数据处理业务，为全网用户提供各种网络资源与网络服务。资源子网由主机、终端、各种网络软件与信息资源等组成。

(1)主机

主机是资源子网的主要组成单元，它通过通信线路与通信子网的通信控制处理机相连接。在资源子网中，主机可以是大型机、中型机、小型机、工作站或微型机。

主机主要为本地用户访问网络或其他主机设备、共享资源提供服务，根据其作用的不同，可分为文件服务器、应用程序服务器、通信服务器和数据库服务器等。

(2)终端

终端是用户访问网络的界面，可以是简单的输入、输出终端，也可以是带有微处理机的智能终端。终端可以通过主机连入网内，也可以通过终端控制器、报文分组组装/拆卸装置或通信控制处理机连入网内。

(3)网络软件

在网络中，每个用户都可以共享其中的各种资源。所以需要对网络资源进行全面的管理、合理的调度和分配，并防止网络资源丢失或被非法访问、破坏。网络软件是实现上述功能不可缺少的工具。网络软件主要包括网络协议、网络通信软件、网络操作系统、网络管理软件和网络应用软件等。其中，网络操作系统用于控制和协调网络资源的分配、共享，提供网络服务，是最主要的网络软件。

2. 通信子网

通信子网主要承担全网的数据传输、转发、加工、转换等通信处理工作，一般由通信控制处理机、通信线路和其他通信设备组成。

(1)通信控制处理机

通信控制处理机(Communication Control Processor，CCP)是一种在计算机网络或数据通信系统中专门负责数据传输和控制的专用计算机，一般由小型机、微型机或带有 CPU 的专门设备承担。

CCP在网络拓扑结构中通常被称为网络节点，它一方面作为资源子网的主机、终端的接口节点，将它们联入网中；另一方面又实现通信子网中数据包的接收、校验、存储、转发等功能。

(2)通信线路和通信设备

通信线路是指在CCP与CCP、CCP与主机之间提供数据通信的通道。计算机网络中采用的通信线路的种类很多，如双绞线、同轴电缆、光纤等有线通信线路，或微波、无线电、红外线等无线通信线路。

通信设备指网络互联设备，包括网卡、集线器、中继器、交换机、网桥、路由器、调制解调器等。通信线路和网络上的各种通信设备共同组成了通信信道。

1.3.3 计算机网络的功能

随着计算机技术的不断发展，计算机网络的内涵也在不断变化，人们对计算机网络有着不同的理解和定义。从资源共享的角度看，通常将计算机网络定义为将地理位置不同的具有独立功能的计算机或由计算机控制的外部设备，通过通信设备和线路连接起来，在网络操作系统的控制下，按照约定的通信协议进行信息交换，实现资源共享的系统。

自20世纪60年代末诞生以来，计算机网络以异常迅猛的速度不断发展，越来越广泛地应用于政治、经济、军事、生产，以及科学技术等领域。计算机网络的功能主要体现在如下几个方面。

1. 数据通信

组建计算机网络的主要目的之一就是使分布在不同地理位置的计算机用户能够相互通信。在计算机网络中，计算机与计算机之间，或计算机与终端之间可以快速、可靠地相互传递各种信息，如程序、文件、图形、图像、声音、视频等。利用计算机网络的数据通信功能，人们可以使用网络上的各种应用(也称服务)，如收发电子邮件、视频点播、视频会议、远程教学、远程医疗等。

2. 资源共享

所谓资源共享就是共享网络中的硬件资源、软件资源和信息资源。

(1)硬件资源

许多计算机硬件设备是十分昂贵的，如可以进行复杂运算的巨型计算机、海量存储器、高速激光打印机、大型绘图仪和一些特殊的外设等。共享硬件资源可以让连接在网络上的用户都可以使用网络中包括这些昂贵设备在内的各种不同类型的硬件设备。

共享硬件资源的好处是显而易见的。网络中一台低性能的计算机，可以通过共享使用不同类型的设备，既解决了当前计算机硬件资源贫乏的问题，同时也有效地利用了现有的资源，充分提高了资源利用率。

(2)软件资源

计算机网络中有极为丰富的软件资源，如网络操作系统、应用软件、工具软件、数据库管理软件等。共享软件功能允许多个用户同时调用服务器的各种软件资源，并且保持数据的完整性和统一性。要实现这一功能，用户可以使用各种网络应用软件共享远程服务器上的软件资源；也可以通过一些网络应用程序，将共享软件下载到本机使用。

(3)信息资源

信息资源是一种非常重要和宝贵的资源。互联网就是一个巨大的信息资源宝库，其信息资源涉及各个领域，内容极为丰富。每个接入计算机网络的用户都可以在任何时间以任何形式去搜索、访问、浏览及获取这些信息资源。

3. 提高系统的可靠性

在某些对实时性和可靠性要求较高的场合，通过计算机网络的备份技术可以提高计算机系统的可靠性。当网络中的某一台计算机出现故障时，可以立即由另一台计算机代替其完成所承担的任务。这种技术在许多领域得到深入应用，如铁路、工业控制、空中交通、电力供应等。

4. 负荷均衡与分布式处理

负荷均衡是指网络中的负荷被均匀地分配给网络中的各个计算机系统。当网络中某台计算机负担过重时，或该计算机正在处理某项工作时，网络可以将新任务转交给空闲的计算机来完成，使网络中的负荷被均匀地分配给网络中的各个计算机系统，从而提高处理的实时性。

在具有分布处理能力的计算机网络中，可以将同一任务分配到多台计算机上同时进行处理。对于复杂的、综合性的大型任务，可以采用合适的并行算法，将任务分散到网络中不同的计算机上去执行，由网络来完成对多台计算机的协调工作，构成高性能的计算机体系，这种协同工作、并行处理要比单独购置高性能的大型计算机便宜得多。这种协同计算机网络支持下的分布式系统是网络研究的一个重要方向。

1.4 计算机网络的拓扑结构

网络拓扑结构是指网络中连接网络设备的物理线缆铺设的几何形状，用以表示网络形状。网络拓扑结构影响着整个网络的性能、可靠性和成本等重要指标，特别是在局域网中，网络拓扑结构与介质访问控制方法密切相关，或者说，局域网使用什么协议在很大程度上和所使用的网络拓扑结构有关。在设计和选择网络拓扑结构时，应考虑以下因素：功能强、技术成熟、费用低、灵活性好、可靠性高。

网络拓扑结构有总线型、星型、环型、树型、网状型等几种。局域网的常用网络拓扑结构有星型、总线型、树型和环型，广域网大多采用不规则的网状结构。

1.4.1 总线型拓扑结构

总线型拓扑结构(Bus Topology)，是指所有入网设备共用一条物理传输线路，所有主机都通过相应的硬件接口连接在一根传输线路上，这根传输线路被称为总线(Bus)，如图 1-7 所示。在总线结构中，网络中所有主机都可以发送数据到总线上，并能够由连接在线路上的所有节点接收，但由于所有节点共用同一条公共通道，所以在同一时刻只能准许一个节点发送数据。公用总线上的信号多以基带形式串行传递，其传递方向总是从发送信息的节点开始向两端扩散的，如同广播电台发射的信息一样，因此又称“广播式计算机网络”。各节点在接收信息时都进行地址检查，查看是否与自己的工作站地址相符，相符则接收网上的信息。

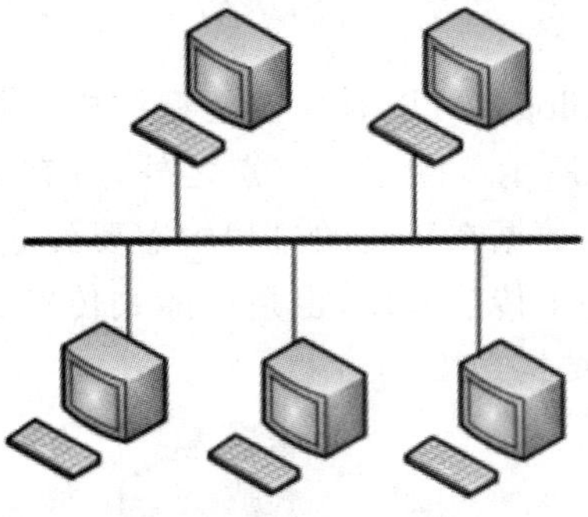

图 1-7 总线型拓扑结构

1.4.2 星型拓扑结构

星型拓扑结构(Star Topology)中有一个唯一的中心节点,每个外围节点都通过一条点对点的链路直接与中心节点连接,如图 1-8 所示。各外围节点间不能直接通信,所有的数据必须经过中心节点。

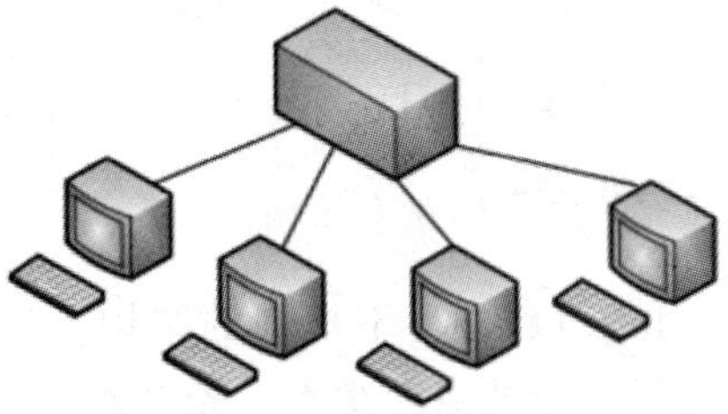

图 1-8 星型拓扑结构

1.4.3 环型拓扑结构

环型拓扑结构(Ring Topology)由网络中若干节点通过环接口连在一条首尾相连形成的闭合环的通信链路上,如图 1-9 所示。这种结构使用公共传输电缆组成环形连接,数据在环路中沿着一个方向在各个节点间传输,信息从一个节点传到另一个节点,直到目标节点为止。环形网络既可以是单向的,也可以是双向的。双向环形网络中的数据能在两个方向上传输,因此,设备可以和两个邻近节点直接通信。如果一个方向的环中断了,数据还可以在相反的方向从另一个环传输,最终到达目标节点。

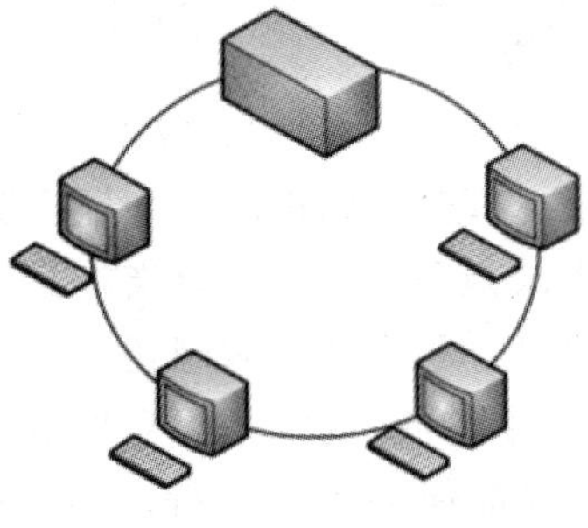

图 1-9 环型拓扑结构

1.4.4 树型拓扑结构

树型拓扑结构(Tree Topology)可以看作是星型结构的扩展,是一种分层结构,具有根节点和各分支节点,如图 1-10 所示。除了叶节点之外,所有根节点和分支节点都具有转发功能,其结构比星型结构复杂,数据在传输的过程中需要经过多条链路,时延较大。任何一个点送出的信息都可以传遍整个传输介质,也是广播式传输。它适用于分级管理和控制系统,是一种广域网常用的拓扑结构。

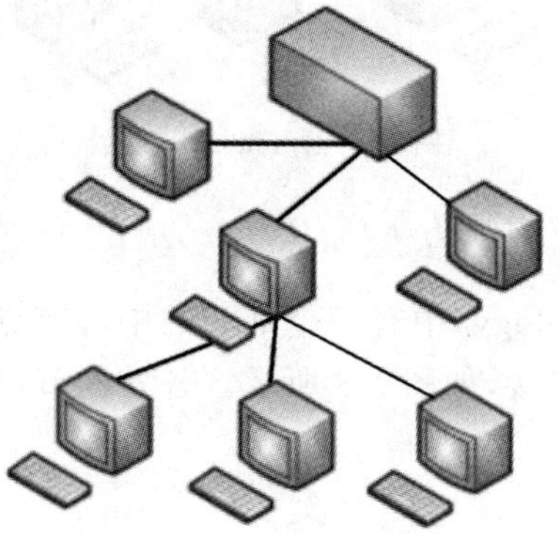

图 1-10 树型拓扑结构

1.4.5 网状型拓扑结构

网状型拓扑结构(Net Topology)是一种不规则的结构。该结构由分布在不同地点、各自独立的节点经链路连接而成,每一个节点至少有一条链路与其他节点相连,两个节点间的通信链路可能不止一条,需进行路由选择,如图 1-11 所示。

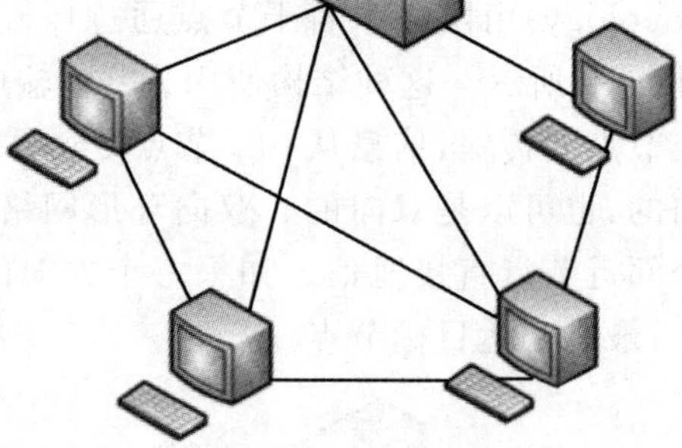

图 1-11 网状型拓扑结构

以上介绍了几种常用的拓扑结构,在计算机网络中还有其他类型的拓扑结构,如总线型与星型混合等,各种拓扑结构的优缺点见表 1-1。应当指出,在实际组网中,拓扑结构不一定是单一的,通常是几种结构的混用。不管是局域网还是广域网,其拓扑的选择需要考虑诸多因素:网络既要容易安装,又要易于扩展;网络的可靠性也是需要考虑的重要因素,要易于进行故障诊断和隔离,以使网络始终能保持正常运行。网络拓扑的选择还会影响到传输介质的选择及介质访问控制方法的确定,这些因素又会影响、决定一个网络的主要性能。

表 1-1　各种拓扑结构的优缺点

结构类型	优点	缺点
总线型	•网络结构简单灵活,可扩充性好。需要增加用户节点时,只需要在总线上增加一个分支接口即可与分支节点相连,扩充总线时使用的电缆少 •有较高的可靠性,局部节点的故障不会造成全网的瘫痪 •易安装,费用低	•故障诊断和隔离较困难,故障检测需要在网络中的各个节点上进行 •总线的长度有限,信号随传输距离的增加而衰减 •不具有实时功能,信息发送容易产生冲突,站点从准备发送数据到成功发送数据的时间间隔是不确定的
星型	•结构简单,容易实现,在网络中增加新的节点也很方便,易于维护、管理 •故障诊断和隔离容易,可以逐一地隔离开外围节点与中心节点的连接线路,进行故障检测和定位。某个外围节点与中心节点的链路故障不影响其他外围节点间的正常工作	•通信线路专用,电缆长度和安装工作量可观 •中心节点负担较重,形成"瓶颈" •可靠性较低,中心节点发生故障就会造成整个网络的瘫痪
环型	•结构简单,容易实现,各节点之间无主从关系 •当网络确定时,数据沿环单向传送,其延时时间固定,实时性较强	•可靠性低,只要有一个节点或一处链路发生故障,则会造成整个网络的瘫痪 •节点的加入和撤出复杂,不便于扩充 •维护难,对分支节点故障定位较难
树型	•与星型结构相比,树型结构的通信线路总长度较短,成本较低,节点易于扩充 •故障隔离容易,容易将故障分支与整个系统隔开	•结构较复杂,数据在传输的过程中需要经过多条链路,时延较大 •各节点对根节点的依赖性大,如果根节点发生故障,则全网不能工作
网状型	•可靠性高,灵活性好,节点的独立处理能力强 •信息传输容量大	•结构复杂、管理难度大、投资费用高

1.5　计算机网络的体系结构

网络体系结构是计算机网络技术中的一个重要概念。它通过划分网络层次结构的方法,对网络通信功能给出了一个抽象而又精确的定义,并在此基础上,通过对层次、接口、协议的描述,给出了网络通信的一般解决办法。

1.5.1　计算机网络体系结构的概念

随着计算机技术和通信技术的发展,计算机网络通信需要解决许多问题,如通信介质差异、硬件接口差异、主机系统差异、通信协议差异、数据表示差异等。对于这么多复杂的问题,很难采用一种简单的方式来完成网络通信。正如在程序设计中对复杂的问题进行模块化处理一样,在处理计算机网络通信时,也采用了一种模块化处理方式——分层结构,每层完成一个相对简单的特定功能,通过各层协调来实现整个网络的通信功能,这就是网络的体系结构。

1969 年建成的 ARPANET 首先采用了分层的网络协议,确立了通信子网、资源子网及网络层次结构等概念,并对后来 TCP/IP 的发展作出了重大贡献,为现在因特网的发展打下了良好的基础。

1974年IBM公司提出了系统网络体系结构(System Network Architecture,SNA)概念,从而使网络发展进入体系结构标准化阶段。其后,其他计算机厂商相继发布了各自的网络体系结构标准,如DEC公司的数字网络体系结构(Digital Network Architecture,DNA)、UNIVAC公司的分布式计算机体系结构(Distributed Computer Architecture,DCA)。但各公司之间的竞争也造成了各种网络体系结构的差异,使得网络通信仅仅存在于同一公司的各种设备之间。

1977年,国际标准化组织为适应网络向标准化发展的需要,成立了TC97(信息技术委员会)下属的专门委员会SC16,它在研究各种网络体系结构的基础上,于1984年制定了开放系统互联参考模型,从而形成了网络体系结构的国际标准。

下面我们来介绍一下网络体系结构的几个重要概念:协议(Protocol)、层次(Layer)、接口(Interface)、服务原语(Service Primitive)和体系结构(Architecture)。

1. 协议

协议是一种通信规约,这些规约是为网络数据交换而制定的规则和约定,每个通信节点都必须遵守,否则通信就不能正常进行。

网络协议主要由三个要素组成,它们分别是语法、语义和时序。各要素的意义如下:

• 语法:用户数据与控制信息的结构和格式。

• 语义:需要发出何种控制信息,以及完成的动作与作出的响应。

• 时序:对事件实现顺序的详细说明。

2. 层次

层次结构体现了对复杂问题"分而治之"的模块化方法,它可以大大降低复杂问题处理的难度,这正是网络研究中采用层次结构的直接动力。因此,层次是计算机网络中另一个重要概念。

3. 接口

接口是同一节点内相邻层之间交换信息的连接点。如邮政系统中,邮箱是发信人与邮递员之间规定的接口。同一节点的相邻层之间有明确规定的接口,低层通过接口来向高层提供服务。只要接口条件与低层功能不变,低层功能的具体实现方法与技术的变化不会影响整个系统的工作。因此,接口也是计算机网络的一个重要概念。

4. 服务原语

上层使用下层所提供的服务必须与下层交换一些命令,这些命令被称为服务原语,如图1-12所示。

• 请求:由服务用户发往服务提供者,请求它完成某项工作,如发送数据。

• 指示:由服务提供者发往服务用户,指示发生了某些事件。

• 响应:由服务用户发往服务提供者,作为对前面发生的指示的响应。

• 确认:由服务提供者发往服务用户,作为对前面发生的请求的证实。

5. 体系结构

网络协议是计算机网络不可缺少的重要一环,功能完备的计算机网络需要制定一整套复杂的协议集。同时,对于结构复杂的网络协议来说,最好的组织方式是采用层次结构模型。计算机网络体系结构(Network Architecture)是指网络层次结构模型与各层协议的集合。网络体系结构对计算机网络应该实现的功能进行精确地定义,而这些功能用哪种硬件

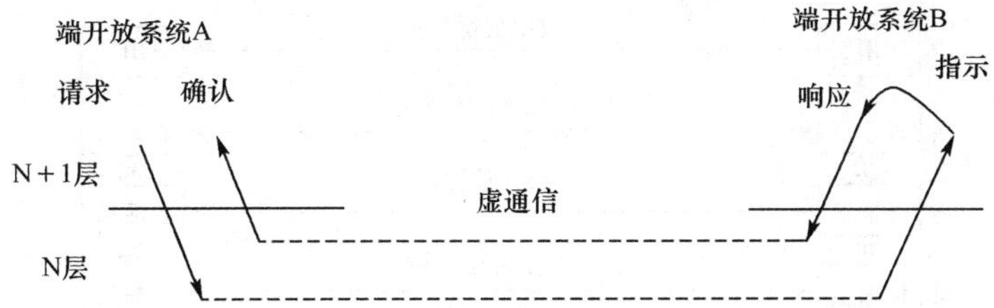

图 1-12 服务原语

与软件来完成是具体实现问题。体系结构是抽象的,而实现是具体的,它是指能实现具体网络功能的具体硬件和软件。

1.5.2 OSI/RM

国际标准化组织在 20 世纪 80 年代提出了开放系统互联参考模型(Open System Interconnect/Reference Model,OSI/RM)。OSI/RM 定义了异种计算机连接标准的框架结构,为连接分布式应用处理的“开放”系统提供了基础。

这样一个标准之所以称为“开放”的,有两个含义:第一,这个标准是一个公开的标准,所有的内容细节都向所有人公开;第二,这是一个“外部”标准,不需要每个使用这个标准的系统改变自己内部的数据表示和处理过程,只要遵守了这个标准,就可以和其他任何遵守该标准的网络进行通信。

这个标准之所以被称为“模型”是因为它仅仅提出了对于系统的体系结构、服务定义和协议规格说明的描述,并没有提出任何具体协议,也没有给出具体实现方法。

由于这个体系结构相当完美,所以要完全实现这样一个体系结构,相应的协议集将会异常复杂。迄今为止,世界上还没有一个厂商或组织真正实现了这个参考模型。所以这个参考模型具有双重意义:其一,该模型对人们研究相关协议提供了一个很好的参考,人们提到网络体系结构时都要说到 OSI/RM;其二,从另一个意义上讲,过分关注这个模型可能会使人们的研究走入困境。我国在网络研究中就过分关注了这个模型,投入了大量精力而没有收获相应的成果。

OSI/RM 采用层次化结构的构造技术,从底向上共分七层,如图 1-13 所示。

下面先简要说明 OSI/RM 七层协议的主要功能,后文的章节将做详细讲解。

(1)物理层:规定通信设备的机械、电气、功能和过程特性,用以建立、维持和释放数据链路实体间的连接。具体地说,这一层的规程都与电路上传输的原始比特有关,它涉及什么信号代表“1”,什么信号代表“0”;一个比特持续多少时间;传输是双向还是单向的;一次通信中发送方和接收方如何应答;设备间连接件的尺寸和接头数,以及每根连线的用途等。

(2)数据链路层:这一层的功能是建立、维持和释放网络实体之间的数据链路,这种数据链路对网络层表现为一条无差错的信道。相邻节点之间的数据交换是分帧进行的,各帧按顺序传送,并通过接收端的校验检查和应答保证可靠的传输。数据链路层对损坏、丢失和重复的帧应能进行处理,这种处理过程对网络层是透明的。相邻节点之间的数据传输也有流量控制的问题,数据链路层把流量控制和差错控制合在一起进行。

(3)网络层:这一层的功能属于通信子网,它通过网络连接交换传输层实体发出的数据。网络层把上层传来的数据组织成分组,然后在通信子网的节点之间交换传送。交换过程中

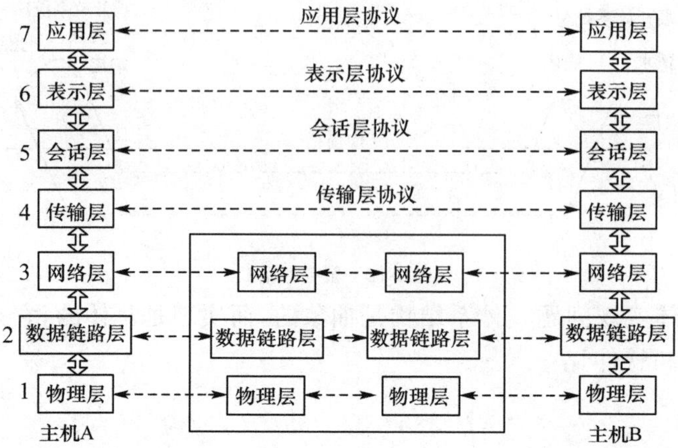

图 1-13 OSI/RM

要解决的关键问题是路径选择,路径既可以是固定不变的,也可以是根据网络的负载情况动态变化的。另外一个要解决的问题是防止网络中出现局部的拥挤或全面的阻塞。

此外,网络层还应有记账功能,以根据通信过程中交换的分组数(或字符数、比特数)进行收费。当传送的分组跨越一个网络的边界时,网络层应该对不同网络中分组的长度、寻址方式、通信协议进行转换,使得异构型网络能够互联。

(4)传输层:这一层是在低层服务的基础上提供一种通用的传输服务。会话实体可以利用这种透明的数据传输服务而不必考虑下层通信网络的工作细节,并使数据传输能高效进行。传输层利用多路复用或分流方式优化网络的传输效率。当会话实体要求建立一条传输连接时,传输层为其建立一个对应的网络连接。如果要求较高的吞吐率,传输层可能为其建立多个网络连接。如果要求的传输速率不是很高,单独创建和维持一个网络连接不合算,则传输层就可以考虑把几个传输连接多路复用到一个网络连接上。传输层协议是真正的源端到目的端的协议,它由传输连接两端的实体处理。传输层下面的功能层协议都是通信子网中的协议。

(5)会话层:会话层支持两个表示层实体之间的交互作用。它提供的会话服务可分为两类:一是把两个表示实体结合在一起,或者把它们分开,这叫会话管理,会话管理包括决定该谁说,该谁听;二是控制两个表示实体间的数据交换过程,例如分段、同步等,这一类叫会话服务。长的会话(例如传输一个文件)往往需要分段,一段一段地进行,如果一段传错了,可以回到分界线的地方重新传输。当然,所有这些功能都需要专门的协议支持。

(6)表示层:表示层的用途是提供一个可供应用层选择的服务集合,使得应用层可以根据这些服务功能解释数据含义。表示层以下各层只关心如何可靠地传输数据,而表示层关心的是所传输的数据的表现方式、语法和语义。表示服务的例子有:统一的数据编码、数据压缩格式、加密技术等。

(7)应用层:这是 OSI/RM 的最高层。这一层的协议直接为客户端服务,提供分布式处理环境。应用层管理开放系统的互联,包括系统启动、维持和终止,并保持应用进程间建立连接所需的数据记录,其他层都是为支持这一层的功能而存在的。一个应用层是由一些合作的应用进程组成的,这些应用进程根据应用层协议互相通信。应用进程是数据交换的源和宿,也可以被看作是应用层的实体。这一层协议的例子有:在不同系统间传输文件的协议、电子邮件协议、远程作业录入协议等。

1.5.3 TCP/IP 体系结构

OSI 参考模型试图达到一种理想境界，即全世界的计算机网络都遵循该标准，进而所有的计算机都能方便地互联和交换数据。然而，由于 OSI 标准制定周期太长、协议实现过分复杂，以及 OSI 的层次划分不太合理等原因，20 世纪 90 年代初期，虽然整套的 OSI 标准都已制定出来，但当时的 Internet 已抢先在全世界覆盖了相当大的范围，因此，得到广泛应用的网络体系结构并不是国际标准的 OSI，而是应用在 Internet 上的非国际标准的 TCP/IP 体系结构。这样，TCP/IP 就成了事实上的国际标准。

TCP/IP(Transmission Control Protocol/Internet Protocol)即传输控制协议/网际协议，它源于 ARPANET，现在已成为 Internet 的通信协议。TCP/IP 成功地解决了不同网络之间难以互联的问题，实现了异构网的互联。我们提到的 TCP/IP 并不是指 TCP 和 IP 这两个具体的协议，而是表示 Internet 所使用的体系结构或是指整个 TCP/IP 协议簇。TCP/IP 参考模型分为 4 层：网络接口层、网际层、传输层和应用层。图 1-14 所示给出了 TCP/IP 与 OSI/RM 体系结构的对比。

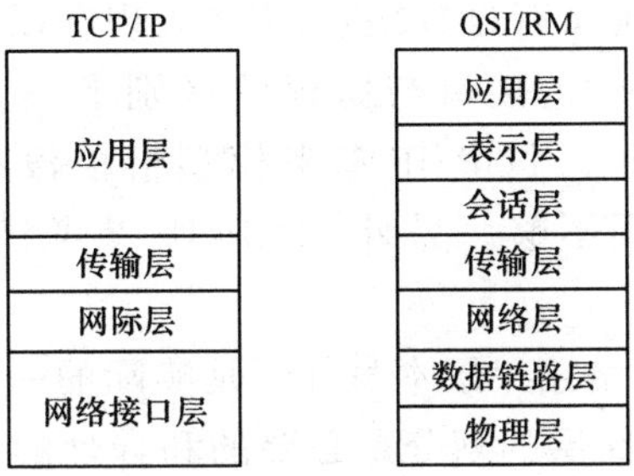

图 1-14 TCP/IP 与 OSI/RM 体系结构的对比

1. 网络接口层

网络接口层是 TCP/IP 模型的最底层，它对应 OSI 的物理层和数据链路层。TCP/IP 并没有定义具体的该层协议，只是指出它负责网际层与硬件设备间的联系，即主机必须使用某种协议与网络相连。

2. 网际层

它是整个体系结构的关键部分，其功能是使主机可以将分组发往任何网络并使分组独立地传向目的主机(可能经由不同的网络)。这些分组到达的顺序和发送的顺序可能不同，因此如果要求按顺序发送和接收时，高层必须对分组排序。

网际层定义了正式分组格式，其对应的协议是网际协议(Internet Protocol，IP)。网际层的功能就是把 IP 分组发送到应该去的地方。分组路由和避免拥塞是网际层主要解决的问题，所以，TCP/IP 的网际层和 OSI 的网络层在功能上非常相似。

3. 传输层

传输层解决的是计算机程序到程序之间的通信问题，即通常所说的"端到端"的通信。它的功能是使源端和目的端主机上的对等实体可以进行会话，和 OSI 的传输层一样，传输层定义了两个端到端的协议。第一个是传输控制协议(Transmission Control Protocol，TCP)，它是一个面向连接的协议，允许从一台机器发出的字节流无差错地发送到互联网上的其他机器。它把输入的字节流分成报文段并传给网际层；在接收端，TCP 接收进程把收到的报文再组装成字节流传送给应用层。TCP同时要完成流量控制功能，以避免出现快速发送方向低速接收方发送过多报文而使接收方无法处理的现象。第二个协议是用户数据报协议（User Datagram Protocol，UDP），它是一个不可靠的、无连接的协议。一些只包含简单查询和应答的应用程序适合使用UDP，因为UDP不用建立和结束虚拟通道，因而不会有额外的花销。UDP是一种简单的协议机制，通信开销小，效率高，比较适用于快速递交比准确递交更重要的应用程序，如传输语音或影像。

4. 应用层

应用层提供一组常用的应用程序给用户，应用程序和传输层协议相配合，完成发送或接收数据。每个应用程序都有自己的数据格式，它可以是一系列报文或字节流，但不管采用哪种格式，都要将数据传送给传输层以便交换。应用层包含所有的高层协议，如文件传输协议、电子邮件协议、超文本传输协议等。

1.5.4 TCP/IP与OSI/RM的比较

1. 对TCP/IP的评价

TCP/IP参考模型与协议定义有自身缺陷，主要表现在以下几个方面：

（1）TCP/IP参考模型在服务、接口与协议的区别上不是很清楚。一个好的软件工程应将功能与实现方法区分开。TCP/IP参考模型恰恰没有做到这点，这就使TCP/IP参考模型对新技术的指导作用不够。另外，TCP/IP参考模型不适用于其他非TCP/IP协议簇。

（2）TCP/IP参考模型的网络接口层本身并不是实际的一层，它定义了物理层与数据链路层的接口。物理层与数据链路层的划分是必要的和合理的，一个好的参考模型应该将它们区分开，而TCP/IP参考模型却没有做到这点。

但是，自20世纪70年代诞生以来，TCP/IP已经经历了几十年的实践检验，并成功赢得了大量用户和投资。TCP/IP的成功促进了Internet的发展，Internet的发展又进一步扩大了TCP/IP的影响。

2. 对OSI/RM的评价

OSI/RM与TCP/IP参考模型的共同点是，它们都采用了层次结构的概念，在传输层中定义了相似的功能。但是，它们在层次划分与使用的协议上有很大区别。无论是OSI/RM还是TCP/IP参考模型都不是完美的，对两者的赞扬与批评都很多。在20世纪80年代，几乎所有专家都认为OSI/RM将风靡世界，但事实却与人们预想的相反。

造成OSI/RM不能流行的原因之一是模型与协议的自身缺陷。大多数人认为，OSI/RM的层次数量与内容可能是最佳选择，其实并不是这样。会话层在大多数应用中很少使用，表示层几乎是空的。在数据链路层与网络层中有很多子层插入，每个子层都有不同的功能。OSI/RM将“服务”与“协议”的定义相结合，使得参考模型变得格外复杂，实现起来很困难。同时，寻址、流量与差错控制在每层重复出现，必然会降低系统效率。数据安全性、加密与网络管理等方面的问题也在参考模型设计初期被忽略。

有人批评参考模型的设计被通信的思想所支配，选择了很多不适合计算机硬件与软件的工作方式。很多“原语”在软件的高级语言中容易实现，但是严格按照层次模型编程的软件效率很低。尽管 OSI/RM 存在着一些问题，至今仍然有不少组织对它感兴趣，尤其是欧洲的通信管理部门。

习题巩固

一、名词解释

计算机网络；拓扑结构；资源子网；通信子网；网络体系结构。

二、单项选择题

1. 计算机网络是现代计算机技术和(　　)密切结合的产物。

A. 网络技术　　B. 通信技术　　C. 电子技术　　D. 人工智能技术

2. 世界上第一个计算机网络是(　　)。

A. ARPANET　　B. Internet　　C. ChinaNet　　D. CERNET

3. 计算机网络最突出的优点是(　　)。

A. 精度高　　B. 共享资源　　C. 可以分工协作　　D. 传递信息

4. 以下关于计算机网络的分类中，(　　)不属于按覆盖范围的分类。

A. 局域网　　B. 广播网　　C. 广域网　　D. 城域网

5. 网络拓扑是指(　　)。

A. 网络形状　　B. 网络操作系统　　C. 网络协议　　D. 网络设备

6. 广域网经常采用的网络拓扑结构是(　　)。

A. 总线型　　B. 环型　　C. 网状　　D. 星型

7. 下列对星型拓扑的描述不正确的是(　　)。

A. 所需电缆多，安装、维护工作量大　　B. 中心节点的故障可能造成全网瘫痪

C. 各节点的分布处理能力较差　　D. 故障诊断和隔离困难

8. 在组成协议的三要素中，(　　)规定数据的结构和格式。

A. 语法　　B. 语义　　C. 时序　　D. 都不是

9. 通信子网不包括 OSI/RM 的层次是(　　)。

A. 物理层　　B. 数据链路层　　C. 网络层　　D. 传输层

10. 通信子网一般由 OSI/RM 的(　　)。

A. 高三层组成　　B. 中间三层组成　　C. 低三层组成　　D. 以上都不对

11. 当数据在网络层时，称之为(　　)。

A. 报文　　B. 分组　　C. 帧　　D. 位

12. 在 OSI/RM 中，当数据分组从较低的层移动到较高的层时，其首部会被(　　)。

A. 加上　　B. 去除　　C. 重新安排　　D. 修改

13. 在 OSI/RM 中，当数据分组从设备 A 传到 B 时，在 A 的第 3 层加上的首部会在 B 的第(　　)层被读出。

A. 2　　B. 3　　C. 4　　D. 5

14. 以下设备中属于 DCE 的是(　　)。

A. 显示器　　B. 键盘　　C. 打印机　　D. 调制解调器

15. RS-232C 是(　　)接口规范。

A. 物理层　　B. 数据链路层　　C. 网络层　　D. 运输层

16. OSI/RM 的物理层协议定义了 4 个特性，其中定义接口形状、尺寸的内容属于(　　)。

A. 机械特性　　B. 电气特性　　C. 功能特性　　D. 规程特性

17. HDLC 规程中采用的帧同步是(　　)。

A. 字节计数法　　B. 字符填充法　　C. 比特填充法　　D. 违法编码法

18. 在 OSI/RM 的层次中，(　　)的数据传送单位是分组。

A. 物理层　　B. 数据链路层　　C. 网络层　　D. 传输层

19. 决定使用哪条路径通过通信子网是在 OSI/RM 中的(　　)完成的。

A. 物理层　　B. 数据链路层　　C. 网络层　　D. 传输层

20. x.25 协议的分组层最主要的功能是(　　)。

A. 多路复用物理链路　　B. 实现 DTE-DCE 连接

C. 链路访问控制　　D. 差错控制

三、简答题

1. 计算机网络的发展可划分为哪几个阶段？每个阶段有何特点？

2. 计算机网络可分为哪两大子网？各子网的功能是什么？由哪些部件组成？

3. 简述计算机网络的功能。

4. 计算机网络有哪些拓扑结构？各自的特点是什么？用简图表示。

5. 什么是网络体系结构？网络体系结构中基本的原理是什么？

6. 网络协议的组成要素是什么？试举例说明协议及对应的要素。

7. 简要说明物理层要解决什么问题，物理层的接口有哪些特性？

8. 简要画出数据终端设备之间通过公用电话网进行远程数据传输至少需要增加哪些设备，并画出连接示意图。

9. 说明服务和协议的关系。

10. 比较数据报与虚电路两种服务各自的优缺点及适用场合。

11. OSI/RM 中的第几层分别处理下面的问题？

①噪声使传输的数据由 0 变为 1，接收端发现错误并纠错；②接收端检测出收到序号错误的帧；③决定分组使用哪条路径到达目的端；④分组交换网交付给接收端的分组序号错误；⑤在两端用户之间传送文件的过程中，连接中断后能够从中断的地方开始继续传输；⑥两端用户之间传送文件。

第 2 章　物理层

2.1　物理层概述

2.1.1　物理层的基本概念

物理层处于网络参考模型的最底层，它的上一层是数据链路层，它向下直接与传输介质相连。物理层不仅指与计算机相连接的物理设备或者具体的传输介质，主要考虑的是如何在连接开放系统的不同传输介质上传输各种数据的比特流。

我们知道，现有计算机网络中的硬件设备和传输媒体的种类非常多，通信手段也有许多不同方式，存在着很大的差异；与此同时，各种新的通信技术又在快速发展，因此网络设计中，试图通过设计物理层来尽可能屏蔽这些差异，使数据链路层只需考虑本层的服务和设计，而不需要考虑物理层具体使用了哪些传输介质和物理传输设备。用于物理层的协议也称为物理层规程（Procedure）。只是在“协议”这个名词出现之前人们就先使用了“规程”这一名词。

物理层的主要任务描述为确定与传输媒体接口有关的一些特性，具体如下：

（1）机械特性：指明接口所用接线器的形状和尺寸、引线数目和排列、固定和锁定装置等。这很像平时常见的各种规格的电源插头，其尺寸都有严格的规定。

（2）电气特性：指明在接口电缆的各条线上出现的电压范围。

（3）功能特性：指明某条线上出现的某一电平的电压表示何种意义。

（4）规程特性：指明对于不同功能的各种可能事件的出现顺序。

2.1.2　物理层的基本服务功能

理解物理层的服务功能，需要注意以下问题。

1. 物理层与数据链路层的关系

物理层处于 OSI 参考模型的最底层，它向数据链路层提供比特流传输服务。发送端的数据链路层通过与物理层的接口，将待发送的帧传送到物理层，物理层不关心帧的结构，它将构成帧的数据只看成待发送的比特流。物理层的主要任务是保证比特流通过传输介质的正确传输，为数据链路层提供数据传输服务。

2. 传输介质与信号编码的关系

连接物理层的传输介质可以有不同类型，如电话线、同轴电缆、光纤与无线通信线路。不同类型的传输介质对于被传输的信号要求也不同。例如，电话线只能用于传输模拟语音信号，不能直接传输计算机产生的二进制数字信号。如果要求通过电话线传输数字信号，那么在发送端就要将数字信号变换成模拟信号，再通过电话线传输，在接收端将接收到的模拟信号还原成数字信号。如果希望通过光纤来传输数字信号，那么发送端也需要将电信号变换为光信号；接收端再将光信号还原成电信号。物理层的一个重要功能是，根据所使用传输介质的不同，制定相应的物理层协议，规定数据信号编码方式、传输速率，以及相关的通信参数。

3. 设置物理层的目的

由于计算机网络使用的传输介质与通信设备种类繁多，各种通信线路、通信技术存在很大的差异。同时，由于通信技术在快速发展，各种新的通信设备与技术不断涌现。为了适应通信技术的变化，研究人员需要针对不同类型的传输介质与通信技术的特点，制定与之相适应的物理层协议。因此，设置物理层的目的是，屏蔽物理层所采用的传输介质、通信设备与通信技术的差异性，使数据链路层只需要考虑如何使用物理层的服务，而不需要考虑物理层的功能具体是使用了哪种传输介质、通信设备与技术实现的。

2.1.3 物理层协议

计算机网络使用的通信线路分为两类：点-点通信线路和广播通信线路。点-点通信线路用于连接两个通信的主机；而广播通信线路的一条公共通信线路可以连接多个主机。需要注意的是，广播通信线路可以分为有线与无线两种。因此，物理层协议可以分为两类：基于点-点通信线路的物理层协议与基于广播通信线路的物理层协议。

1. 基于点-点通信线路的物理层协议

早期流行的物理层协议标准是 EIA-232-C 标准。EIA-232-C 标准是美国电子工业协会在 1969 年制定的，它是基于点-点通信线路的串行、低速、模拟传输设备的物理接口标准，目前很多低速的数据通信设备仍然采用这种标准。

随着 Internet 接入技术的发展，家庭接入主要通过 ADSL 调制解调器与电话线路接入，通过线缆调制解调器(Cable Modem)与有线电视同轴电缆接入。ADSL 物理层协议定义了上行与下行传输速率标准、传输信号的编码格式与电平、同步方式、连接接口装置的物理尺寸等内容。Cable Modem 有线电视电缆接入的物理层标准主要有“线缆数据业务接口规范”与 IEEE 802.14 的物理层标准，规定了线缆调制解调器的频带、上行与下行速率、信号调制方式与电平、同步方式等内容。通信技术的变化必将引起物理层协议的变化。目前，基于光纤的物理层协议发展迅速。

2. 基于广播通信线路的物理层协议

广播通信线路又分为有线通信线路与无线通信线路两类。

(1)最早的 Ethernet 是在共用总线的同轴电缆上用广播的方式发送和接收数据。因此 Ethernet 的 802.3 标准要针对不同的传输介质、传输速率制定多个物理层协议，如针对非屏蔽双绞线的10Base-2、10Base-5、10Base-T,快速以太网的802.3u标准,以及针对光纤传输介质的各种物理层标准。

(2)无线网络采用广播方式发送和接收数据。无线局域网802.11标准、无线城域网802.16标准,以及无线个人区域网802.15.4标准,这些网络分别根据所采用的通信频段、调制方式、传输速率、覆盖范围的不同,制定了多种物理层协议标准。

2.2 数据通信

从某种意义上讲,计算机网络是建立在数据通信系统之上的资源共享系统。计算机网络的主要功能是实现信息资源的共享与交换,而信息是以数据形式来表达的,所以计算机网络必须解决数据通信的问题。

2.2.1 数据通信的基本概念

1. 信息、数据和信号

信息是指有用的知识或消息,计算机网络通信的目的就是交换信息。而数据则是运送信息的实体,是信息的表达方式,可以是数字、文字、声音、图形和图像等多种不同形式。在计算机系统中,统一以二进制代码表示数据的不同形式。而当这些二进制代码表示的数据要通过物理介质和器件进行传输时,还需要将其转变成物理信号,信号(Signal)是数据在传输过程中的电磁波表达形式。

2. 模拟信号与数字信号

作为数据的电磁波表达形式,信号一般以时间为自变量,以表示数据的某个参量如振幅、频率或相位为因变量,并且按其因变量对时间的取值是否连续被分为模拟信号和数字信号。模拟信号是指信号的因变量随时间连续变化的信号,如图2-1所示。电视图像信号、语音信号、温度压力传感器的输出信号以及许多遥感遥测信号都是模拟信号。数字信号是指信号的因变量不随时间连续变化的信号,通常表现为离散的脉冲形式,可表示为$x(nt)$,如图2-2所示。显然,在数字信号中,因变量取值状态是有限的。计算机数据、数字电话和数字电视等都可看成数字信号。

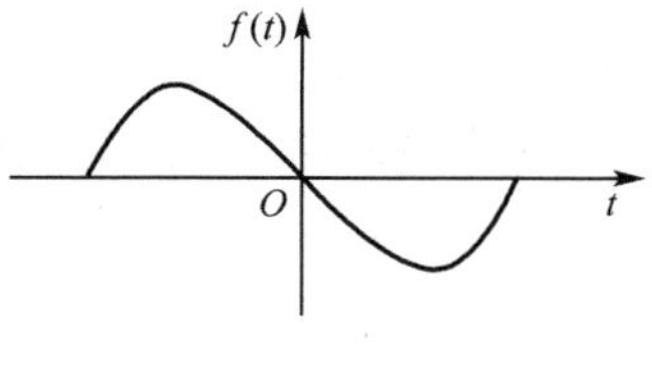

图2-1 模拟信号

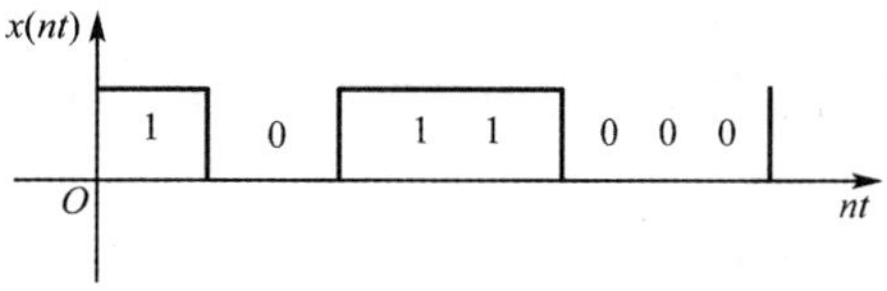

图2-2 数字信号

虽然模拟信号与数字信号有着明显的差别,但二者之间在一定条件下是可以相互转换的,转换可以通过调制解调器来完成。模拟信号可以通过采样、编码等步骤转换成数字信号,而数字信号也可以通过解码、平滑等步骤转换成模拟信号。

3. 数据通信

发送方将要发送的数据转换成信号通过物理信道传输到数据接收方的过程称为数据通信。由于信号可以是连续变化的模拟信号,也可以是离散变化的数字信号,所以与之相对应的,数据通信被分为模拟数据通信和数字数据通信。所谓模拟数据通信,是指在模拟信道上以模拟信号形式来传输数据;而数字数据通信则是指利用数字信道以数字信号形式来传输数据。

4. 源点、终点和信道

在数据通信中,通常将数据的发送方称为源点,而将数据的接收方称为终点。源点和终点一般是计算机或其他一些数据终端设备。

为了在源点和终点之间实现有效的数据传输,必须在源点和终点之间建立一条传输信号的物理通道,这条通道被称为物理信道,简称信道。信道建立在传输介质之上,但包括了传输介质和附属的通信设备。通常,同一传输介质上可提供多条信道,一条信道允许一路信号通过。按传输介质的类型来划分,信道被分为有线信道和无线信道;按信道中所传输的信号类型来划分,信道被分为模拟信道和数字信道。

2.2.2 数据通信系统的模型

数据通信系统是指通过通信线路和通信控制处理设备将分布在各处的数据终端设备连接起来,执行数据传输功能的系统。图 2-3 所示给出了数据通信系统的模型。

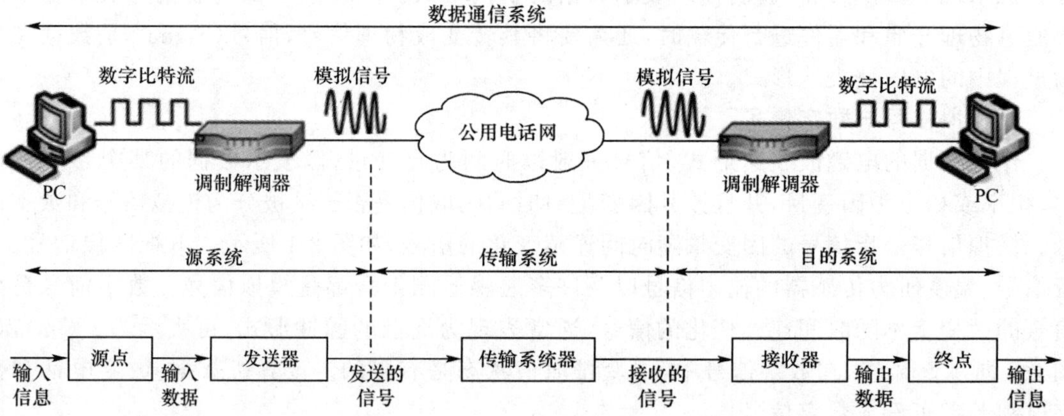

图 2-3 数据通信系统的模型

一个数据通信系统由源系统(或发送端)、传输系统(或传输网络)和目的系统(或接收端)三个部分组成。

源系统一般包括以下两部分:

(1)源点:源点设备发送要传输的数据,又称源站,发送输出的数字比特流。

(2)发送器:通常源点发送的数据要通过发送器编码后才能够在传输系统中进行传输。发送器把源点所要发送的数据转换成适合于在信道上传输的信号。

目的系统一般包括以下两部分:

(1)接收器:接收传输系统传输过来的信号,并将其转换为能够被目的设备处理的信息。把从信道上接收的信号转换成终点所能识别的数据。

(2)终点:终点设备从接收器获取传输来的数据,又称目的站。源点和终点分别是数据的出发点与目的地,又称为数据终端设备(Data Terminal Equipment,DTE)。DTE 通常属于资源子网的设备,如资源子网中的计算机、数据输入/输出设备和通信处理机等。

发送器和接收器又称为数据线路端接设备(Data Circuit-terminating Equipment,DCE)。DCE 为 DTE 提供了入网的连接点,通常被认为是通信子网中的设备。

2.3 传输介质

传输介质也称传输媒体,泛指计算机网络中用于连接各台计算机的物理媒体,特指用来连接各个通信处理设备的物理介质。传输介质是构成物理信道的重要组成部分,计算机网络中使用各种传输介质来组成物理信道。

2.3.1 传输介质的分类

传输介质包括有线传输介质和无线传输介质两大类。有线传输介质将信号约束在一个物理导体之内,如双绞线、同轴电缆和光纤等,故又被称为有线介质;而无线传输介质如无线电波、红外线、激光等不能将信号约束在某个空间范围之内,故被称为无线介质。

究竟选择哪一种传输介质,必须考虑到价格、安装难易程度、容量、抗干扰能力、衰减等方面的因素,同时还要根据具体的运行环境全面考虑。

2.3.2 有线传输介质

1. 双绞线

双绞线(Twisted Pair,TP)是目前使用最广泛、价格最低廉的一种有线传输介质。Twisted 源于双绞线电缆的内部结构。双绞线在内部由若干对(通常是 1 对、2 对或 4 对)两两绞在一起的相互绝缘的铜导线组成,导线的典型直径为 1 mm 左右(通常为 0.4～1.4 mm)。之所以采用这种两两相绞的绞线技术,是为了抵消相邻线对之间所产生的电磁干扰以及减少线缆端接点处的近端串扰。

双绞线既可以传输模拟信号,又可以传输数字信号。用双绞线传输数字信号时,它的数据传输速率与电缆的长度有关。距离短时,数据传输速率可以高一些。典型的数据传输速率为 10 Mbps、100 Mbps 和 1 000 Mbps。

双绞线是把两根绝缘铜线拧成有规则的螺旋形。双绞线的抗干扰性较差,易受各种电信号的干扰,可靠性差。若把若干对双绞线集成一束,并用结实的保护外皮包住,就形成了典型的双绞线电缆。把多个线对扭在一起可以使各线对之间或其他电子噪声源的电磁干扰最小。

用于网络的双绞线和用于电话系统的双绞线是有差别的。

双绞线主要分为两类,即非屏蔽双绞线(Unshielded Twisted-Pair,UTP)和屏蔽双绞线(Shielded Twisted-Pair,STP)。与 UTP 相比,STP 由于采用了良好的屏蔽层,抗干扰性较好,但由于价格较贵,在实际组网中用得不是很多。

到目前为止，EIA/TIA 已颁布 6 类(Category，简写为 Cat)线缆的标准。

(1)Cat1 类线：可用于电话传输，但不适合数据传输，这一级电缆没有固定的性能要求。

(2)Cat2 类线：可用于电话传输和最高为 4 Mbps 的数据传输，包括 4 对双绞线。

(3)Cat3 类线：可用于最高为 10 Mbps 的数据传输，包括 4 对双绞线，常用于 10Base- T 以太网。

(4)Cat4 类线：可用于 16 Mbps 的令牌环网和大型 10Base-T 以太网，包括 4 对双绞线。其测试速率可达 20 Mbps。

(5)Cat5 类线：可用于 100 Mbps 的快速以太网，包括 4 对双绞线。

(6)Cat6 类线：适用于 1 000 Mbps 的 1 000Base-TX，支持高达 1 000 Mbps 的数据通信。

双绞线使用 RJ-45 接头连接计算机的网卡或集线器等通信设备。组建局域网所用的双绞线是由 4 对线(8 根线)组成的，其中每根线的材质包括铜线和铜包的钢线两类。

一般来说，双绞线电缆中的 8 根线是成对使用的，而且每一对都相互绞合在一起，绞合的目的是减少对相邻线的电磁干扰。

目前，在局域网中常用到的双绞线是非屏蔽双绞线，它又分为 3 类、4 类、5 类、超 5 类、6 类和 7 类双绞线。

双绞线的这 8 根线的引脚定义如表 2-1 所示，Tx 代表发送端，Rx 代表接收端。

表 2-1　　双绞线各引脚定义

线号	1	2	3	4	5	6	7	8
线色	白橙	橙	白绿	蓝	白蓝	绿	白褐	褐
作用	Tx+	Tx−	Rx+	—	—	Rx−	—	—

在局域网中，双绞线主要用来连接计算机网卡到集线器或通过集线器之间接口的级联，有时也可直接用于两个网卡之间的连接或不通过集线器级联口之间的级联，但它们的接线方式各有不同，双绞线的使用如图 2-4 所示。

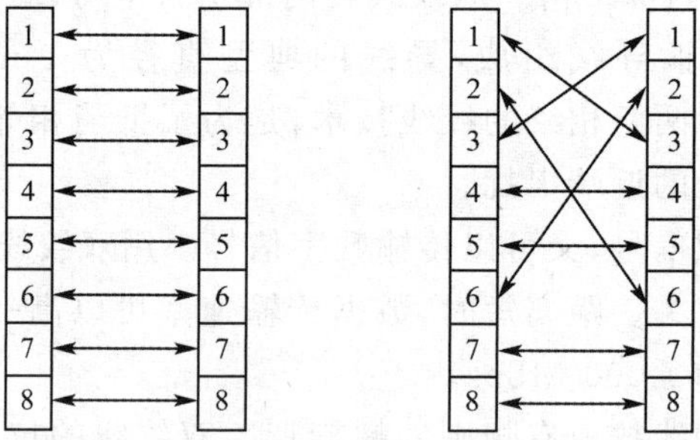

图 2-4　双绞线的使用

双绞线具有以下特性：

(1)物理特性：铜质线芯，传导性能良好。

(2)传输特性：可用于传输模拟信号和数字信号，对于模拟信号，5～6 km 需要一个放大器；对于数字信号，2～3 km 需要一个中继器。双绞线的带宽达 268 kHz。对于模拟信号，可用频分多路复用技术把它分成 24 路来传输音频模拟信号，根据目前的 Modem 技术，若使用相移键控法(Phase Shift Keying，PSK)，每路可达 9 600 bps 以上，这样，在一条 24 路的双绞线上，总传输速率可达 230 kbps。对于数字信号，使用 T1 线路总传输速率可达 1.544 Mbps。达到更高传输速率也是可能的，但与距离有关。

(3)对于局域网(10Base-T 和 100Base-T 总线)，传输速率可达 10～100 Mbps。常用的 3 类双绞线和 5 类双绞线电缆均由 4 对双绞线组成，3 类双绞线的传输速率可达 10 Mbps，5 类双绞线的传输速率可达 100 Mbps，但与距离有关。

(4)连通性：可用于点到点连接或多点连接。

(5)地理范围：对于局域网，传输速率为 100 kbps 时，可传输 1 km；传输速率为 10～100 Mbps 时，可传输 100 m。

(6)抗干扰性：低频(10 kHz 以下)的抗干扰性能强于同轴电缆，高频(10～100 kHz)的抗干扰性能弱于同轴电缆。

(7)相对价格：比同轴电缆和光纤便宜得多。

2. 同轴电缆

同轴电缆是由一根空心的外圆柱形的导体围绕着单根内导体构成的。内导体为实心或多芯硬质铜线电缆，外导体为硬金属或金属网。内外导体之间由绝缘层隔离，外导体外还有外皮套或屏蔽物。

同轴电缆可以用于长距离的电话网络、有线电视信号的传输通道以及计算机局域网。50 Ω 的同轴电缆可用于数字信号发送，称为基带；75 Ω 的同轴电缆可用于频分多路复用转换的模拟信号发送，称为宽带。在抗干扰性方面，对于较高的频率，同轴电缆优于双绞线。

同轴电缆的中央是铜质的芯线(单股的实心线或多股的绞合线)，铜质的芯线外包一层绝缘层，绝缘层外是一层网状编织的金属丝作为外导体屏蔽层(可以是单股的)，屏蔽层把电线很好地包起来，再往外就是外包皮的塑料保护外层了，同轴电缆的结构如图 2-5 所示。

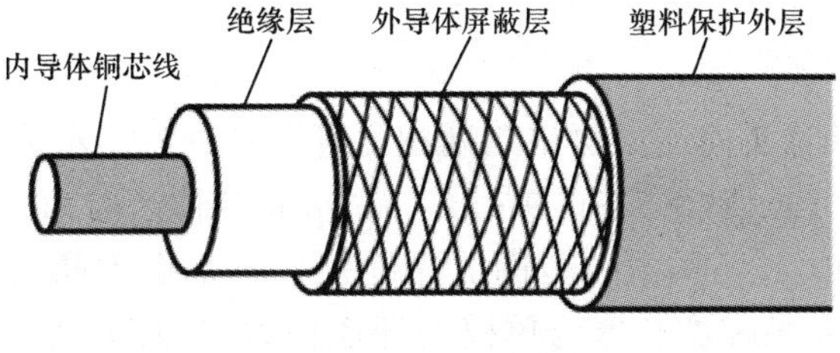

图 2-5　同轴电缆的结构

目前，经常用于局域网的同轴电缆有两种：一种是专门用在符合 IEEE 802.3 标准以太网环境中阻抗为 50 Ω 的电缆，只用于数字信号发送，称为基带同轴电缆；另一种是用于频分多路复用 FDM 的模拟信号发送，阻抗为 75 Ω 的电缆，称为宽带同轴电缆。

同轴电缆具有以下特性：

(1)物理特性：单根同轴电缆的直径为 1.02～2.54 cm，可在较宽频的范围内工作。

(2)传输特性：基带同轴电缆仅用于数字传输，阻抗为 50 Ω，并使用曼彻斯特编码，数据传输速率最高可达 10 Mbps。宽带同轴电缆可用于模拟信号和数字信号传输，阻抗为 75 Ω，对于模拟信号，带宽可达 300～450 MHz。在 CATV 电缆上，每个电视通道分配 6 MHz 带宽，而广播通道的带宽要窄得多，因此，在同轴电缆上使用频分多路复用技术可以支持大量的视音频通道。

(3)连通性：可用于点到点连接或多点连接。

(4)地理范围:基带同轴电缆的最大距离限制在几千米,宽带同轴电缆的最大距离可达几十千米。

(5)抗干扰性:能力比双绞线强。

(6)相对价格:比双绞线贵,比光纤便宜。

3. 光纤

光纤是一种细小、柔韧并能传输光信号的介质,一根光缆中包含有多条光纤。在光纤上用 1 表示有光脉冲信号,用 0 表示没有光脉冲信号。光纤通信系统由光端机、光纤(光缆)和光纤中继器组成。光端机又分为光发送机和光接收机。而光纤中继器用来延伸光纤或光缆的长度,防止光信号衰减。光发送机将电信号调制成光信号,利用光发送机内的光源将调制好的光波导入光纤,经光纤传送到光接收机。光接收机将光信号变换为电信号,经放大、均衡等处理后发送给接收方。

光纤和同轴电缆相似,只是没有网状屏蔽层,中心是光传播的玻璃芯,四芯光缆剖面如图 2-6 所示。光纤分为单模光纤和多模光纤两类(所谓"模",是指以一定的角度进入光纤的一束光)。

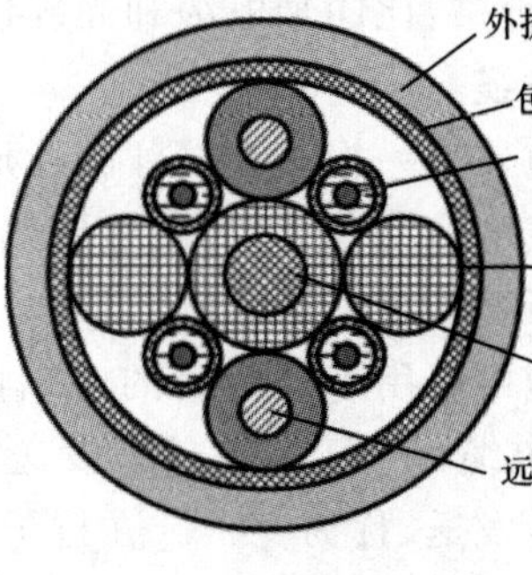

图 2-6 四芯光缆剖面

正是由于光纤的数据传输速率高(目前已达到几 Gbps)、传输距离远(无中继传输距离达几十千米至上百千米)的特点,在计算机网络布线中得到了广泛的应用。目前,光缆主要用于交换机之间、集线器之间的连接,但随着千兆位局域网应用的不断普及和光纤产品及其设备价格的不断下降,光纤连接到桌面也将成为网络发展的一个趋势。

光纤具有以下特性:

(1)物理特性:在计算机网络中均采用两根光纤(一来一去)组成传输系统。按波长范围可分为 3 种:0.85 μm 波长区(0.8~0.9 μm)、1.3 μm 波长区(1.25~1.35 μm)和 1.55 μm 波长区(1.53~1.58 μm)。不同波长范围的光纤损耗特性也不同,其中 0.85 μm 波长区为多模光纤通信方式,1.55 μm 波长区为单模光纤通信方式,1.3 μm 波长区有多模和单模两种光纤通信方式。

(2)传输特性:光纤通过内部的全反射来传输一束经过编码的光信号,内部的全反射可以在任何折射指数高于包层媒体折射指数的透明媒体中进行。实际上光纤是频率范围为 1 014~1 015 Hz 的波导管,这一范围覆盖了可见光谱和部分红外光谱。光纤的数据传输速率可达 Gbps 级,传输距离达数十千米。目前,一条光纤线路上一般传输一个载波,随着技术的进一步发展,会出现实用的多路复用光纤。

(3)连通性:采用点到点连接或多点连接。

(4)地理范围:在 6~8 km 的距离内可以不用中继器传输,因此光纤适合于在几个建筑物之间通过点到点的链路连接局域网。

(5)抗干扰性:不受噪声或电磁影响,适宜在长距离内保持高数据传输速率,而且能够提供良好的安全性。

(6)相对价格:目前价格比同轴电缆和双绞线都贵。

2.3.3 无线传输介质

可以在自由空间利用电磁波发送和接收信号进行通信就是无线传输。地球上的大气层为大部分无线传输提供了物理通道，就是常说的无线传输介质。无线传输所使用的频段很广，人们现在已经利用了好几个波段进行通信，紫外线和更高的波段目前还不能用于通信。无线通信的方法有微波通信、激光通信和红外线通信。

1. 微波通信

微波通信系统有两种形式：地面系统和卫星系统。使用微波传输要经过有关管理部门的批准，而且使用的设备也需要有关部门允许才能使用。由于微波在空间中沿直线传播，如果在地面传播，地球表面是一个曲面，其传播距离受到限制，采用微波传输的站必须安装在视线内，传输的频率为 4～6 GHz 和 21～23 GHz，传输距离一般只有 50 km 左右。为了实现远距离通信，必须在一条无线通信信道的两个终端之间增加若干个中继站。中继站把前一站送来的信息经过放大后再送到下一站。通过这种“接力”通信，可以传输电话、图像、数据等信息。采用卫星微波，卫星在发送站和接收站之间反射信号，传输的频率为 11～14 GHz。

目前，利用微波通信建立的计算机局域网也日益增多。由于微波沿直线传输，所以长距离传输时要由多个微波中继站组成通信线路，而通信卫星可以看作悬挂在太空中的微波中继站，可通过通信卫星实现远距离的信息传输。微波通信的主要特点是有很高的带宽(1～11 GHz)，容量大，通信双方不受环境位置的影响，并且不需要事先敷设电缆。

2. 激光通信

激光通信的优点是带宽更高、方向性好、保密性能好等，激光通信多用于短距离的传输。激光通信的缺点是其传输速率受天气影响较大。

3. 红外线通信

红外线通信不受电磁干扰和射频干扰的影响。红外线传输建立在红外线光的基础上，采用光发射二极管、激光二极管或光电二极管来进行站点与站点之间的数据交换。红外线传输既可以进行点到点通信，又可以进行广播式通信。但这种传输技术要求通信节点之间必须在直线视距之内，不能穿越墙。红外线传输技术数据传输速率相对较低，在面向一个方向通信时，数据传输速率为 16 Mbps。如果选择数据向各个方向上传输时，传输速率将不能超过 1 Mbps。

2.4 多路复用技术

在远距离通信中，为了高效、合理地利用传输介质，通常采用多路复用技术，人们把利用一条物理信道同时传输多路信号的过程称为多路复用。多路复用技术是使多路数据信号共同使用一条线路进行传输的技术，使多台计算机或终端设备共享信道资源，提高信道的利用率。特别是在远距离传输时，可大大节省电缆成本、安装与维护费用。实现多路复用功能的设备是多路复用器。多路复用技术如图 2-7 所示。

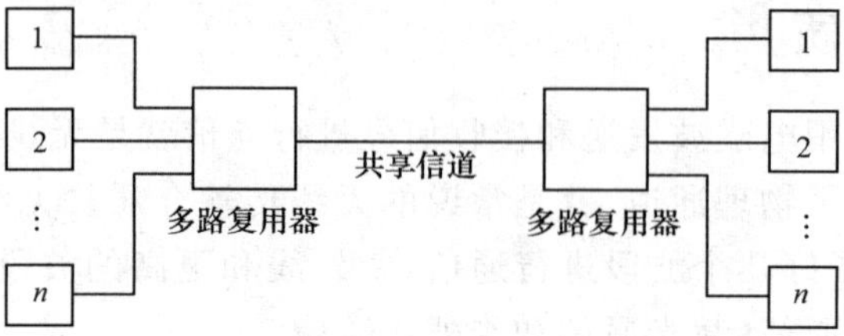

图 2-7　多路复用技术

多路复用技术通常有频分多路复用技术、时分多路复用技术、波分多路复用技术和码分多路复用技术。

2.4.1　频分多路复用

频分多路复用技术(Frequency Division Multiplexing,FDM)是按照不同频率来区分信号的一种方法,将传输频带划分为若干个较窄的频带,每个频带传送一路信号,形成一个子信道。一个具有一定带宽的线路可以划分为若干个频率范围,相互之间没有重叠,同时,为了避免两个相邻频段的相互干扰,频段之间必须保留一定的缝隙,称为保护频带。这样,频分多路复用的所有用户在同样的时间内占用不同的频带资源。频分多路复用技术如图 2-8 所示。

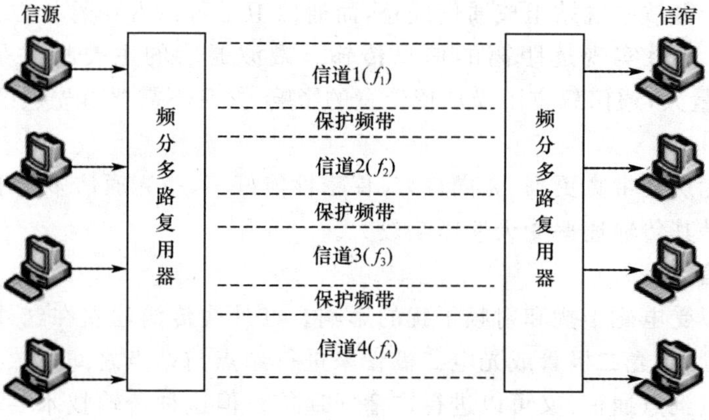

图 2-8　频分多路复用技术

频分多路复用技术常用于模拟信号的传输,如收音机、电视机等,也用于宽带网络。载波电话通信系统是频分多路复用的典型例子。

2.4.2　时分多路复用

时分多路复用技术(Time Division Multiplexing,TDM)是将通信信道传输数据的时间划分成等长的时分多路复用帧(TDM 帧),每一个 TDM 帧再划分成若干等长的时间片,每一个时分多路复用的用户在每个 TDM 帧中占用固定序号的时间片来使用公共线路,在其占用的时间片内,信号独自使用信道的全部带宽。时分多路复用技术如图 2-9 所示。

从图中可以看出,一个用户所占用的时间片是周期出现的,这个周期就是一个时分多路复用帧的长度。时分多路复用技术的优点是技术比较成熟;缺点是不够灵活,如当用户在某一段时间暂时无数据传输时(如用户正在键盘上输入数据或正在浏览屏幕上的信息),也只

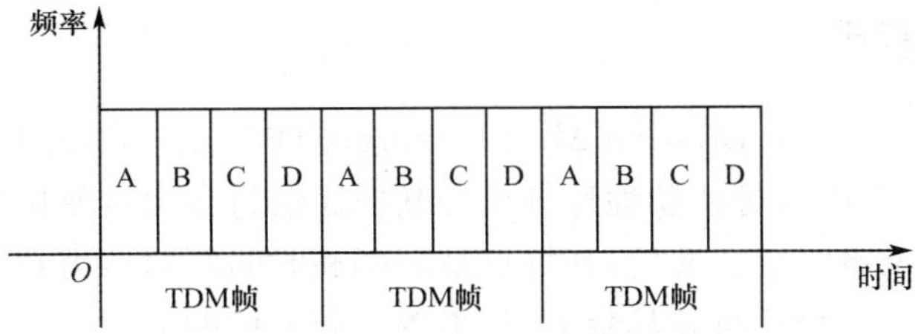

图 2-9　时分多路复用技术

能让已经分配到手的子信道空闲着，而其他用户却不能使用这个暂时空闲的信道资源。统计时分多路复用技术就是一种改进的时分多路复用技术，它能明显地提高信道的利用率。

统计时分多路复用(Statical Time Division Multiplexing，STDM)是使用 STDM 帧来传输数据的，但每一个 STDM 帧中划分的时间片的数目要小于进行复用的用户数，每一帧中的时间片不再是固定分配给某个用户，而是按需动态地给每个用户分配时间片。统计时分多路复用技术如图 2-10 所示。统计时分多路复用又称为异步时分多路复用，而普通的时分多路复用则称为同步时分多路复用。需说明的是，这里的帧与数据链路层的帧不是一个概念。

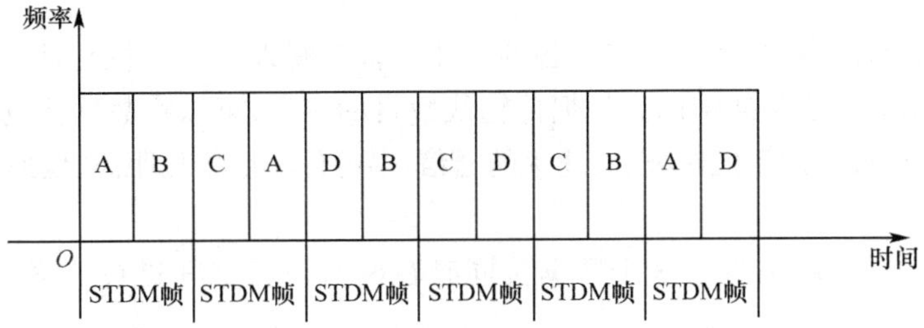

图 2-10　统计时分多路复用技术

时分多路复用通常用于数字信号的传输，也可用于模拟信号的传输。

时分多路复用在任一时刻只传送一种信号，多路信号分时地在信道中进行传输；而频分多路复用是在任一时刻，同时传送多路信号，各路信号占用的频带不同。

2.4.3　波分多路复用

波分多路复用技术(Wavelength Division Multiplexing，WDM)就是光的频分复用，是把光波波长分割复用，在一根光纤中同时传输多波长的光信号的一种技术。

波分多路复用技术的基本原理是在发送端将不同的光信号组合起来(复用过程)，然后耦合到光缆线路上，再用一根光纤进行传输；在接收端将组合波长的光信号区分开来(解复用过程)，再通过进一步处理恢复出原信号后送入不同终端。波分多路复用技术实质上是利用了光具有不同波长的特征。WDM 的原理类似于 FDM，不同的是，它利用波分多路复用设备将不同信道的信号调制成不同波长的光，并复用到光纤信道上。在接收方，采用波分设备分离不同波长的光。WDM 发送端和接收端的器件分别称为分波器和合波器。

光波多路复用技术除 WDM 外，还有密集波分多路复用技术(Dense Wavelength Division Multiplexing，DWDM)，光纤的密集波分多路复用技术可极大地增加光纤信道的数量，从而充分利用光纤的潜在带宽，是计算机网络今后使用的重要技术。

2.4.4 码分多路复用

码分多路复用技术(Code Division Multiplexing,CDM)是一种用于移动通信系统的新技术,笔记本电脑和掌上电脑等移动性计算机的联网通信将会大量使用码分多路复用技术。码分多路复用的基础是微波扩频通信,其特点是频率和时间资源均为共享。因此,在频率和时间资源紧缺的情况下,CDM将独具魅力,越来越受到人们的关注。

2.5 数据传输方式

在数据通信系统中,通信信道为数据的传输提供了各种不同的通路。对应于不同类型的信道,数据传输采用不同的方式,如并行传输和串行传输方式,单工、半双工和全双工通信方式,异步传输和同步传输方式,基带传输和频带传输方式等。

2.5.1 并行传输和串行传输

在计算机内部各部件之间,计算机与各种外部设备之间以及计算机与计算机(或终端)之间都是以数据传输的方式实现通信的。依据传输线数目的多少,可以将数据传输方式分为并行传输和串行传输,并行传输用于短距离、高速率的通信,串行传输用于长距离、低速率的通信。

1. 并行传输

在并行传输中,一般至少有8个数据位同时在两台设备之间进行传输,如图2-11所示。

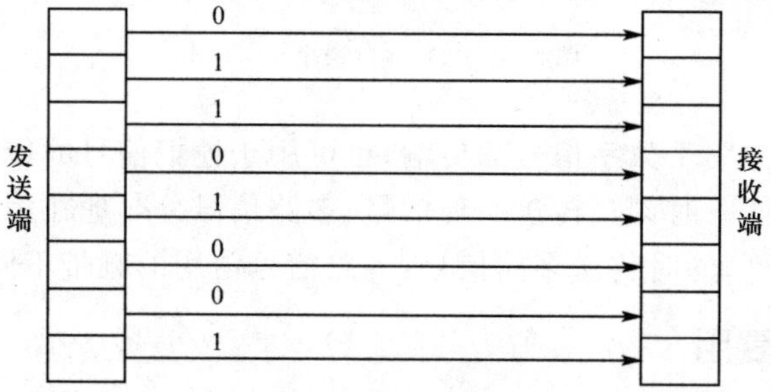

图 2-11 并行传输

并行传输是指数字信号以成组的方式在多个并行信道上进行的传输,数据由多条数据线同时传送与接收,每个比特使用单独的一条线路。

并行传输的优点在于传输速率快,发收双方间不存在字符同步的问题;缺点是需要多个并行信道,增加了设备的成本,而且并行线路的电平相互干扰也会影响传输质量,不适合做较长距离的通信。并行传输主要用于计算机内部或同一系统设备间的通信。常见的并行传输如计算机与打印机之间的数据传输。

2. 串行传输

并行传输需要8条以上的数据线,这对于近距离的数据传输来说,其费用还可以负担,但当进行远距离数据传输时,采用这种方式费用就太高了。所以,在数据通信系统中,较远距离的通信采用的是另一种传输方式——串行传输。

在串行传输中，发送端和接收端由一条数据线相连，各数据位依次串行通过该线路。如图 2-12 所示，源数据站向目的数据站发出 01101001 的串行比特流。发收两端一次只能发送或接收一个数据位，因此所需传输线数目大大减少，各数据位依次串行地通过通信线路。由于在计算机内部总线上传输的是并行数据，要与外部设备进行串行通信，在发送端就需要把并行数据转换成串行数据，在接收端还需将串行数据转换成并行数据，计算机内部的串行通信适配器负责进行串行数据和并行数据的转换。在计算机局域网中，计算机之间也是串行传输，网卡就负责串行数据和并行数据的转换工作。

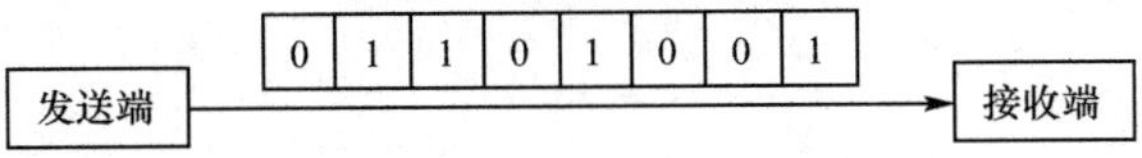

图 2-12　串行传输

相对于并行传输，串行传输的效率低，传输速率慢，但由于只有一条信道，减少了设备的成本，且易于实现和维护。串行传输适用于覆盖面很广的公共电话网络系统，所以在现行的计算机网络通信中，串行通信应用非常广泛。

2.5.2 单工、半双工和全双工通信

1. 单工通信

单工通信是指在两个通信设备间，信息只能沿着一个方向传输。

采用单工通信时，在通信设备双方中，一方为发送设备，另一方为接收设备，如图 2-13(a)所示。广播和电视节目的传送以及寻呼系统都属于单工通信的例子。

2. 半双工通信

半双工通信是指两个通信设备间的信息交换可以双向进行，但不能同时进行。也就是说，在同一时刻仅能使信息在一个方向上传输，如图 2-13(b)所示。

半双工通信设备的两端要求既要有发送设备，又要有接收设备，因此该方式需要具有信道转换能力，通常用软件控制换向，换向过程中存在换向的延迟时间问题，也可以采用人工操作机械开关的方法进行控制。典型的例子是对讲机或计算机与终端的通信。

3. 全双工通信

全双工通信是指两个通信设备间可以同时进行两个方向上的信息传输，如图 2-13(c)所示。

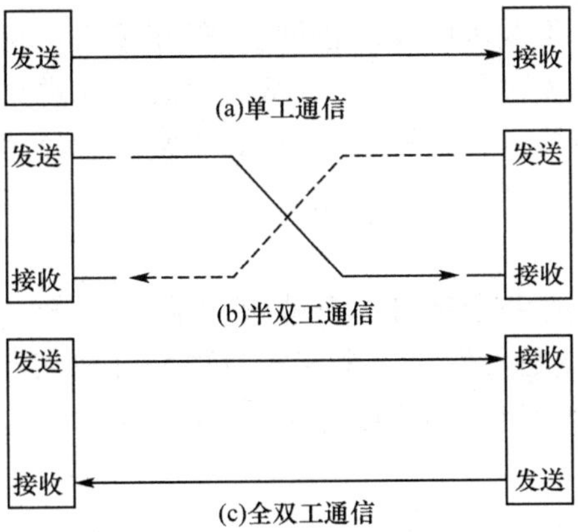

图 2-13　三种通信方式

通信双方应同时具有发送和接收的功能，与通信站相接的传输设备和传输控制协议必须提供全双工的工作方式，同时还应对缓存器做特殊的考虑。平时使用的手机类似于全双工通信。

2.5.3 异步传输和同步传输

在数据通信中，有一个问题是必须解决的，那就是同步问题。同步问题就是发送方发出数据后，接收方如何从接收到的连续不断的信号中识别出数据的开始位置和结束位置。目前，在串行传输中所采用的同步方式有两种：一是异步传输方式；二是同步传输方式。

1. 异步传输方式

异步传输方式又称为起止式同步方式，它是以字符为单位进行传输的，即每个字符都独立传输。每个字符在传输时都在字符前加上起始位和在字符后加上结束位，以表示一个字符的开始和结束。

一般起始位信号的长度规定为 1 b(位)的宽度，极性为 0，结束位信号可以为 1 b、1.5 b 或 2 b 的宽度，极性为 1，其长度的选取与所采用的传输代码类型有关。起始位和结束位的作用是实现字符同步，字符之间的间距是任意的，但发送一个字符时，每个字符包含的位数都是相同的，且每一位占用的时间长度是双方约定好的，并且保持各位都恒定不变，如图 2-14 所示。

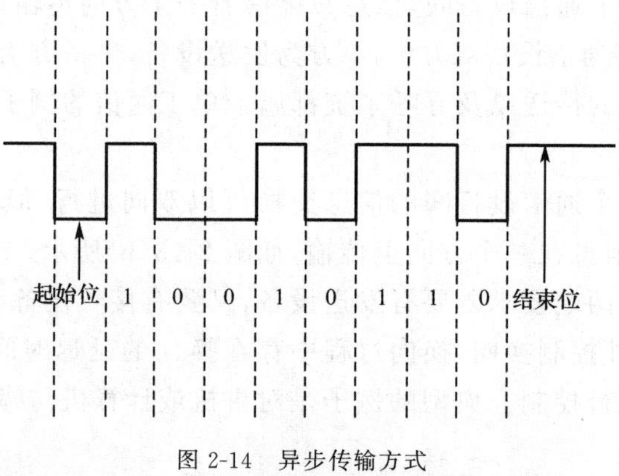

图 2-14　异步传输方式

在异步传输方式中字符可以被单独发送或连续发送，字符与字符的间隔期间可以连续发送 1 状态，当不传字符时，不要求收发时钟同步，仅在传输字符时，收发时钟才需要在字符的每一位上同步。同步的具体过程是：若发送端有信息要发送时，即将信号从不发送信息的 1 状态转到起始态 0，接收端检测出这种信号状态的改变时，就利用该信号的反转启动接收时钟，以实现收发时钟的同步。同理，接收端一旦收到结束位，就将定时器复位以准备接收下一个字符。

异步传输方式的优点是每一个字符本身就包括了本字符的同步信息，不需要在线路两端设置专门的同步设备；缺点是每发送一个字符就要添加一对起止信号，增加了线路开销，传输速率低。异步传输方式常用于小于或等于 1 200 bps 的低速率数据传输中，目前仍在广泛使用。

2. 同步传输方式

同步传输方式是以固定的时钟节拍来连续串行发送数字信号的一种方法。在数字信息流中，各位的宽度相同，且字符顺序相连，字符之间没有间隙。为使接收方能够从连续不断的数据流中正确区分出每一位(比特)，则需要先建立收发双方的同步时钟。实际上，在同步传输方式中，不管是否传送信息，要求收发两端的时钟都必须在每一位上保持一致。因此，同步传输方式又常被称为比特或位同步。

在同步传输中，数据的发送一般是以一组字符或比特流为单位进行的。为了使接收方容易确定数据组的开始和结束，需要在每组数据的前后加上特定字符作为起始标志和结束标志，同时还可以用这些标志来区分和隔离连续传输的数据。特定标志字符一般随不同的规程而有所不同。HDLC 中的同步传输方式如图 2-15 所示，例如，在面向比特的高级数据链路控制规程 HDLC 中，采用比特串 01111110 作为起始标志和结束标志。在暂时没有信息传输时，连续发送 01111110 使接收端可以一直保持和发送端同步。

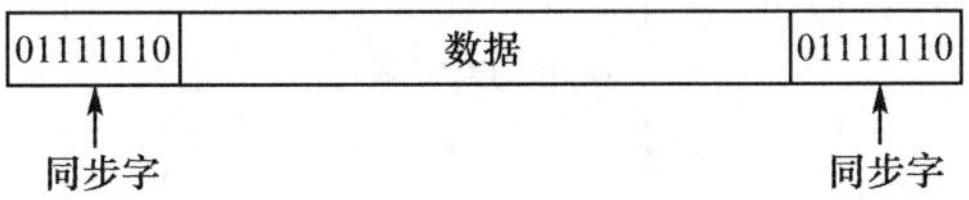

图 2-15　HDLC 中的同步传输方式

实现同步传输方式中的收发时钟同步的方法有两种：外同步法和自同步法。外同步法就是在传输线中增加一根时钟信号线以连接到接收设备的时钟上，在发送数据信号前，先向接收端发一串同步时钟脉冲，接收端则按照这个频率来调整自己的内部时钟，并把接收时钟重复频率锁定在同步频率上，该方法适用于近距离传输。自同步法是让接收方从接收的数据流中直接提取同步信号，以获得与发送时钟完全相同的接收时钟，该方法常用于远距离传输。

同步传输克服了异步传输方式中的每一个字符都要附加起始信号和结束信号的缺点，具有较高的效率，但实现较为复杂，常用于大于 2 400 bps 速率的传输。

2.5.4 基带传输和数字信号编码

1. 基带传输

在数据通信中，由计算机或终端等数字设备产生的、未经调制的数字数据相对应的电脉冲信号通常呈矩形波，即表示计算机中二进制数据比特序列的数据信号是典型的矩形脉冲信号，这个矩形脉冲信号就是基带信号。基带信号所占有(固有)的频率范围称为基本频带，简称基带。在通信信道中直接传输这种基带信号的传输方式就是基带传输，它将占用线路的全部带宽，也称为数字基带传输。

2. 数字数据的数字信号编码

数字数据的数字信号编码问题就是要解决数字数据的数字信号表示问题，数字数据可以由多种不同形式的电脉冲信号的波形来表示，数字信号是离散的电压或电流的脉冲序列，每个脉冲代表一个信号单元(或称码元)。最普遍且最容易的方法是用两种码元分别表示二进制数字符号 0 和 1，每位二进制符号和一个码元相对应。表示二进制数字的码元的形式不同，产生的编码方法也不同，这里主要介绍曼彻斯特编码和差分曼彻斯特编码。

曼彻斯特编码的编码方法是将每一个码元再分成两个相等的间隔，在时刻中间发生跳变。当为 0 时，在间隔的中间时刻，从低电平变为高电平；当为 1 时，在间隔的中间时刻，从高电平变为低电平。这种编码的特点就是在每一个码元时间间隔内，都有一次电平的跳转，对提取位同步信号非常有利。以太网中采用的就是这种编码技术。

差分曼彻斯特编码的编码方法是在每一个码元时间间隔内，无论为 0 或为 1，在间隔的中间都有电平的跳转。但为 0 时，间隔开始时刻有跳转；为 1 时，间隔开始时刻无跳转。它与曼彻斯特编码的不同之处在于每位中间的跳转作为同步时钟信号，而取值是 0 还是 1 则根据每一位的起始处有没有变化来判断。令牌环网中采用的就是这种编码。曼彻斯特编码和差分曼彻斯特编码分别如图 2-16(a)和图 2-16(b)所示。

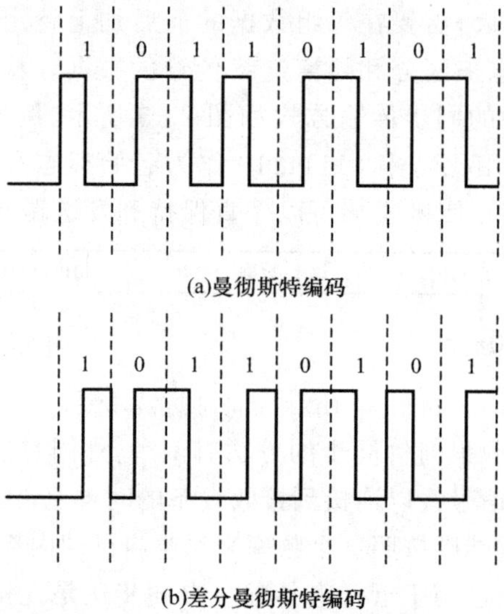

图 2-16　曼彻斯特编码和差分曼彻斯特编码

2.5.5　频带传输和模拟信号编码

1. 频带传输

由于基带信号频率很低，含有直流成分，在远距离传输过程中信号功率的衰减或干扰将造成信号减弱，使得接收方无法接收，因此基带传输不适合于远距离传输；另外，远距离通信信道多为模拟信道，所以，在远距离传输中不采用基带传输而是采用频带传输。频带传输就是先将基带信号(数字信号)进行调制后变换成便于在模拟信道中传输、具有较高频率范围的信号，这种信号称为频带信号(也叫模拟信号)，再将这种频带信号在信道中传输。在接收端再将该频带信号通过解调还原成基带信号。基带信号和频带信号的变换是由调制解调技术完成的，完成调制、解调的设备叫作调制解调器。计算机网络系统的远程通信通常都是采用频带传输。

2. 数字数据的模拟信号编码

我们已经知道，在计算机网络的远程通信中通常采用频带传输。若要将基带信号进行远程传输，要先将其变换为频带信号，再在模拟信道上进行传输，这个变换就是数字数据的模拟信号的编码过程(调制过程)。

所谓调制就是进行波形变换，利用基带信号对高频振荡载波的参量进行修改。最常用的载波是正弦波，假设振幅为 1、频率为 f、初相位为 φ，则对应的数学表达式为 $u(t)=$

$\sin(ft+\varphi)$。通过对载波的振幅、频率和初相位进行修改，分别对应了三种最基本的调制方法：调幅、调频和调相，如图 2-17 所示。

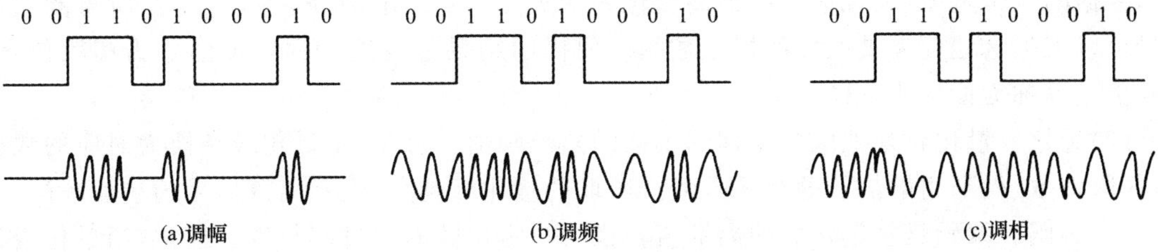

图 2-17　三种最基本的调制方法

(1)调幅(Amplitude Modulation，AM)。载波的振幅随基带信号的变化而变化，如 0 对应于无载波输出，即振幅为 0；而 1 对应于有载波输出，即振幅为 1，对应的数学表达式为

$$u(t)=\begin{cases}\sin(ft+\varphi)\\0\end{cases}$$

幅度调制(简称调幅)又叫幅移键控(Amplitude Shift Keying，ASK)。在幅移键控方式下，用两个载波频率不同的振幅来表示两个二进制值。在有些情况下，用振幅恒定载波的存在来表示一个二进制数字，而用载波的不存在表示另一个二进制数字。ASK 方式容易受增益变化的影响，因此，是一种效率相当低的调制技术。

(2)调频(Frequency Modulation，FM)。载波的频率随基带信号的变化而变化，如 0 对应于频率 f_1，而 1 对应于频率 f_2，对应的数学表达式为

$$u(t)=\begin{cases}\sin(f_1t+\varphi)\\\sin(f_2t+\varphi)\end{cases}$$

频率调制(简称调频)也叫频移键控(Frequency Shift Keying，FSK)。在频移键控方式下，用载波频率附近的两个不同频率来表示两个二进制值。这种方案比起 ASK 方式来说，不容易受干扰的影响，一般也用于高频(3～30 MHz)的无线电传输，它甚至还能用于较高频率使用同轴电缆的局部网络。

(3)调相(Phase Modulation，PM)。载波的初相位随基带信号的变化而变化，如 0 对应于相位 180°，而 1 对应于相位 0°，对应的数学表达式为

$$u(t)=\begin{cases}\sin(ft+0^\circ)\\\sin(ft+180^\circ)\end{cases}$$

相位调制(简称调相)也叫相移键控(Phase Shift Keying，PSK)。在相移键控中，振幅和频率为常量，通过控制或改变正弦载波信号的相位来表示二进制数据。根据使用相位的绝对值还是相位的相对偏移来表示二进制数据，我们将相位调制分为绝对调相和相对调相；按照对一个完整周期的相位等分方式，我们将相位调制分为二相制、四相制、八相制、十六相制……

2.5.6　模拟数据的数字信号编码

模拟数据的数字信号编码常用方法有脉冲编码调制(Pulse Code Modulation，PCM)和增量调制(△M)，现以 PCM 方法为例介绍。PCM 方法以取样定理为基础，将模拟数据数字化。例如，对音频信号进行数字化编码，一般包括取样、量化和编码 3 个过程。

(1)取样。取样是指在每隔固定长度的时间点上抽取模拟数据的瞬时值,作为从这一次取样到下一次取样之间该模拟数据的代表值。根据取样定理,当取样的频率 F 大于或等于模拟数据的频带宽度(模拟信号的最高变化频率 F_{max})的 2 倍,即 $F \geqslant 2F_{max}$ 时,所得的离散信号可以无失真地代表被取样的模拟数据。取样的结果是变连续的模拟信号为离散信号。取样也可以称为抽样或采样。

(2)量化。量化就是把取样得到的不同的离散幅值,按照一定量化级转换为对应的数据值,并取整数,得到离散信号的具体数值。所取的量化级越高,表示离散信号的精度越高。

(3)编码。编码是将量化后的离散值转换为一定位数的二进制数值。通常,当量化级为 N 时,对应的二进制数为 $\log_2 N$。

2.6 宽带接入技术

为了提高用户的上网速率,近年来已经有多种宽带接入技术进入用户的家庭。

2.6.1 拨号连接

拨号连接业务是用户通过拨打特服电话接入中国公众计算机网(ChinaNET)的一种低速上网方式。

采用拨号连接方式的用户需配备一台个人计算机,一套普通的拨号软件,一台调制解调器和一条电话线(普通电话或 ISDN 电话),通过拨打特别的接入号码进入互联网。拨号上网用户获得动态 IP 地址,普通电话拨号上网的最高传输速率可达 56 kbps,ISDN 电话拨号上网的最高传输速率可达 128 kbps。

使用拨号接入网络的客户端计算机要求必须安装有调制解调器(Modem),俗称“猫”。调制解调器分为内置和外置两种。使用拨号接入网络,用户上网速度很慢且通信链路十分不稳定。另外,拨号上网所需的电话线路因被调制解调器占用,所以无法提供电话语音服务。用户上网除了要支付网络流量所产生的费用外,还需要支付拨通接入号码所产生的电话费用。

现在,拨号连接方式基本已经很少被使用,只有在需要网络接入而其他接入方式又不能实现的情况下才会使用。

2.6.2 ADSL

ADSL 的全称是 Asymmetrical Digital Subscriber Loop,即非对称数字用户环路。ADSL 技术是运行在原有普通电话线上的一种新的高速宽带接入技术,它利用现有的一对电话铜线,为用户提供上下行非对称的传输速率(带宽)。非对称主要体现在上行传输速率(最高 640 kbps)和下行传输速率(最高 8 Mbps)的非对称性上。上行(从用户到网络)为低速传输,可达 640 kbps;下行(从网络到用户)为高速传输,可达 8 Mbps。最初,ADSL 主要是针对视频点播业务开发的,随着技术的发展,逐步成了一种较方便的宽带接入技术,是目前国内 ISP(因特网服务提供商)提供的主要接入服务的方式。

由于传统的电话线使用了 0～4 kHz 的低频段进行语音传送,而电话线理论上有接近

2 MHz 的带宽，ADSL 调制解调器采用频分多路复用技术和回波消除(Echo Cancellation)技术在电话线上分隔有效带宽来实现多路信道。

频分多路复用技术在现有带宽中分配一段频带作为数据下行通道，同时分配另一段频带作为数据上行通道，下行通道通过时分多路复用技术再分为多个高速信道和低速信道，同样上行通道也由多路低速信道组成。

使用 ADSL 连接网络时，ADSL 调制解调器便在电话线上产生了 3 条信息通道：一条标准电话服务通道、一条速率为 0.64～1.0 Mbps 的中速上行通道、一条速率为 1～8 Mbps 的高速下行通道，并且这 3 条通道可以同时工作，而这一切都是在一根电话线上同时进行的。ADSL 使用了 26 kHz 以后的高频带，提供非常高的速率，它的具体工作流程是用户计算机产生的数字信号和电话产生的语音信号经滤波器编码后，信号通过电话线的中速上行通道传到电话局后再通过一个信号识别/分离器，如果是语音信号就传到电话交换机上；如果是数字信号就接入互联网上。互联网的返回数据在电信局端也同样与电话模拟信号进行混合，使用下行通道传输到用户端的滤波器时重新被分离为数字信号和模拟信号。

ADSL 接入技术具有以下特点：

(1)直接利用现有用户电话线，节省投资。

(2)享受超高速的网络服务，为用户提供上下行不对称的传输带宽。

(3)节省费用，上网的同时可以打电话，互不影响，而且上网时不需要另交电话费。

(4)安装简单，不需要另外申请增加线路，只需在普通电话线上加装 ADSL 调制解调器，在计算机上装上网卡即可。

ADSL 接入 Internet 主要有虚拟拨号和专线接入两种方式。采用虚拟拨号方式的用户采用类似调制解调器和 ISDN 的拨号程序，在使用习惯上与拨号方式没什么不同。采用专线接入的用户只要开机即可接入互联。但是两种方式的网络结构是一样的，在客户端一般都需要有一台个人计算机、一台滤波器、一台 ADSL 调制解调器和一根电话线(目前来说调制解调器和滤波器一般都被整合为一台设备)，ADSL 接入方式如图 2-18 所示。

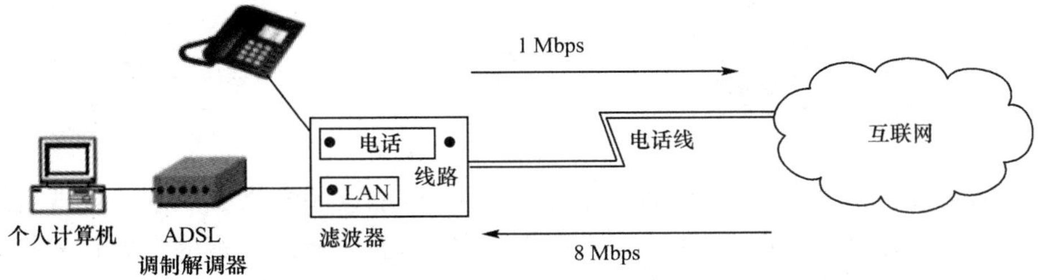

图 2-18 ADSL 接入方式

1. ADSL 虚拟拨号接入

顾名思义，ADSL 虚拟拨号接入就是上网的操作，和普通 56 kbps 调制解调器拨号一样，有账号验证、IP 地址分配等过程。但 ADSL 连接的并不是具体的 ISP 接入号码(如 16300 或 16900)，而是使用专门的 PPPOE 协议软件拨入 ADSL 虚拟专网接入的服务器。根据网络类型的不同又分为 ADSL 虚拟拨号接入和局域网虚拟拨号两类；由于局域网虚拟拨号方式具有安装维护简单等特点，目前被广泛采用。

2. ADSL 专线接入

ADSL 专线接入是 ADSL 接入方式中的另一种，是采用一种直接使用 TCP/IP 的类似于专线的接入方式。用户连接和配置好 ADSL Modem 后，在自己的个人计算机的网络管理中设置好相应的 TCP/IP 及网络参数(IP 和掩码、网关等都由局端事先分配好)，计算机启动后用户端和局端会自动建立起一条链路。因此，ADSL 专线接入方式是有固定 IP、自动连接等特点的类似专线的方式。具备固定的 IP 地址的 ADSL 专线接入方式一般被 ISP 应用在需求较高的网吧、大中型企业宽带应用中，其费用相比虚拟拨号方式一般更高，个人用户一般很少考虑采用。

2.6.3 光纤同轴混合网(HFC)

HFC 的全称是 Hybrid Fiber-Coaxial，即光纤和同轴电缆相结合的混合网络。HFC 接入方式是有线电视网络提供的。HFC 通常由光纤干线、同轴电缆支线和用户配线网络三部分组成，从有线电视台出来的信号先变成光信号在干线上传输；到用户区域后把光信号转换成电信号，经分配器分配后通过同轴电缆送到用户。

HFC 与早期 CATV 同轴电缆网络的不同之处，主要是 HFC 在干线上用光纤传输光信号，在前端须完成电-光转换，进入用户区后要完成光-电转换。最初 HFC 网络是用来传输有线电视信号的，后来通过对现有有线电视网进行双向化改造，HFC 网络除了可以提供有线电视节目外还可以提供电话、互联网接入、高速数据传输和多媒体等业务。HFC 网络结构如图 2-19 所示。

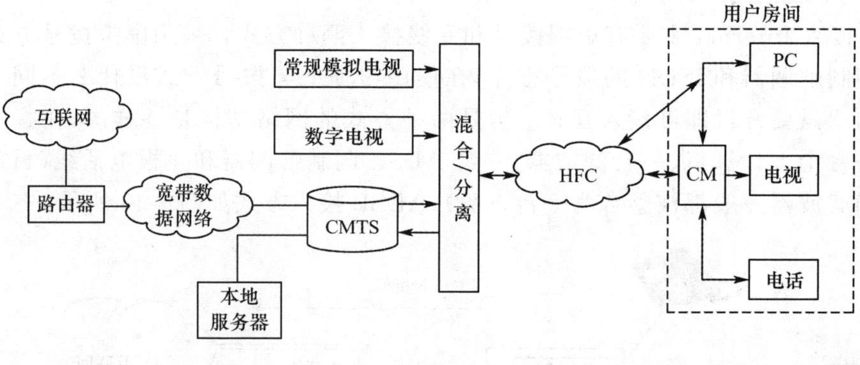

图 2-19　HFC 网络结构

HFC 网络接入主要采用电缆调制解调器终端系统(Cable Modem Termination Sys，CMTS)，完成数据到射频(Radio Frequency，RF)转换，并与有线电视的视频信号混合，送入 HFC 网络中。除了与高速网络连接外，也可以作为业务接入设备，通过 Ethernet 网口挂接本地服务器提供本地业务。

用户在接入 HFC 网络时，需要一台电缆调制解调器以及用户计算机。电缆调制解调器(Cable Modem，CM)是一种将数据终端设备(计算机)连接到 HFC，使用户能进行数据通信、访问 Internet 等信息资源的设备，主要用于有线电视网进行数据传输。

Cable Modem 有两个接口：一个接室内墙上的有线电视端口；另一个与计算机相连。

Cable Modem 包含以下功能模块：

(1)调制解调部分。

(2)电视接收调谐、加密解密和协议适配等。

(3)提供标准的以太网接口。

一个 Cable Modem 要在两个不同的方向上接收和发送数据，把上下行数字信号用不同的调制方式调制在双向传输的某一个 6 MHz(或 8 MHz)带宽的电视频道上。它把上行的数字信号转换成模拟射频信号，在有线电视网上传送。接收下行信号时，Cable Modem 把它转换为数字信号，以便计算机处理。使用 HFC 进行网络接入时不需要使用任何拨号软件进行拨号，在用户端只要将线路连接正确，开机就可以接入互联网。

使用 HFC 接入方式只能在广播电视局进行申请，HFC 网络具有以下特点：

(1)传输容量大，易实现双向传输。从理论上讲，一对光纤可同时传送 150 万路电话或 2 000 套电视节目。

(2)频率特性好，在有线电视传输带宽内无须均衡。

(3)传输损耗小，可延长有线电视的传输距离，25 km 内无须中继放大；光纤间不会有串音现象，不怕电磁干扰，能确保信号的传输质量。

但是，HFC 是在单向的基础上进行双向的改造来进行传输。由于它共享一条信道，它的带宽在用户量增加时，会不断减少，相互的干扰过大。目前，有线电视网在带宽共享方式、网络安全、网络管理等方面依然存在缺陷。而且从网络结构上来看，整个 HFC 用户网络都属于同一个广播域，随着网络用户的增加网络性能会迅速下降。

2.6.4 代理服务器接入

当从 ISP 接入用户的接入线路只有一条，而用户端有多台计算机需要对互联网进行访问时，使用代理服务器是最常用的手段。

1. 代理服务器基本概念

代理服务器英文全称是 Proxy Server，其功能就是代理网络用户去取得网络信息。形象地说，它是网络信息的中转站。

代理服务器是一台配备了两块以太网网卡的服务器。该服务器有一块以太网网卡接入 Internet，接入方式可以为城域网的 10/100 M 以太网接口、ISDN、PSTN，或者是 ADSL；另一块以太网网卡一般和内部局域网互联，使用代理软件来进行代理业务处理。

连接 ISP 网络的以太网网卡要设置 ISP 提供的公共网络 IP 地址，用来在互联网上进行路由。而连接内部局域网的网卡要设置私有 IP 地址，这些私有 IP 地址主要是实现在内部网络的通信，不能在互联网上进行路由。

在局域网中的计算机需要访问外部网络时，该计算机的访问请求被代理服务器截获，代理服务器查找本地的缓存，如果请求的数据(如 www 页面)在缓存中可以查找到，则把该数据直接传给局域网中发出请求的计算机；否则代理服务器访问外部网络，获得相应的数据，并把这些数据存入缓存，同时把该数据发送给发出请求的计算机。代理服务器缓存中的数据会随着内部网络计算机对互联网的访问而不断更新。一般通过在代理服务器上安装运行代理软件来实现内部网络的计算机对外部网络访问时的处理过程，常用的代理软件有 SyGate、WinGate、CCProxy 等。

代理服务器的主要功能如下：

(1)突破自身 IP 访问限制，访问国外站点。教育网、169 网等网络用户可以通过代理服务器访问国外网站。

(2)访问一些单位或团体内部资源，如某大学FTP(前提是该代理地址在该资源的允许访问范围之内)，使用教育网内地址段免费代理服务器，就可以对教育网开放的各类FTP资源进行下载、上传，以及查询共享等服务。

(3)突破ISP的IP封锁：有很多被限制访问的网站是人为的，不同服务器对地址的封锁是不同的。使用相应的代理服务器可以实现合法访问。

(4)提高访问速度：通常代理服务器都设置一个较大的硬盘缓冲区，当有外界的信息通过时，同时也将其保存到缓冲区中，当其他用户再访问相同的信息时，则直接从缓冲区中取出信息传给用户，以提高访问速度。

(5)隐藏真实IP：上网者也可以通过这种方法隐藏自己的IP，免受攻击。

2.代理服务器类型

代理服务器的类型很多，如HTTP代理、FTP代理、SOCKS代理等，每类代理各自都有其对应的功能。

(1)HTTP代理：代理客户机的HTTP访问，主要是代理浏览器访问网页，它的端口一般为80、8080、3128等。

(2)FTP代理：代理客户机上的FTP软件访问FTP服务器，它的端口一般为21、212。

(3)RTSP代理：代理客户机上的Real Player软件访问Real流媒体服务器的代理，其端口一般为554。

(4)POP3代理：代理客户机上的邮件软件用POP3方式收发邮件，其端口一般为110。

(5)SOCKS代理：SOCKS代理与其他类型的代理不同，它只是简单地传递数据包，而并不关心是何种应用协议，所以SOCKS代理比其他类型的代理服务器速度要快得多。SOCKS代理又分为SOCKS4和SOCKS5，二者不同的是SOCKS4代理只支持TCP，而SOCKS5代理则既支持TCP，又支持UDP，此外，还支持各种身份验证机制、服务器端域名解析等。例如，常用的聊天工具QQ在使用代理时就要求用SOCKS5代理，因为它需要使用UDP来传输数据。

以上是针对协议类型来对代理服务器进行的分类，实际使用当中代理软件其实包括了所有提到的协议类型。一般常用的代理软件有SyGate、WinGate、CCProxy等。

习题巩固

一、名词解释

数据通信；数据传输速率；码元传输速率；误码率；信道；信道带宽；信道容量；基带信号；基带传输；频带传输；ASK；FSK；PSK；PCM；多路复用；数据交换；差错控制。

二、单项选择题

1.计算机网络通信系统是(　　)。

A.电信号通信系统　　B.文字通信系统

C.语音通信系统　　D.数据通信系统

2.数据传输速率在数值上等于每秒传输构成数据代码的二进制(　　)。

A.比特数　　B.字符数　　C.帧数　　D.分组数

3.有关数据传输速率的叙述中不正确的是(　　)。

A. 数据传输速率是指每秒传输的二进制信息的位数
B. 数据传输速率的单位是 b/s
C. 数据传输速率的单位是 baud
D. 数据传输速率是信道的一个技术指标

4. 常用的数据传输速率单位有 kb/s、Mb/s、Gb/s。1 Gb/s 等于(　　)。
A. 1×10^3 Mb/s　　B. 1×10^3 kb/s
C. 1×10^6 Mb/s　　D. 1×10^9 kb/s

5. 在码元速率为 1 600 baud 的调制解调器中,采用 8PSK（8 相位）技术,可获得的数据传输速率为(　　)。
A. 2 400 b/s　　B. 4 800 b/s　　C. 9 600 b/s　　D. 1 200 b/s

6. 误码率描述了数据传输系统正常工作状态下传输的(　　)。
A. 安全性　　B. 效率　　C. 可靠性　　D. 延迟

7. 香农定理从定量的角度描述了“带宽”与“速率”的关系,在香农定理的公式中与信道的最大传输速率相关的参数主要有信道宽度与(　　)。
A. 频率特性　　B. 信噪比　　C. 相位特性　　D. 噪声功率

8. 数字数据可以通过编码技术转换为(　　)。
A. 模拟信号　　B. 数字信号
C. 模拟信号或数字信号　　D. 电信号

9. 一种用载波信号振幅变化来表示数字数据的调制方法称为(　　)。
A. ASK　　B. FSK　　C. PSK　　D. NRZ

10. ASK、PSK、FSK 是下列(　　)技术中的三类方式。
A. 数据编码　　B. 复用技术　　C. 差错控制　　D. 数据交换

11. 在下列(　　)情况下使用调制解调器。
A. 利用数字信号传输数字数据　　B. 利用数字信号传输模拟数据
C. 利用模拟信号传输数字数据　　D. 以上三种都需要

12. 若在一个语音数字化脉码调制(PCM)系统中,在量化时采用了 128 个量化等级,则编码时相应的码长为(　　)位。
A. 8　　B. 128　　C. 7　　D. 256

13. 数据以成组的数据块方式进行传输是(　　)。
A. 串行传输　　B. 并行传输　　C. 异步传输　　D. 同步传输

14. 在数据通信中,利用电话交换网与调制解调器进行数据传输的方法属于(　　)。
A. 频带传输　　B. 宽带传输　　C. 基带传输　　D. IP 传输

15. (　　)是指在一条通信线路中可以同时双向传输数据的方法。
A. 单工传输　　B. 半双工传输　　C. 同步传输　　D. 双工传输

16. 在点到点的数据传输时钟同步中,内同步法是指接收端的同步信号是由(　　)。
A. 自己产生的　　B. 信息中提取出来的
C. 发送端送来的　　D. 接收端送来的

17. 双绞线可以传输(　　)。
A. 数字数据　　B. 模拟数据

C. 数字数据和模拟数据　　　　D. 以上都不是

18. 在数字通信中广泛采用 CRC 循环冗余码的原因是 CRC 可以(　　)。

A. 检测出一位差错　　　　B. 检测并纠正一位差错

C. 检测出多位突发性差错　　　　D. 检测并纠正多位突发性差错

三、简答题

1. 画出通信系统模型,并简单解释其中的概念。

2. 什么是信号? 它与数据有什么关系?

3. 解释数据传输速率和信号传输速率,两种传输速率的关系是什么? 设有一个带宽为 3 kHz 的理想低通信道,若一个码元携带 4 b 信息量,求其最高数据传送速率。

4. 对于带宽为 6 MHz 的信道,若用四种不同的状态来表示数据,在不考虑噪声的情况下,该信道的最大传输速率是多少?

5. 信道带宽与信道容量的区别是什么? 增加带宽是否一定能增加信道容量?

6. 设信道带宽为 3 kHz,信噪比为 30 dB,则每秒能发送的比特数不会超过多少?

7. 数据信号在数字信道中传输为什么还要编码? 常用的编码方式有哪几种?

8. 分别用曼彻斯特编码和差分曼彻斯特编码画出 01101001 的波形图。

9. 数据传输速率为 1 200 b/s。采用无校验位、1 位停止位的异步传输,问 1 min 内最多能传输多少个汉字(双字节)?

10. 常用的交换技术有哪几种? 各自的特点是什么?

第 3 章　数据链路层

3.1　数据链路层概述

3.1.1　链路与数据链路

链路（Link）与数据链路（Data Link）的含义是不同的，图 3-1 所示给出了链路与数据链路的关系。

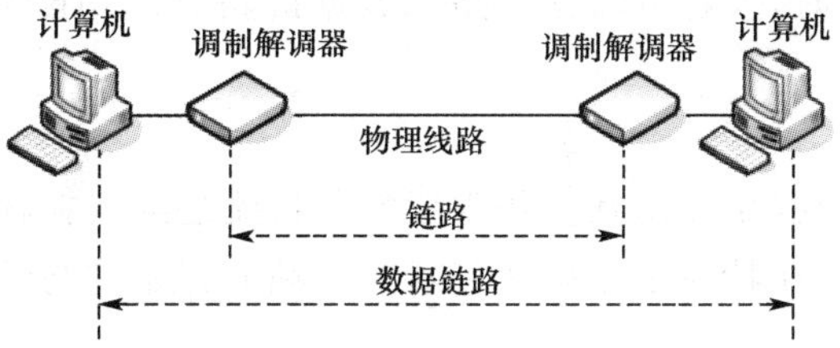

图 3-1　链路与数据链路的关系

理解链路与数据链路的区别与联系，需要注意以下问题：

（1）链路是由物理线路与通信设备构成的。物理线路可以是有线的，也可以是无线的。物理线路连接相邻的两个节点，中间没有其他的交换节点或转接节点。

图 3-1 给出了一个简单的例子，那就是连接收发双方的物理线路是电话线。由于电话线是用来传输模拟语音信号的，在电话线上传输计算机产生的数字信号就必须使用调制解调器（Modem），实现数字信号与模拟信号之间的转换。收发双方的物理层通过电话线与 Modem 完成比特流的传输。因此，电话线与 Modem 就构成了连接收发双方物理层实现比特流传输的链路。

（2）在没有采取差错控制机制的链路上传输比特流是会出错的。在计算机网络中，设计数据链路层的目的就是发现和纠正链路在传输过程中可能出现的差错，使有差错的数据链路变成无差错的数据链路。数据链路由实现数据链路层协议的硬件、软件与链路组成。

3.1.2 设计数据链路层的必要性

(1)物理线路由传输介质与通信设备组成。在物理线路上传输数据信号是存在差错的。误码率是指二进制比特在数据传输过程中被传错的概率。在实际物理线路的传输过程中，人们需要进行大量测试，求出各种物理线路的平均误码率，或者给出某些特殊情况下的平均误码率。测试结果表明，电话线路的传输速率在 300～2 400 bps 时，平均误码率在 10^{-4}～10^{-6} 之间；传输速率在 4 800～9 600 bps 时，平均误码率在 10^{-2}～10^{-4} 之间。由于计算机网络对数据通信的要求是平均误码率必须低于 10^{-9}，因此普通电话线路不采取差错控制措施就不能满足计算机网络的要求。

(2)设计数据链路层的主要目的是在有差错的物理线路的基础上，采取差错检测、差错控制与流量控制等方法，将有差错的物理线路改成无差错的数据链路，向网络层提供高质量的数据传输服务。

(3)从参考模型的角度来看，物理层以上的各层都有提高数据传输质量的责任，数据链路层是最重要的一层。

3.1.3 数据链路层的主要功能

数据链路层主要包括以下几个方面的功能。

1. 数据链路管理

当收发双方开始进行通信时，发送端需要确认接收端已经做好了接收的准备。为了做到这一点，收发双方必须事先交换必要的信息，建立数据链路连接；在数据传输过程中要维护数据链路；当通信结束时，要释放数据链路。数据链路管理功能包括数据链路的建立、维护与释放。

2. 帧同步

数据链路层传输的数据单元是帧。物理层的比特流是封装在帧中传输的。帧同步是指接收端应该能够从收到的比特流中正确地判断出一帧的开始位与结束位。

3. 流量控制

发送端发送数据超过物理线路的传输能力或超出接收端的帧接收能力时，就会造成链路拥塞。为了防止出现链路拥塞，数据链路层必须具有流量控制功能。

4. 差错控制

为了发现和纠正物理线路传输差错，使有差错的物理线路变成无差错的数据链路，数据链路层必须具有差错控制功能。

5. 透明传输

当传输的数据帧的数据字段中出现某些特定的控制字符的二进制代码序列时就必须采取适当的措施，使接收端不至于将数据中的系统代码误认为是控制字符。数据链路层必须保证帧数据字段可以传输任意的二进制比特序列，即需要保证帧传输的“透明性”问题。

6. 寻址

在点-多点链路连接的情况下，数据链路层要保证每一帧都能传送到正确的接收端，因此数据链路层必须具备寻址的功能。

3.1.4 数据链路层与网络层、物理层的关系

1. 数据链路层与网络层的关系

数据链路层在 OSI 参考模型中处于网络层与物理层之间。网络层的主要功能是为联网计算机之间的通信寻找一条最佳的传输路径。数据链路层与网络层关系如图 3-2 所示，如果 Internet 中的主机 A 要向主机 B 传送数据，那么主机 A 的网络层就会启动路由选择算法，找出一条到达主机 B 的传输路径。这条传输路径要经过路由器 1、路由器 2、路由器 3 的多跳才能够到达主机 B。

这条传输路径是由多段链路组成的。

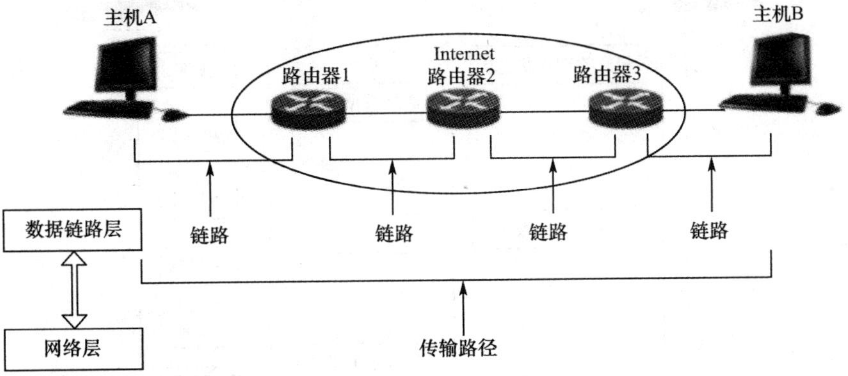

图 3-2 数据链路层与网络层关系

理解数据链路层与网络层的关系需要注意以下两点：

(1)网络层路由选择算法找出的传输路径一般都是由多段链路组成的。如果数据链路层要能够保证网络层的数据经过每一段链路传输时都不会出现差错，那么网络层数据经过多段链路传输也就不会出错。因此，数据链路层就是为保证网络层数据传输的正确性提供服务的。

(2)由于数据链路层的存在，网络层不需要知道物理层具体采用了哪种传输介质与通信设备；是采用模拟通信方法，还是采用数字通信方法；使用的是有线信道，还是无线信道。只要接口关系与功能不变，物理层所采用的传输介质与通信设备的变化，不会对网络层产生影响。因此，数据链路层可以为网络层屏蔽物理层传输技术的差异性提供服务。

2. 数据链路层与物理层关系

数据链路连接建立在物理线路连接上。在物理层完成物理线路连接并提供比特流传输能力的基础上，数据链路层才能够传输数据链路层协议数据单元——帧。数据链路层协议软件控制数据链路的建立、帧传输与释放过程，同时通过流量控制与差错控制功能来保证数据在数据链路上的正确传输，为网络层提供服务。

图 3-3 所示给出了数据链路层与物理层的关系。理解数据链路层与物理层的关系，需要注意以下问题：

(1)主机 A 与主机 B 之间要传输数据，首先要建立物理线路连接。

(2)建立物理线路连接后才能传输比特流；能够传输比特流，才能传输数据链路层的控制帧；控制帧通过协商来建立数据链路。

(3)建立数据链路之后才能进入数据帧传输阶段。数据链路层协议使用控制帧来协调

和控制数据帧的传输过程，保证帧传输的可靠性。

(4)当数据帧传输结束时，数据链路层协议通过控制帧来协商释放数据链路。

(5)数据链路释放后，物理线路连接还应该存在，最后才是释放物理线路连接。

(6)释放物理线路连接之后，主机 A 与主机 B 之间的通信关系才完全解除。

从以上讨论中可以看出：数据链路层是在物理层比特流传输功能的基础上，为网络层提供服务。

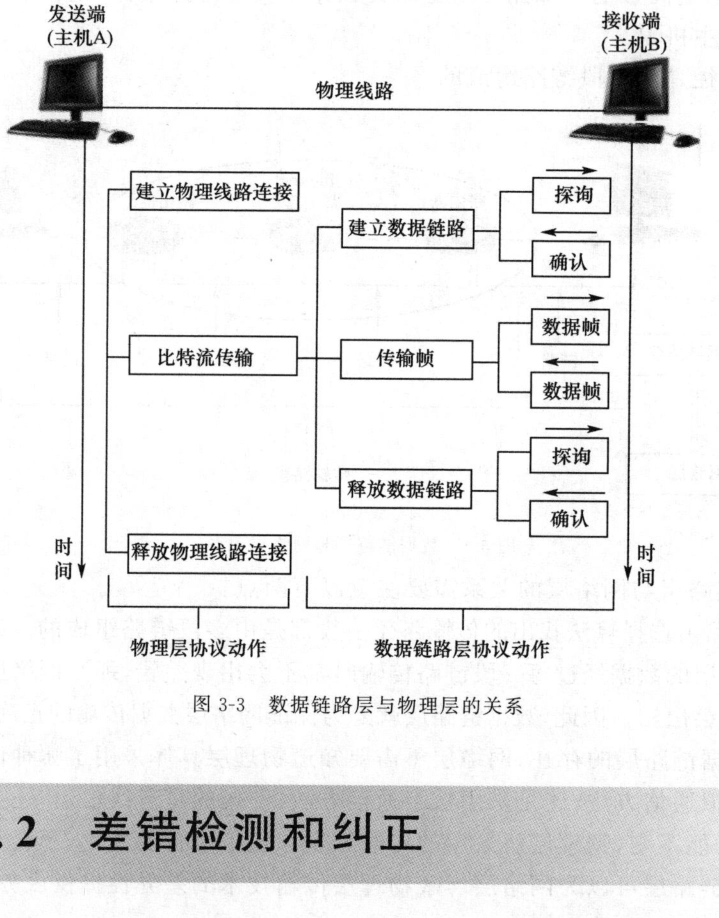

图 3-3　数据链路层与物理层的关系

3.2　差错检测和纠正

3.2.1　差错产生的原因和差错类型

传输差错是指通过物理线路传输之后接收数据与发送数据不一致的现象(简称差错)。差错的产生是不可避免的。

差错的产生过程如图 3-4 所示。其中，图 3-4(a)表示的是数据通过通信信道的过程；图 3-4(b)表示的是数据传输过程中噪声的影响。

当数据信号从发送端出发经过物理线路时，由于物理线路存在着噪声，因此数据信号通过物理线路传输到接收端时，接收信号必然是数据信号与噪声信号电平的叠加。在接收端接收电路在取样时对叠加后的信号进行判断，以确定数据的 0、1 值。如果噪声对信号叠加的结果在电平判决时引起错误，这时就会产生传输数据的错误。

物理线路的噪声分为两类：热噪声和冲击噪声。其中，热噪声是由传输介质导体的电子

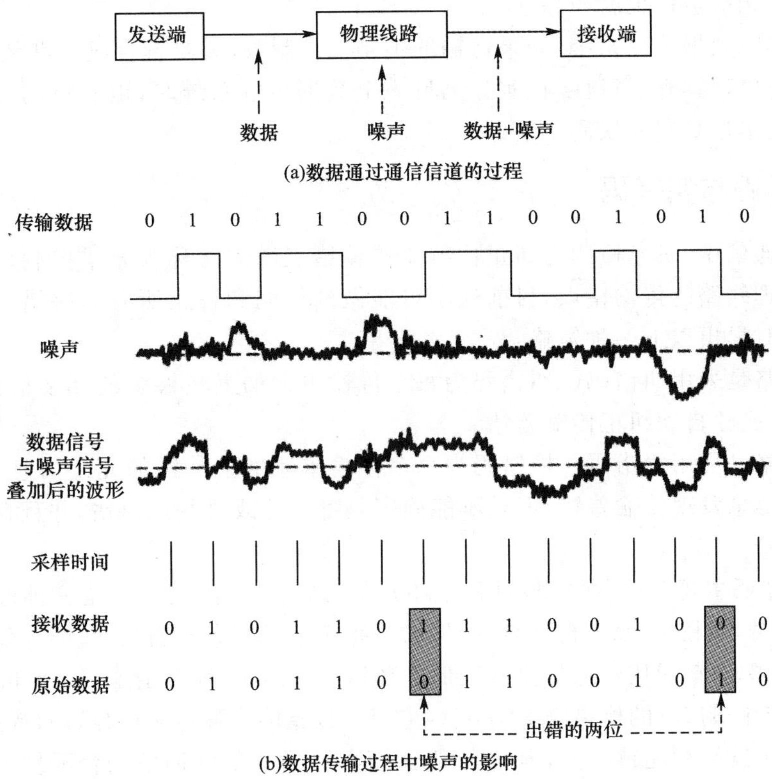

图 3-4 差错的产生过程

热运动产生的。热噪声的特点:时刻存在,幅度较小,强度与频率无关,但是频谱很宽。

热噪声是一种随机的噪声,由热噪声引起的差错是一种随机差错。

冲击噪声是由外界电磁干扰引起的。与热噪声相比,冲击噪声的幅度比较大,它是引起传输差错的主要原因。冲击噪声持续时间与数据传输中每比特的发送时间相比可能较长,因此冲击噪声引起的相邻多个数据位出错呈突发性。冲击噪声引起的传输差错是一种突发差错。引起突发差错的比特位的长度称为突发长度。通信过程中产生的传输差错是由随机差错与突发差错共同构成的。

3.2.2 误码率的定义

误码率是指二进制比特在数据传输系统中被传错的概率,它在数值上近似等于:

$$P_e = \frac{N_e}{N}$$

其中,N 为传输的二进制比特总数,N_e 为被传错的比特数。

在理解误码率的定义时,需要注意以下几个问题:

(1)误码率是衡量数据传输系统正常工作状态下传输可靠性的参数。数据信号在物理线路传输过程中一定会因为噪声、干扰等原因出现错误,传输错误是正常并且是不可避免的,但是一定要控制在一个允许的范围内。

(2)对于一个实际的数据传输系统,不能笼统地说误码率越低越好,要根据实际传输要求提出误码率要求。在数据传输速率确定后,要求传输系统的误码率越低,则传输系统的设备就会越复杂，相应造价也就越高。

(3)对于实际数据传输系统，如果传输的不是二进制数，需要折合成二进制数来计算。

(4)差错的出现具有随机性，在实际测量一个数据传输系统时，被测量的传输二进制位数越大，才会越接近真实的误码率值。

3.2.3 检错码与纠错码

在计算机通信中，研究检测与纠正比特流传输错误的方法称为差错控制。差错控制的目的是减少物理线路的传输错误，目前还不可能做到检测和校正所有的差错。人们在设计差错控制方法时提出以下两种策略：

第一种策略是采用纠错码。纠错码为每个传输单元加上足够多的冗余信息，以便接收端能够发现，并能够自动纠正传输差错。

第二种策略是采用检错码。检错码为每个传输单元加上一定的冗余信息，接收端可以根据这些冗余信息发现传输差错，但是不能确定是哪一位或哪些位出错，并且自己不能够自动纠正传输差错。

常用的检错码主要有奇/偶校验码和循环冗余编码。奇/偶校验码是一种最常见的检错码，它分为垂直奇/偶校验、水平奇/偶校验与水平垂直奇/偶校验(方阵码)。奇/偶校验方法简单，但检错能力差，一般只用于通信要求较低的环境。目前，循环冗余编码(Cyclic Redundancy Code，CRC)是应用最广泛的检错码编码方法，它具有检错能力强与实现容易的特点。

纠错码方法虽然有优越之处，但是实现起来困难，在一般的通信场合不易采用。检错码方法虽然需要通过重传机制达到纠错目的，但是工作原理简单，实现起来容易，因此得到了广泛的使用。

1. 奇/偶校验码

奇/偶校验的规则是在原数据位后附加一个校验位，将值置为 0 或 1，使附加该位后的整个数据码中 1 的个数为奇数或偶数。使用奇数个 1 进行校验的方案被称为奇校验，对应于偶数个 1 的校验方案被称为偶校验。奇/偶校验有三种使用方式，即水平奇/偶校验、垂直奇/偶校验和水平垂直奇/偶校验。下面以奇校验为例进行介绍。

水平奇校验码是指在面向字符的数据传输中，在每个字符的 7 位信息码后附加一个校验位 0 或 1，使整个字符中二进制位 1 的个数为奇数。例如，设传输字符的比特序列为 1100001，则采用奇校验码后的比特序列形式为 11000010。接收方在收到所传输的比特序列后，通过检查序列中的 1 的个数是否仍为奇数来判断传输是否发生了错误。若比特在传输过程中发生错误，就可能会出现 1 的个数不为奇数的情况。水平奇校验只能发现字符传输中的奇数位错，而不能发现偶数位错。例如，上述发送序列 11000010，若接收端收到 11001010，则可以校验出错误，因为有一位 0 变成了 1；但是若收到 11011010，则不能识别出错误，因为有两位 0 变成了 1。不难理解，水平偶校验也存在同样的问题。

为了提高奇/偶校验码的检错能力，引入了水平垂直奇/偶校验，即由水平奇/偶校验和垂直奇/偶校验综合构成。

垂直奇/偶校验也称为组校验，是将所发送的若干个字符组成字符组或字符块，形式上相当于一个矩阵，如图 3-5 所示，每行为一个字符，每列为所有字符对应的相同位。在这一组字符的末尾即最后一行附加一个校验字符，该校验字符中的第 i 位分别对应组中所有字

符第 i 位的校验位。显然，如果单独采用垂直奇/偶校验，则只能检出字符块中某一列中 的一位或奇数位错。

字母	前 7 行为对应字母的 ASCⅡ码，最后一行是垂直奇校验码（粗体）
a	1100001
b	1100010
c	1100011
d	1100100
e	1100101
f	1100110
g	1100111
校验位	**0011111**

图 3-5　垂直奇/偶校验

但是，如果同时采用了水平奇/偶校验和垂直奇/偶校验，既对每个字符作水平校验，同时也对整个字符块作垂直校验，则奇/偶校验码的检错能力可以明显提高。这种方式的奇/偶校验被称为水平垂直奇/偶校验，图 3-6 所示给出了一个水平垂直奇/偶校验的例子。但是从总体上讲，奇/偶校验方法的检错能力仍较差，虽然其实现方法简单。故这种校验一般只用于通信质量要求较低的环境。

字母	最后一行是垂直奇校验码，最后一列是水平奇校验编码（粗体）
a	1100001**0**
b	1100010**0**
c	1100011**1**
d	1100100**0**
e	1100101**1**
f	1100110**1**
g	1100111**0**
校验位	**00111110**

图 3-6　水平垂直奇/偶校验

2. 循环冗余编码

(1)CRC 的基本工作原理

CRC 检错方法的工作原理可以从发送端与接收端两个方面进行描述。

①发送端将发送数据比特序列当作一个多项式 $f(x)$，用双方预先约定的生成多项式 $G(x)$去除，求得一个余数多项式 $R(x)$。将余数多项式加到数据多项式之后成为新数据多项式 f′(x)，发送到接收端。

②接收端用同样的生成多项式 $G(x)$去除接收到的数据多项式 $f'(x)$，得到计算余数多项式 $R'(x)$。如果计算余数多项式 $R'(x)$与接收余数多项式 $R(x)$相同，表示传输无差错；否则，表示传输有差错。出现差错的，通知发送端重传数据，直至正确为止。

图 3-7 所示给出了 CRC 检错方法的工作原理。

CRC 生成多项式 $G(x)$由协议来规定，$G(x)$的结构及检错效果是经过严格的数学分析

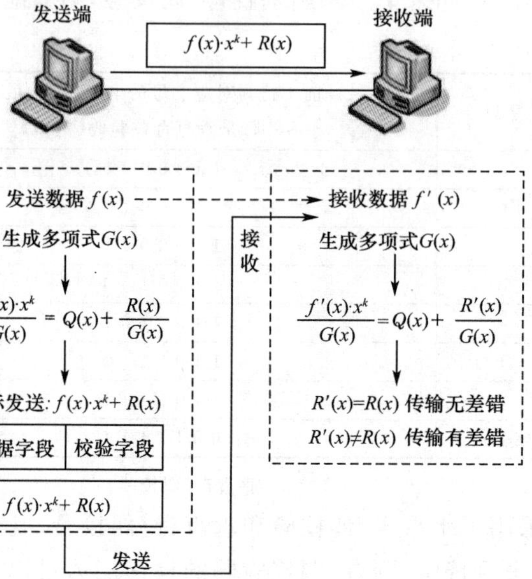

图 3-7　CRC 检错方法的工作原理

与实验后确定的。目前，已有多种生成多项式列入国际标准，例如：

CRC-12　　$G(x)=x^{12}+x^{11}+x^3+x^2+x+1$

CRC-16　　$G(x)=x^{16}+x^{15}+x^2+1$

CRC-CCITT　　$G(x)=x^{16}+x^{12}+x^5+1$

CRC-32　　$G(x)=x^{32}+x^{26}+x^{23}+x^{22}+x^{16}+x^{12}+x^{11}+x^{10}+x^8+x^7+x^5+x^4+x^2+x+1$

(2)CRC 校验的工作过程

CRC 校验的工作过程如下：

①发送端发送数据多项式 $f(x)\cdot x^k$，其中 k 为生成多项式的最高幂值。对于二进制乘法来说 $f(x)\cdot x^k$ 的意义是将发送数据比特序列左移 k 位，用来放入余数。

②将 $f(x)\cdot x^k$ 除以生成多项式 $G(x)$，得

$$f(x)\cdot x^k/G(x)=Q(x)+R(x)/G(x)$$

式中，$R(x)$ 为余数多项式。

③将 $f(x)\cdot x^k+R(x)$ 作为整体，成为新数据多项式 $f'(x)$，发送到接收端。

④接收端对接收到的数据多项式 $f'(x)$ 采用同样的运算，即

$$f'(x)\cdot x^k/G(x)=Q(x)+R'(x)/G(x)$$

求得计算余数多项式 $R'(x)$。

⑤如果计算余数多项式 $R'(x)$ 等于接收余数多项式 $R(x)$，表示发送过程中没有出现差错；如果计算余数多项式 $R'(x)$ 不等于接收余数多项式 $R(x)$，表示发送过程中出现了差错。

(3)CRC 检错方法的举例

实际的 CRC 校验码生成是采用二进制的模二算法(减法不借位，加法不进位)计算出来的，这是一种异或操作。下面通过一些例子来进一步解释 CRC 的基本工作原理。

在用模二算法生成 CRC 校验码时，需要注意以下问题：

①以 CRC-12 为例，$G(x)=x^{12}+x^{11}+x^3+x^2+x+1$，可以写为

$$G(x)=1\times x^{12}+1\times x^{11}+0\times x^{10}+0\times x^9+0\times x^8+0\times x^7+0\times x^6+0\times x^5+0\times x^4+1\times x^3+1\times x^2+1\times x+1\times x^0$$

尽管 CRC-12 的最高位是 x^{12}，$k=12$，而实际上用二进制表示时，它的位数 $N=13$，也就是说用二进制表示 $G(x)$ 应该是 1100000001111。$k=13-1=12$。

②如果在例子中给出的生成多项式比特序列为 11001，那么写成生成多项式应该为

$$G(x)=1\times x^4+1\times x^3+0\times x^2+0\times x^1+1\times x^0$$

生成多项式的 $N=5$，$k=5-1=4$。

3.3 滑动窗口协议

3.3.1 流量控制

在公路上，车流量超过一定限度，大家的速度就不得不减慢；再超过一定的限度，就会出现谁也走不动的现象。计算机网络也是如此，无论是计算机装置还是通信设备，对数据的处理能力总是有限的。

当网上传输的数据量增加到一定程度时，网络的吞吐量下降，这种现象称为“拥塞”(Congestion)。传输数据量急剧增加时，丢弃的数据帧不断增加，从而引起更多的重发；重发数据所占用的缓冲区得不到释放，又引起更多的数据帧丢失。这种连锁反应将很快波及全网，使通信无法进行，网络处于“死锁”(Deadlock)状态，陷入瘫痪，因此在数据链路层引入了流量控制机制。

流量控制的作用就是使发送方所发出的数据流量不要超过接收方所能接收的速率。流量控制的关键是需要有一种信息反馈机制，使发送方能了解接收方是否具备足够的接收及处理能力。存在各种不同的流量控制机制，如简单停-等协议就可以实现流量控制功能，但其实现效率太低。目前，典型的流量控制技术是采用滑动窗口协议。

3.3.2 滑动窗口协议概述

滑动窗口协议是从发送和接收两方的能力来限制用户资源需求，并通过接收方能力来控制发送方的发送数量。其基本思想是，某一时刻，发送方只能发送编号在规定范围内，即落在发送窗口内的几个数据单元，接收方也只能接收编号在规定范围内，即落在接收窗口内的几个数据单元。这不仅可以用于流量控制，还兼有差错控制的功能。

使用滑动窗口协议，涉及两个方面的问题：

(1)数据单元的编号问题(这与数据单元中用于编号的位数有关)。

(2)窗口的大小，即缓冲区大小问题。

下面用 3 bit(位)进行数据单元的编码，并且发送窗口的大小为 5，接收窗口的大小为 4 的例子来说明滑动窗口协议的工作原理。

1. 发送窗口的工作原理

发送窗口的大小(宽度)规定了发送方在未接到应答的情况下允许发送的数据单元数。

也就是说，窗口中能容纳的逻辑数据单元数就是该窗口的大小。

图 3-8 所示说明了发送窗口的工作原理，其窗口大小为 5。

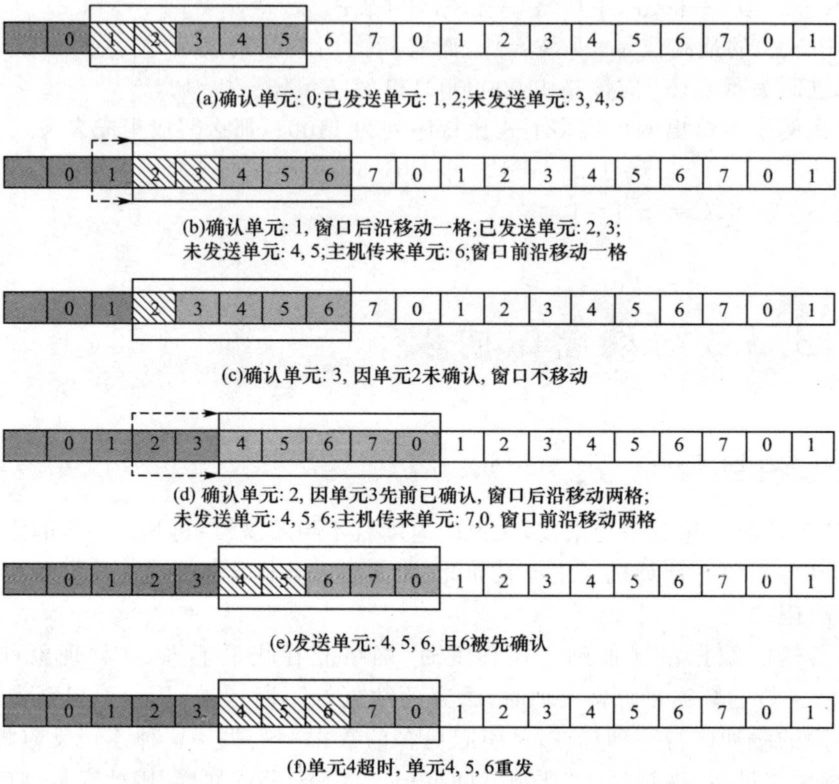

(a)确认单元: 0;已发送单元: 1, 2;未发送单元: 3, 4, 5

(b)确认单元: 1, 窗口后沿移动一格;已发送单元: 2, 3;
未发送单元: 4, 5;主机传来单元: 6;窗口前沿移动一格

(c)确认单元: 3, 因单元2未确认, 窗口不移动

(d) 确认单元: 2, 因单元3先前已确认, 窗口后沿移动两格;
未发送单元: 4, 5, 6;主机传来单元: 7,0, 窗口前沿移动两格

(e)发送单元: 4, 5, 6, 且6被先确认

(f)单元4超时, 单元4, 5, 6重发

图 3-8　发送窗口的工作原理

2. 接收窗口的工作原理

图 3-9 所示说明了接收窗口的工作原理，其窗口大小为 4。

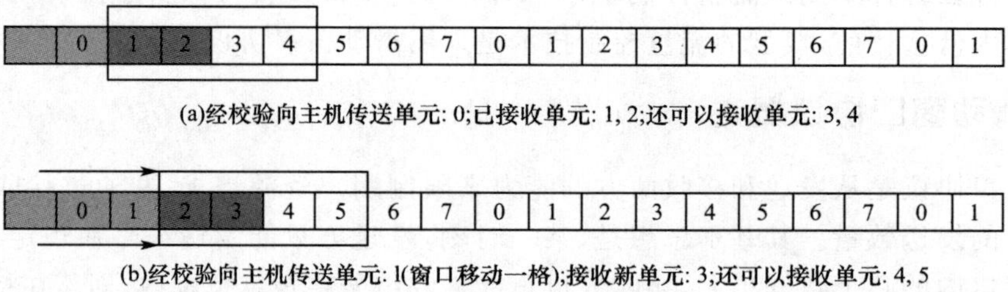

(a)经校验向主机传送单元: 0;已接收单元: 1, 2;还可以接收单元: 3, 4

(b)经校验向主机传送单元: 1(窗口移动一格);接收新单元: 3;还可以接收单元: 4, 5

图 3-9　接收窗口的工作原理

在用滑动窗口进行流量控制时，还有一些问题要处理，例如：

- 窗口宽度的控制是预先固定，还是可适当调整的。
- 窗口位置的移动控制是整体移动，还是顺次移动。
- 接收方的窗口宽度与发送方相同还是不同。

滑动窗口协议不仅可以进行流量控制，也同时可以进行差错控制。

3.4 点对点协议

点对点协议(Point-to-Point Protocol,PPP)是一个工作于数据链路层的广域网协议。PPP由互联网工程任务组(Internet Engineering Task Force,IETF)开发,目前已被广泛使用并成为国际标准。无论是同步电路还是异步电路,PPP都能够建立路由器之间或者主机到网络之间的连接,PPP提供多种连接如图3-10所示。例如利用Modem进行拨号上网(163、169、165等)就是使用PPP实现主机到网络连接的典型例子。

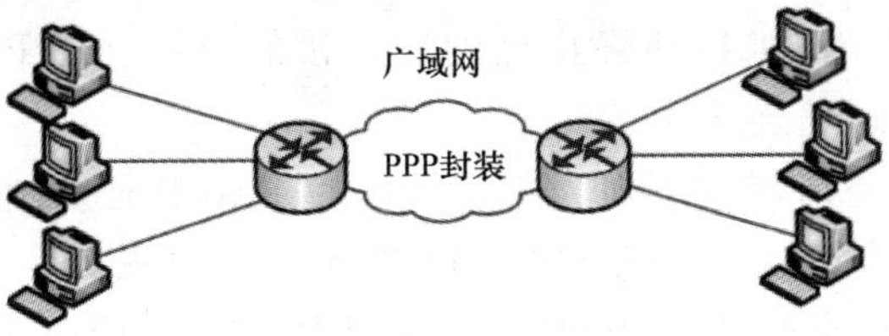

图3-10 PPP提供多种连接

3.4.1 PPP的特性

PPP是目前使用最广泛的广域网协议之一,这是因为它具有以下特性:

(1)能够控制数据链路的建立。

(2)能够对IP地址进行分配和使用。

(3)允许同时采用多种网络层协议。

(4)能够配置和测试数据链路。

(5)能够进行错误检测。

(6)有协商选项,能够对网络层的地址和数据压缩等进行协商。

PPP是现在主流的一种国际标准WAN封装协议,可支持如下连接类型:

(1)同步串行连接。

(2)异步串行连接。

(3)ISDN连接。

(4)HSSI连接。

3.4.2 PPP的组成

PPP作为第2层的协议,在物理上可使用各种不同的传输介质,包括双绞线、光纤及无线传输介质,在数据链路层提供了一套解决链路建立、维护、拆除和上层协议协商、认证等问题的方案;在帧的封装格式上,PPP采用的是一种HDLC的变化形式;其对网络层协议的支持则包括了多种不同的主流协议,如IP和IPX等。图3-11所示给出了PPP的体系结构,其中,链路控制协议(Link Control Protocol,LCP)用于数据链路连接的建立、配置与测试,网络控制协议(Network Control Protocol,NCP)则是一组用来建立和配置不同数据链路的网络层协议。

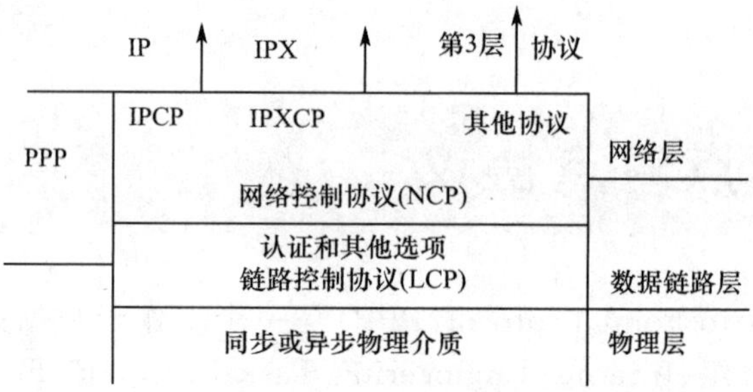

图 3-11 PPP 的体系结构

3.4.3 PPP 的工作过程

PPP 提供了建立、配置、维护和终止点到点连接的方法。PPP 经过以下四个阶段在一个点到点的链路上建立通信连接。

(1)链路的建立和配置协调:通信的发起方发送 LCP 帧来配置和检测数据链路。LCP 帧有链路建立帧、链路终止帧和链路维护帧三种。在链路建立阶段主要是通过发送 LCP 的帧来对链路进行相关的配置,包括数据的最大传输单元、是否采用 PPP 的压缩、PPP 的认证方式等。

(2)链路质量检测:在链路建立、协调之后。这一阶段是可选的。主要用于对链路质量进行测试,以确定其能否为上层所选定的网络协议提供足够的支持,另外,若连接的双方已经要求采用安全认证,则在该阶段还要按所选定的认证方式进行相应的身份认证。

(3)网络层协议配置协调:通信的发起方发送 NCP 帧以选择并配置网络层协议。配置完成后,通信双方可以发送各自的网络层协议数据报。通过发送 NCP 帧来选择网络层协议并进行相应的配置,不同的网络层协议要分别进行配置。此时,一条完整的 PPP 链路就建立起来了,可在所建立的 PPP 链路上进行数据传输。

(4)关闭链路:通信链路将一直保持到 LCP 或 NCP 帧关闭链路或者是发生一些外部事件(如空闲时间超长或用户干预)。

需要说明的是,尽管 PPP 的验证是一个可选项,但一旦采用身份验证,则必须在网络层协议阶段之前进行。有两种类型的 PPP 验证,即密码认证协议(Password Authentication Protocol,PAP)与挑战握手认证协议(Challenge Handshake Authentication Protocol,CHAP)方式。PAP 采用的是两次握手方式,远程节点提供用户名与密码,由本地节点提供身份验证的确认或拒绝。

用户名与密码对由远程网络节点不断地在链路上发送,直到验证被确认或被终结。密码在传输过程中采用的是明文方式,而且发送登录请求的时间和频率完全由远程节点控制,所以这种验证方式虽然实现简单但易受到攻击。CHAP 所使用的是三次握手的验证方式,本地节点提供一个用于身份验证的挑战值,由远程节点根据所收到的挑战值计算出一个回应值发送回本地节点,若该值与本地节点的计算结果一致,则远程节点被验证通过。显然一个没有获得挑战值的远程节点是不可能尝试登录并建立连接的,也就是说,CHAP 由本地来控制登录的时间与频率,并且由于每次所发送的挑战值都是一个不可预测的随机变量,所以 CHAP 较之 PAP 更加安全有效,因此在通常情况下,更多采用的是 CHAP 方式。

3.5 以太网

3.5.1 以太网的概念和特征

1. 以太网的概念

以太网是应用最广泛的局域网技术规范，它使用有线传输介质，网络拓扑结构一般采用总线型(早期)或星型网络拓扑，并采用随机争用的介质访问控制技术。

以太网最初是美国施乐（Xerox)公司用来搭建公司内部局域网的技术规范，后来施乐公司发现这种技术很值得商业化，就与美国数字设备公司(Digital Equipment Corporation，DEC)和英特尔(Intel)公司联合推出了DIX(DEC、Intel和Xerox的首字母)以太网标准。此标准发布后，以太网技术成功商业化，但并没有在众多局域网技术中占据主导地位。真正让以太网成为业内标准的是IEEE 802.3以太网标准的制定。

2. 以太网的特征

以太网具有的主要技术特征如下：

(1)以太网是基带网，它采用基带传输技术。

(2)以太网的标准是IEEE 802.3，它使用CSMA/CD访问方法。

(3)以太网是一种共享型网络，网络上的所有站点共享传输媒体和带宽。当利用率达到40%时，网络的响应速度明显降低。

(4)以太网是广播式网络，因此，它具有广播式网络的全部特点。

(5)以太网的数字信号采用曼彻斯特编码方案，快速以太网采用4B/5B编码方案。

(6)以太网支持的传输介质类型有50 Ω基带同轴电缆、无屏蔽双绞线和光纤。

(7)以太网所构成的拓扑结构主要是总线型和星型。

(8)有多种以太网标准，传输速率为10 Mbps、100 Mbps、1 000 Mbps、10 000 Mbps以及更高。

(9)以太网是可变长帧，长度为64～1 514 B。

(10)以太网技术先进，价格低廉，易扩展、易维护、易管理。

3.5.2 以太网的分类

1. 标准以太网

最初以太网只有10 Mbps的吞吐量，它所使用的是CSMA/CD的访问控制方法，通常把这种最早期的10 Mbps以太网称为标准以太网。以太网主要有两种传输介质，那就是双绞线和同轴电缆。所有的以太网都遵循IEEE 802.3标准，下面列出的是IEEE 802.3的一些以太网标准，在这些标准中前面的数字表示传输速率，单位是Mbps，最后的一个数字表示单段网线长度(基准单位是100 m)，Base表示“基带”的意思，Broad代表“带宽”。

• 10Base-5：使用粗同轴电缆，最大网段长度为500 m，基带传输方法。

• 10Base-2：使用细同轴电缆，最大网段长度为 185 m，基带传输方法。

• 10Base-T：使用双绞线电缆，最大网段长度为 100 m。

• 1Base-5：使用双绞线电缆，最大网段长度为 500 m，传输速率为 1 Mbps。

• 10Broad-36：使用同轴电缆(RG-59/UCATV)，最大网段长度为 3 600 m，是一种宽带传输方式。

• 10Base-F：使用光纤传输介质，传输速率为 10 Mbps。

2. 快速以太网

随着网络的发展，传统标准的以太网技术已难以满足日益增长的网络数据流量速度需求。在 1993 年 10 月以前，对于要求 10 Mbps 以上数据流量的 LAN 应用，只有光纤分布式数据接口(Fiber Distributed Data Interface，FDDI)可供选择，但它是一种价格非常昂贵的、基于 100 Mbps 光缆的 LAN。1993 年 10 月，Grand Junction 公司推出了世界上第一台快速以太网(Fast Ethernet)集线器 Fastch10/100 和网络接口卡 FastNIC100，快速以太网技术正式得以应用。随后 Intel、SynOptics、3COM、BayNetworks 等公司也相继推出自己的快速以太网装置。与此同时，IEEE 802 工程组也对 100 Mbps 以太网的各种标准，如 100Base-TX、100Base-T4、MII、中继器、全双工等标准进行了研究。1995 年 3 月 IEEE 宣布了 IEEE 802.3u(100Base-T)快速以太网标准，就这样开启了快速以太网的时代。

快速以太网与原来在 100 Mbps 带宽下工作的 FDDI 相比具有许多的优点，最主要体现在快速以太网技术可以有效地保障用户在布线基础实施上的投资，它支持 3 类、4 类、5 类双绞线以及光纤的连接，能有效地利用现有的设施。

快速以太网的不足其实也是以太网技术的不足，那就是快速以太网仍是基于载波监听多路访问/冲突检测(Carrier Sense Multiple Access/Collision Detection，CSMA/CD)技术，当网络负载较重时，会造成效率的降低，当然这可以使用交换技术来弥补。

100 Mbps 快速以太网标准又分为 100Base-TX、100Base-FX、100Base-T4 三个子类。

①100Base-TX 是一种使用 5 类数据级无屏蔽双绞线或屏蔽双绞线的快速以太网技术。它使用两对双绞线，一对用于发送数据，一对用于接收数据。在传输中使用 4B/5B 编码方式，信号频率为 125 MHz 。符合 EIA586 的五类布线标准和 IBM 的 SPT1 类布线标准。使用同 10Base-T 相同的 RJ-45 连接器。它的最大网段长度为 100 m，支持全双工的数据传输。

②100Base-FX 是一种使用光缆的快速以太网技术，可使用单模光纤和多模光纤(62.5 μm 和 125 μm)，多模光纤连接的最大距离为 550 m，单模光纤连接的最大距离为 3 000 m。在传输中使用 4B/5B 编码方式，信号频率为 125 MHz 。它使用 MIC/FDDI 连接器、ST 连接器或 SC 连接器。它的最大网段长度为 150 m、412 m、2 000 m 或更长至 10 km，这与所使用的光纤类型和工作模式有关它支持全双工的数据传输。100Base-FX 特别适用于有电气干扰、较大距离连接、高保密环境等情况下。

③100Base-T4 是一种可使用 3 类、4 类、5 类无屏蔽双绞线或屏蔽双绞线的快速以太网技术。它使用 4 对双绞线，3 对用于传送数据，1 对用于检测冲突信号。在传输中使用 8B/6T 编码方式，信号频率为 25 MHz，符合 EIA586 结构化布线标准。它使用与 10Base-T 相同的 RJ-45 连接器，最大网段长度为 100 m。

3. 千兆以太网

千兆以太网技术作为最新的高速以太网技术，给用户带来了提高核心网络的有效解决方案，这种解决方案继承了传统以太网技术价格便宜的优点。

千兆以太网技术仍然是以太技术，它采用了与 10 M 以太网相同的帧格式、帧结构、网络协议、全/半双工工作方式、流控模式以及布线系统。由于该技术不改变传统以太网的桌面应用、操作系统，因此可与 10 M 或 100 M 的以太网很好地配合工作。升级到千兆以太网不必改变网络应用程序、网管部件和网络操作系统，能够最大限度地投资保护，因此该技术的市场前景十分看好。

千兆以太网技术有两个标准：IEEE 802.3z 和 IEEE 802.3ab。IEEE 802.3z 制定了光纤和短程铜线连接方案的标准，目前已完成了标准制定工作。IEEE 802.3ab 制定了五类双绞线上较长距离连接方案的标准。

①IEEE 802.3z。IEEE 802.3z 工作组负责制定光纤（单模或多模）和同轴电缆的全双工链路标准。IEEE 802.3z 定义了基于光纤和短距离铜缆的 1000Base-X，采用 8B/10B 编码技术，信道传输速率为 1.25 Gbps，去耦后实现 1 000 Mbps 传输速率。

②IEEE 802.3ab。IEEE 802.3ab 工作组负责制定基于 UTP 的半双工链路的千兆以太网标准，产生 IEEE 802.3ab 标准及协议。IEEE 802.3ab 定义基于五类 UTP 的 1 000 Base-T 标准，其目的是在五类 UTP 上以 1 000 Mbps 传输速率传输 100 m。

3.5.3 CSMA/CD 协议

1. 以太网的信道访问机制

以太网采用随机争用的介质访问控制技术，即所有节点共享同一信道，且对信道有平等的访问权和占用权。但每个信道同时只允许一个节点发送数据，信道被占用时，其他节点必须等待占用结束才能发送数据。

以太网中的某一节点成功发送数据后，同网络的其他节点都可以收到数据，这种数据发送方式称为广播（Broadcast）。但只有目标节点会处理该数据，其他节点在确认自己不是目标设备后，会自行丢弃收到的数据。

2. CSMA/CD 协议原理

在以太网的信道访问机制下，如果同时有多个节点占用信道，就会造成拥堵，长时间的拥堵会造成通信延迟或数据丢失等后果，所以必须对信道占用权进行合理分配和规划。

载波监听多路访问/冲突检测（Carrier Sense Multiple Access/Collision Detection，CSMA/CD）是早期以太网用来分配信道占用权的通信协议，它的名称就是其功能很好的概括。

（1）载波监听：设备在发送数据之前，会先监听信道是否被占用。如果信道没有被占用，设备才会占用信道发送数据，否则就等到信道解除占用再发送数据。

（2）多路访问：网络中所有设备共享信道，同时以广播的方式发送数据。

（3）冲突检测：如果载波监听后发现信道未被占用，但是当数据发送时却发生了拥堵，这就说明发生了冲突，设备会在发送数据的同时进行冲突检测，一旦发生冲突，则二者同时撤销要发送的数据，自动延时发送。

综上所述，CSMA/CD 协议的工作过程可以概括为：先听再发，边听边发；一旦冲突，立刻停发;延迟一会,然后再发。其工作原理如图 3-12 所示。

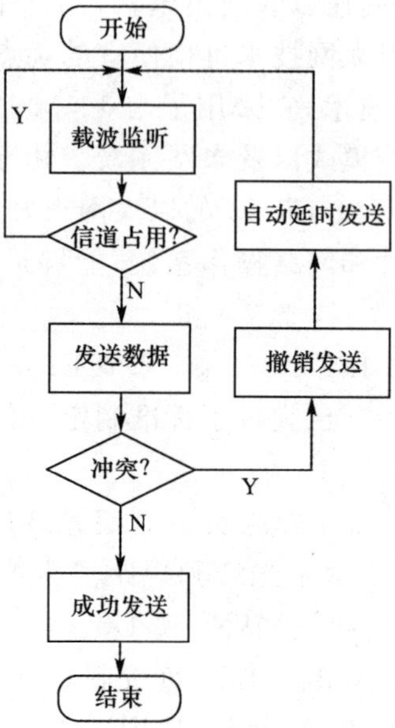

图 3-12　CSMA/CD 协议工作原理

3.6　虚拟局域网

3.6.1　虚拟局域网概述

虚拟局域网(Virtual LAN,VLAN)就是按照某种要求由一些局域网段构成的与物理位置无关的逻辑组。划分在这个逻辑组中的网段或站点,可以来自一个物理的局域网,也可以来自互相连接的不同的局域网中;还可以将一个物理的局域网中的站点,划分在不同的逻辑组中,形成不同的 VLAN。

在传统的局域网中,任何一个站点所发送的广播数据包都将转发至网络中的所有站点。而在交换式以太网中,VLAN 技术使得网络的拓扑结构变得非常灵活,如位于不同楼层的用户或者不同部门的用户根据需要加入不同的 VLAN,这些用户可以处在不同的物理 LAN 上,但他们之间可以像在同一个 LAN 上那样自由通信而不受物理位置的限制。网络的定义和划分与物理位置和物理连接没有任何必然的联系。网络管理员可以根据不同的需要,通过相应的网络软件灵活地建立和配置虚拟网,并为每个虚拟网分配它所需要的带宽。

在大型局域网中,VLAN 技术给网络管理员和网络用户都带来了许多好处,归纳起来主要有以下几点:

(1)简化了网络变化的开销,方便网络的维护和管理。

(2)增加组网的灵活性,建立不受物理位置限制的具有一定独立性的 VLAN。

(3)有效隔离 VLAN 间广播,防止网络的广播风暴。

(4)可以有效地管理和限制 VLAN 间的访问,减少路由开销。

(5)增加网络内部的安全性。

3.6.2 VLAN 的划分方法

VLAN 建立在交换技术的基础上,通过交换机"有目的地"发送数据,灵活地进行逻辑子网(广播域)的划分,而不像传统的局域网那样把站点束缚在所处的物理网络之中。

划分 VLAN 的方式有多种,每种方法的侧重点不同,所达到的效果也不尽相同。下面介绍几种划分方法。

1. 根据端口划分 VLAN

这是应用最广泛、最有效的一种 VLAN 划分方法,目前绝大多数使用 VLAN 协议的交换机都提供这种 VLAN 配置方法。这种划分 VLAN 的方法是根据以太网交换机的交换端口来划分的,它将 VLAN 交换机上的物理端口和其内部的 PVC(永久虚电路)端口分成若干个组,每个组中被设定的端口都在同一个广播域中,构成一个虚拟网。端口定义 VLAN 如图 3-13 所示,通过交换机的端口定义,可以将连接在一台交换机上的站点划分为不同的子网,如图 3-13(a)所示,将与端口 1、2、3、7、8 连接的计算机定义为 VLAN1,将与端口 4、5、6 连接的计算机定义为 VLAN2;也可以将连接在不同交换机上的站点划分在一个子网中;如图 3-13(b)所示,将与交换机 1 的端口 1、2、3 和与交换机 2 的端口 4、5、6、7 连接的计算机定义为 VLAN1,将与交换机 1 的端口 4、5、6、7、8 和与交换机 2 的端口 1、2、3、8 连接的计算机定义为 VLAN2。

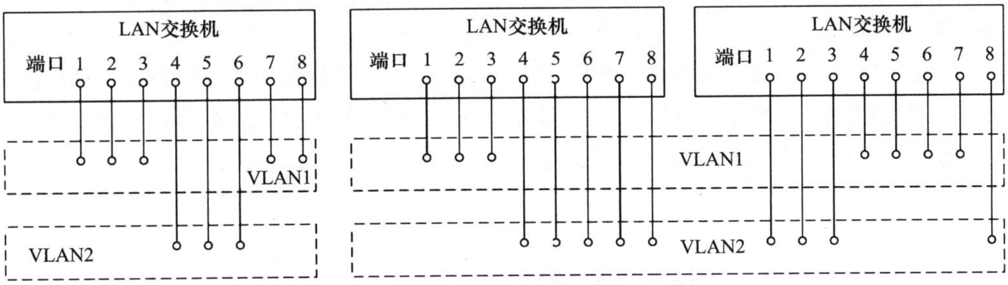

(a)用一台交换机定义两个VLAN　　(b)用两台交换机定义两个VLAN

图 3-13 端口定义 VLAN

从这种划分方法本身可以看出,定义端口 VLAN 成员时非常简单,只要将所有的端口都定义为相应的 VLAN 组即可,适合于任何大小的网络。它的缺点是不允许多个 VLAN 共享一个物理网段或交换机端口。如果某一用户从一个端口所在的虚拟网移动到另一个端口所在的虚拟网,网络管理员需要重新进行设置。

2. 根据 MAC 地址划分 VLAN

MAC VLAN 是根据每个主机的 MAC 地址来划分的。其优点是允许工作站移动到网络的其他物理网段中。因为 MAC 地址是与硬件相关、固定于工作站的网卡内的,当网络用户从一个物理位置移动到另一个物理位置时,VLAN 交换机将跟踪属于 VLAN 的 MAC 地址,自动保留其所属 VLAN 的成员身份。

MAC VLAN 的不足之处在于所有的用户必须被明确地分配给虚拟网,要求所有用户在初始阶段必须配置到至少一个 VLAN 中;初始配置必须由人工完成,然后才可以自动跟踪用户。这对于用户较多的大型网络是非常烦琐的。

3. 基于网络层协议划分 VLAN

基于网络层协议划分的 VLAN 也称第三层 VLAN，是按网络层协议，如 IP、IPX、DECnet、AppleTalk、Banyan 等划分 VLAN。这种方法的优点是用户的物理位置改变了，不需要重新配置所属的 VLAN，这对网络管理者来说很重要。这种划分方法由于不需要附加的帧标签来识别 VLAN，可以减少网络的通信量。

这种方法的缺点是效率低，因为检查每一个数据包的网络层地址是需要消耗处理时间的(相对于前面两种方法)，一般的交换机芯片都可以自动检查网络上数据包的以太网帧头，但要让芯片能检查 IP 帧头，则需要更高的技术，同时也更费时。当然，这与各个厂商的实现方法有关。

这种按网络层协议来组成的 VLAN，可使广播域跨越多个 VLAN 交换机。这对于希望针对具体应用和服务来组织用户的网络管理员来说是非常具有吸引力的，用户可以在网络内部自由移动，但其 VLAN 成员身份仍然保留不变。

4. 按策略划分 VLAN

基于策略组成的 VLAN 能实现多种分配方法，包括 VLAN 交换机端口、MAC 地址、IP 地址、网络层协议等。网络管理人员可根据自己的管理模式和本单位的需求来决定选择哪种类型的 VLAN。

其他划分方法还有：

(1)利用 IP 广播域来划分 VLAN。利用 IP 广播域来划分虚拟网的方法给使用者带来了巨大的灵活性和扩展性。在这种方式下，整个网络可以非常方便地通过路由器或第三层交换机扩展网络规模。

(2)按用户定义、非用户授权划分 VLAN。为了适应特别的 VLAN 网络，根据具体的网络用户的特别要求来定义和设计 VLAN，而且可以让非 VLAN 群体用户访问 VLAN，但是需要提供用户密码，在得到 VLAN 管理的认证后才可以加入一个 VLAN。

3.7 无线局域网

3.7.1 无线局域网的概念

无线局域网(Wireless LAN，WLAN)是计算机网络与无线通信技术相结合的产物，一般来说，凡是采用无线传输介质完成数据传输，实现有线局域网功能的网络都可称为无线局域网。这里的无线介质可以是微波、红外线和激光。无线局域网的基础还是有线局域网，它是有线局域网的扩展和替换，是在有线局域网的基础上通过无线集线器、无线接入点(Access Point，AP)、无线网桥、无线网卡等设备使无线通信得以实现。随着移动通信技术的飞速发展，无线局域网已经成为局域网应用的一项热点技术。无线局域网与有线网络相比有许多不同的特点，其主要优点表现如下：

(1)安装便捷。与有线网络相比，无线局域网免去或减少了网络布线的工作量，一般只要安装一个或多个接入点设备，即可建立覆盖整个建筑的局域网。

(2)高移动性。在有线网络中,在没有网络接口的地方就不能接入局域网;而在无线网中,各节点可随意移动,不受地理位置的限制,在信号覆盖区域内任何一个位置都可以接入网络,而且可以在不同运营商、不同国家的网络间漫游。

(3)易于扩展。WLAN 有多种配置方式,能够根据需要灵活选择。WLAN 能胜任从只有几个用户的小型局域网到上千用户的大型网络,并且能够提供像漫游等有线网络无法提供的功能。

(4)经济节约。由于有线网络缺少灵活性,要求网络规划者尽可能地考虑未来发展的需要,这就往往导致预设大量利用率较低的信息点。而一旦网络的发展超出了设计规模,又要投入较多资金进行网络改造。而 WLAN 只需在现有无线局域网基础上增加访问点就可以扩展为具有大量用户的网络。

虽然无线局域网具有许多优点,但还存在着覆盖范围有限、带宽相对较小、存在潜在的安全问题等一些缺点。近几年,WLAN 发展十分迅速,已经在不适合网络布线的场合得到了广泛的应用。

3.7.2 无线局域网标准

IEEE 802.11 系列标准是 IEEE 制定的无线局域网标准,主要是对网络的物理层和介质访问控制层进行了规定。目前产品化的标准主要有三种,即 IEEE 802.11b、IEEE 802.11a 和 IEEE 802.11g。

1. IEEE 802.11

无线局域网最初的标准是 IEEE 802.11,该标准是 IEEE 802 委员会于 1997 年公布的。它规定无线传输工作在 2.4 GHz 频带上,传输速率最高能达到 2 Mb/s,传输距离为 100 m。主要用于解决客户机无线接入局域网的问题,业务仅限于数据存取。

IEEE 802.11 标准定义了物理层和介质访问控制 MAC 协议规范。在物理层定义了数据传输的信号特征和调制方法,MAC 层定义其访问控制方法为 CSMA/CD。

由于 IEEE 802.11 的传输速率较低,传输距离有限,不能满足快速、远距离通信应用的需要,所以 IEEE 802 委员会对该标准进行了补充与改善,1999 年 9 月相继推出了 IEEE 802.11b 和 IEEE 802.11a 两个标准,之后又推出了 IEEE 802.11g 标准。

2. IEEE 802.11b

IEEE 802.11b 标准采用 2.4 GHz 频带和补偿编码键控(Complementary Code Keying, CCK)调制方式,物理层增加了 5.5 Mb/s 和 11 Mb/s 两个通信速率,传输速率可以根据环境干扰或传输距离的不同在 11 Mbps、5.5 Mb/s、2 Mb/s 和 1 Mb/s 之间自行切换,可以传输数据和图像,而且在 2 Mb/s 和 1 Mb/s 速率传输时与 IEEE 802.11 兼容。其最大数据传输速度只有 11 Mb/s,这虽然与原有的无线 WLAN 相比速度快了不少,但是要想收、发动态图像等大容量数据尚显不足。由于其设备制造简单,IEEE 802.11b 标准的产品已广泛应用。

3. IEEE 802.11a

IEEE 802.11a 也是对 IEEE 802.11 标准的补充,采用正交频分复用(Orthogonal Frequency Division Multiplexing,OFDM)的独特扩频技术和正交键控频移(Quadrature Frequency Shift Keying,QFSK)调制方式,大大提高了传输速率和信号质量。该标准工作在 5 GHz 频带上,物理层速率可达到 54 Mb/s,可以提供 25 Mb/s 的无线 ATM 接口和

10 Mb/s 的以太网无线帧结构接口，支持语音、数据、图像业务。但由于使用 5 GHz 频带的电波，所以存在传输损失大、很难通过墙壁、芯片价格贵，以及不兼容普及的 IEEE 802.11b 等缺点。但其传输速率和有效传输距离均远远高于 IEEE 802.11b，所以常用在传输速率要求较高、距离较远的场合，如楼宇之间的无线连接等。

4. IEEE 802.11g

IEEE 802.11g 是 IEEE 于 2002 年 11 月批准的一种试验性新标准，它是一种混合标准，调制采用 IEEE 802.11b 中的 CCK 和 IEEE 802.11a 中的 OFDM 两种方式。因此，IEEE 802.11g 既可以在 2.4 GHz 频带提供 11 Mb/s 的数据传输速率，也可以在 5 GHz 频带提供 54 Mb/s 的数据传输速率。IEEE 802.11g 可工作在 2.4 GHz 频带，完全兼容 IEEE 802.11b，且速度是 IEEE 802.11b 的 5 倍。

3.7.3 无线局域网传输技术

无线局域网采用的无线传输介质主要有微波和光波（激光和红外线），常用的传输技术主要有微波扩频技术和红外线技术。

1. 微波扩频技术

目前无线局域网主要采用的是扩频（扩展频谱）传输技术。扩频技术原先是为了军事通信领域的需求开发的宽带无线通信技术，其主要思想是将信号散布到更宽的带宽上，以使发生干扰和拥塞的概率减小。

扩频技术的原理是使用比发送数据的速率高许多倍的伪随机码对载荷数据的基带信号进行频谱扩展，使其带宽远大于传输信号的带宽，使用宽带低功率频谱密度的信号来发射。这相当于把窄带信号以伪随机码规律分散到宽带信号上再发射出去。在接收端用与发射端相同的伪随机码做扩频解调，压缩其频谱，把宽带信号恢复成原来的基带信号。

使用扩频技术，能够使数据在无线传输中保持完整、可靠，并且确保同时在不同频段传输的数据不会相互干扰。扩频技术主要有直序扩频技术和跳频扩频技术两种。

(1)直序扩频技术。直序扩频技术就是使用具有高码率的扩频序列，在发射端扩展信号的频谱，而在接收端用相同的扩频码序列进行解扩，把展开的扩频信号还原成原来的信号。

直序扩频局域网可在很宽的频率范围内进行通信，支持 1～2 Mb/s 数据传输速率，在发送端和接收端都以窄带方式进行，传输过程则以宽带方式通信。

(2)跳频扩频技术。跳频扩频与直序扩频技术的原理完全不同。跳频扩频技术是把频带分成若干个跳频信道，载波受一个伪随机码的控制，其频率按随机规律不断改变，从一个信道跳到另一个信道。接收端的频率也按同样的随机规律变化，并保持与发射端的变化规律一致。

跳频速率的高低直接反映跳频系统的性能，跳频速率越高，抗干扰的性能越好。军用的调频系统可达每秒上万跳。由于慢速跳频系统实现简单，低速 WLAN 常常采用这种技术。

微波扩频技术覆盖范围大，具有较强的抗干扰、抗噪声和抗衰减能力，隐蔽性、保密性强，不干扰同频的信号等性能特点，具有很高的可用性。

2. 红外线技术

红外线是波长为 750 nm～1 mm 的电磁波，它的频率高于微波而低于可见光，是一种人眼看不见的光线。红外传输一般采用红外波段内的近波段，红外数据协会成立以后，为了保证不同厂家的红外产品都能够获得最佳的通信效果，发布了红外通信协议，规定数据传输采用的红外线波长范围限定为850～950 nm。

红外线按照视距方式传播，即发送点和接收点之间不能被阻挡。红外线传输技术相对微波传输技术来说有一些明显的优点。首先，红外线的频谱非常宽，所以可以提供极高的数据速率；其次，红外线频谱不受管制，而有些微波频谱则需要申请许可证。另外，由于红外线与可见光有一部分的特性是一致的，所以可以被浅色的物体漫反射，这样即可用天花板反射来覆盖整个房间。家庭中遥控设备所使用的就是红外线传输技术。

3.7.4 无线局域网的组建

1. 无线局域网的硬件组成

在组建无线局域网时，主要硬件设备有无线网卡、无线接入点、天线、计算机。

(1)无线网卡。与有线网络中的网卡的作用相同，其作为无线局域网的接口，能够实现无线局域网各客户机之间的通信。根据接口的不同，无线网卡主要有笔记本电脑专用的PCMCIA无线网卡、台式机专用的PCI无线网卡以及笔记本电脑和台式机都可以使用的USB无线网卡等。

(2)无线接入点。也称无线集线器。无线AP中有一块无线网卡，负责接收和发送无线数据，同时，还能像有线集线器那样把各种无线数据收集起来进行中转。无线AP的主要作用有两个：一是作为无线局域网的中心点，供其他装有无线网卡的计算机通过它接入无线网络；二是通过它为有线局域网提供长距离无线连接，或为小型无线局域网提供长距离有线连接，从而实现延伸网络范围的目的。无线AP设备基本上都有一个以太网接口，可以实现无线网络与有线网络的互联。理论上，无线AP的覆盖范围是室内100 m，室外300 m。由于实际使用中有障碍物的阻挡，通常实际使用范围是室内30 m，室外100 m。目前，无线AP产品的功能得到了扩展，许多产品能实现无线网桥或无线路由器的功能。

(3)天线。其功能是将信号源的网络信号传送出去，当计算机与无线AP相距较远时，随着信号的减弱，传输速率会明显下降，或者根本无法实现与无线AP之间的通信，此时，就必须借助无线天线对所接收或发送的信号进行增益。天线分为指向型和全向型两种，指向型适于长距离点对点网络使用，全向型适于小范围区域使用。

2. 无线局域网的连接方式

目前，无线局域网的连接方式主要有以下四种：无AP的独立对等无线网络、有AP的独立对等无线网络、接入有线网络的无线网络和无线漫游的无线网络。

(1)无AP的独立对等无线网络

无AP的独立对等无线网络方式只使用无线网卡。因此，为每台计算机上插上无线网卡，就可以实现计算机之间的连接，构建成最简单的无线网络，如图3-14所示。这样，只需使用Windows操作系统，就可以在服务器的覆盖范围内，不用使用任何电缆，实现计算机之间共享资源。

该方式中，各种计算机仅使用无线网卡，没有任何其他无线接入设备，是名副其实的对等无线网络。此种无线网络的有效传输距离即该无线网络的最大直径，室内通常为30 m左右。另外，由于该方式中所有的计算机之间都共享连接带宽，而且IEEE 802.11b无线产品的最高带宽只有11 Mb/s，所以，只适用于接入计算机数量较少，并对传输速率没有较高要求的小型办公网络和家庭网络。

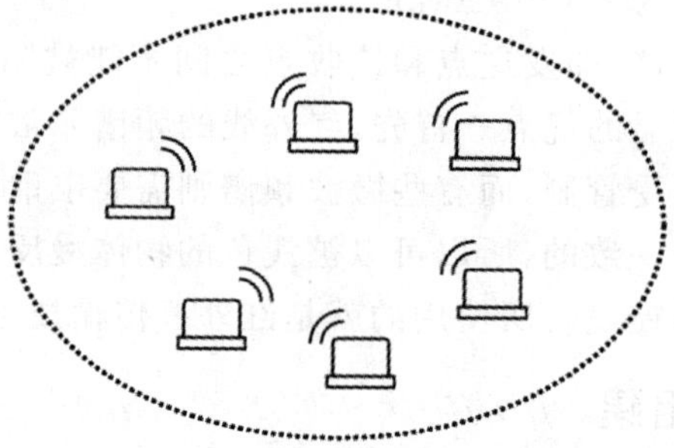

图 3-14　无 AP 的独立对等无线网络

(2)有 AP 的独立对等无线网络

有 AP 的独立对等无线网络方式与无 AP 的独立对等无线网络方式非常相似,所有的计算机中都安装有一块网卡。所不同的是,有 AP 的独立无线网络方式中加入了一个无线访问点,如图 3-15 所示。无线访问点类似于以太网中的集线器,可以对网络信号进行放大处理,一个工作站到另外一个工作站的信号都可以经由无线访问点放大并进行中继。因此,拥有无线访问点的独立无线网络的网络直径将是无 AP 的独立对等无线网络有效传输距离的 2 倍,在室内通常为 60 m 左右。

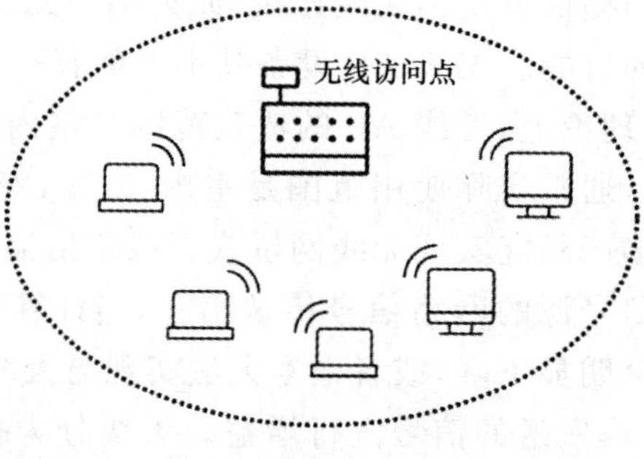

图 3-15　有 AP 的独立对等无线网络

该方式仍然属于共享式接入,虽然传输距离比无 AP 的独立对等无线网络增加了 1 倍,但所有计算机之间的通信仍然共享无线网络带宽。由于带宽有限,因此,该无线网络方式仍然只能适用于不超过 20 台计算机的小型网络。

(3)接入有线网络的无线网络

在实际的组网工作中,并不是单纯地建立独立的无线网络,大多数都是在现有的有线局域网上加装无线网络设备,为现有的网络增加移动办公功能。

无线局域网和有线局域网的互联实际上相当方便,只需要在有线网络中接入一个无线 AP,再利用此 AP 构建另一部分无线网络,从而将无线网络连接至有线网络。无线 AP 在无线工作站和有线网之间起网桥的作用,实现了无线与有线的无缝集成。既允许无线工作站访问网络资源,同时又为有线网络增加了可用资源。

该方式可以将大量的移动用户连接至有线网络,从而以低廉的价格实现网络直径的迅速扩展,或为移动用户提供更灵活的接入方式。

(4)无线漫游的无线网络

无线漫游的无线网络将访问点作为无线基站与现有网络分布系统之间的桥梁，当用户从一个位置移动到另一个位置时，以及一个无线访问点的信号变弱或访问点由于通信量太大而拥塞时，可以连接到新的访问点，而不中断与网络的连接。与蜂窝移动电话非常相似，无线漫游的无线网络将多个 AP 各自形成的无线信号覆盖区域进行交叉覆盖，实现各覆盖区域之间无缝连接。所有 AP 通过双绞线与有线骨干网络相连，形成以固定有线网络为基础，无线覆盖为延伸的大面积服务区域。所有无线终端通过就近的 AP 接入网络，访问整个网络资源。蜂窝覆盖大大扩展了单个 AP 的覆盖范围，从而突破了无线网络覆盖半径的限制，用户可以在 AP 群覆盖的范围内漫游，而不会和网络失去联系，中断通信。

习题巩固

一、名词解释

数据链路；流量控制；差错控制；误码率；滑动窗口协议；PPP；以太网；VLAN；WLAN。

二、单项选择题

1. 差错控制和流量控制是在 OSI/RM 的(　　)完成的。

A. 物理层　　B. 数据链路层　　C. 网络层　　D. 传输层

2. 数据被封装成帧是在 OSI/RM 的(　　)完成的。

A. 物理层　　B. 数据链路层　　C. 网络层　　D. 传输层

3. 流量控制实际上是对(　　)。

A. 发送方数据流量的控制　　B. 接收方数据流量的控制

C. 发送方和接收方数据流量的控制　　D. 以上都不对

4. 局域网的网络硬件主要包括服务器、工作站、(　　)和传输介质。

A. 计算机　　B. 网卡

C. 拓扑结构　　D. 网络协议

5. 局域网的最主要技术要素是(　　)。

A. 传输介质　　B. 介质访问控制方法

C. 拓扑结构　　D. 服务器软件

6. 局域网中，介质访问控制功能属于(　　)。

A. MAC 子层　　B. LLC 子层　　C. 物理层　　D. 高层

7. 以太网的核心技术是随机争用型介质访问控制方法，即(　　)。

A. CSMA/CD　　B. 令牌环　　C. 令牌总线　　D. CSMA

8. 以太网的访问方法和物理层技术规范由(　　)描述。

A. IEEE 802.3　　B. IEEE 802.4

C. IEEE 802.5　　D. IEEE 802.6

9. 令牌环的介质访问控制方法和物理层技术规范由(　　)描述。

A. IEEE 802.3　　B. IEEE 802.4

C. IEEE 802.5　　D. IEEE 802.6

10. 在令牌环网中(　　)。

A. 无冲突发生　　　　　　　　　　B. 有冲突发生

C. 冲突可以减少，但冲突仍然存在　　D. 重载时冲突严重

11. 在令牌环网中，当数据帧在循环时，令牌(　　)。

A. 在接收站点　　B. 在发送站点　　C. 在环中循环　　D. 以上均不是

12. 在令牌环网中，介质访问控制时使用(　　)。

A. 单令牌、多数据帧　　　　　　B. 多令牌、多数据帧

C. 多令牌、单数据帧　　　　　　D. 单令牌、单数据帧

13. 有 10 台计算机组建成 10 Mb/s 以太网，如分别采用共享式以太网和交换式以太网技术，则每个站点所获得的数据传输速率分别为(　　)。

A. 10 Mb/s 和 10 Mb/s　　　　B. 10 Mb/s 和 1 Mb/s

C. 1 Mb/s 和 10 Mb/s　　　　D. 1 Mb/s 和 1 Mb/s

14. 下面对虚拟局域网的说法中，错误的是(　　)。

A. 虚拟局域网是一种全新的局域网，其基础是虚拟技术

B. 虚拟局域网是一个逻辑子网，其组网的依据不是物理位置，而是逻辑位置

C. 每个虚拟局域网是一个独立的广播域

D. 虚拟局域网通过软件实现虚拟局域网成员的增加、移动和改变

15. 在下面 4 个虚拟局域网中，移动节点时需要对网络进行重新配置的是(　　)。

A. 基于端口的虚拟局域网　　　　B. 基于 MAC 地址的虚拟局域网

C. 基于第三层协议的虚拟局域网　　D. 基于用户的虚拟局域网

16. 以下(　　)不是网络操作系统提供的服务。

A. 文件服务　　B. 打印服务　　C. 通信服务　　D. 办公自动化服务

三、简答题

1. 简述局域网的主要特点，画图表示 IEEE 802 局域网的分层结构与 OSI/RM 的对应关系。

2. CSMA/CD 的全称是什么？简述 CSMA/CD 的工作原理及优缺点。

3. 什么是冲突？在 CSMA/CD 中，如何解决冲突？在令牌环网和令牌总线网中存在冲突吗？为什么？

4. 说明 MAC 层的主要功能。

5. 简述标准以太网的工作原理及优缺点。

6. 说明 10Base-2、10Base-5 和 10Base-T 网络的主要技术参数。

第4章 网络层

4.1 网络层与IP

1. 网络层基本概念

目前我们设计与组建的网络不仅需要覆盖一个大学的实验室、一个校园、一家公司、一个政府机关，更重要的是要接入Internet。在Internet环境中，假如你给远在欧洲的同学发一封电子邮件，其实你并不知道这封邮件通过什么样的路径传输，如何在很短的时间内就可以传送到对方。当你通过Google搜索关于物联网发展的资料时，你并不需要知道你现在浏览的Web服务器位于何方。你可能是某校计算机系的学生，正在与美国MIT计算机系网络实验室的一位合作伙伴协同完成一项WSN网络软件的开发工作，你并不需要知道你们之间的通信是通过哪些网络传输的。我们之所以能够方便地在Internet上享受各种网络服务，正是因为有网络层IP的支持。网络层通过路由选择算法，为IP分组从源主机到目的主机选择一条合适的传输路径，为传输层提供端-端数据传输服务。

2. IP的发展与演变

(1)IPv4研究的背景

描述IPv4的最早文档RFC 791出现在1981年，那个时候Internet的规模很小，计算机网络主要用于科研与部分参与研究的大学，在这样的背景下产生的IPv4，不可能适应以后Internet规模的扩大和应用范围的扩张，修改和完善是必然的。伴随着Internet规模的扩大和应用的深入，作为Internet核心协议之一的IPv4也一直处于一个不断补充、完善的过程，但是IPv4版本的主要内容一直没有发生任何实质性的变化。实践证明，IPv4是健壮和易于实现的，并且具有很好的可操作性。它本身也经受住了Internet从一个小型的科研网络，发展到今天这样的全球性大规模网际网的考验，这些都说明IPv4的设计是成功的。

(2)IPv4发展与演变的过程

如图4-1所示给出了IPv4的研究与发展的过程。

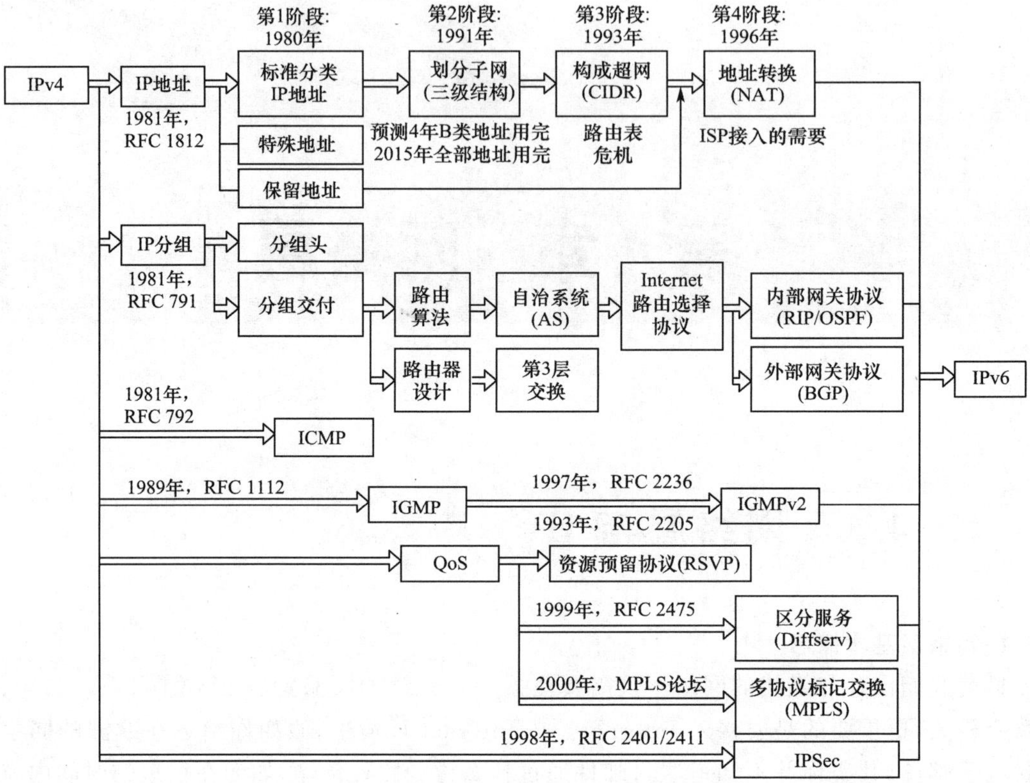

图 4-1　IPv4 的研究与发展的过程

4.2　网络层提供的服务

在 OSI/RM 中,网络层作为通信子网的最高层,关系到通信子网的运行控制,是通信子网中最为复杂、关键的一层。网络层介于数据链路层和传输层之间,以数据链路层提供的无差错传输为基础,把高层发来的数据分组,从源节点经过若干个中间节点传送到目的节点。传送过程要解决的关键问题是选择路径,在选择路径时还要考虑解决流量控制问题,防止网络中出现局部的拥挤或全面的阻塞。设置网络层的目的就是为报文分组提供最佳路径,通过通信子网到达目的主机,实现两个端系统之间的数据的透明传送,主要功能包括路径选择、拥塞控制和网际互联等。

两个端点之间的通信是依靠通信子网中的节点间的通信来实现的,网络层是通信子网中网络节点的最高层,所以网络层将体现通信子网向端系统所提供的网络服务。在 OSI/RM 中规定网络层提供面向连接的服务和无连接的服务两种类型的网络服务。在分组交换网络中,这两种网络服务的具体实现分别称为虚电路服务和数据报服务。

4.2.1 虚电路服务方式

所谓虚电路(Virtual Circuit),顾名思义,就是非实在性的电路。采用虚电路方式传输时,每个分组除了包含数据之外,还包含一个虚电路号,在预先建好的路径上的每个节点都知道把这些分组引导到哪里去,不再需要路由选择判定。

工作过程类似于电路交换,分虚电路建立、数据传送和虚电路的释放三个阶段。不同之处在于电路交换自始至终固定占用一条物理链路,而虚电路是断续地占用一段一段的链路,此时的这条逻辑通路不是专用的,在每个节点上仍然采用“存储-转发”的方式处理分组,所以称之为虚电路。虚电路服务是以可靠的、面向连接的数据传送方式,向传输层提供的一种使所有分组按顺序到达目的节点的数据传输服务。面向连接是指在数据交换之前,必须先建立连接,当数据交换结束后,释放这个连接。

(1)虚电路建立。发送方发送含有地址信息的特定格式的呼叫分组,该分组除了包含源、目的地址外,还包含源端系统所选取的不用的最小虚电路号。该呼叫分组途经的每个中间节点根据当前的逻辑信道使用状况,分配虚电路号,并建立虚电路输入和输出映射表,即虚电路表。所谓主机之间建立虚电路,实际上就是在途经的各节点上填写虚电路表。

例如,图 4-2(a)所示的网络,其各节点的虚电路表如图 4-2(b)所示。当主机 H_1 的网络层收到传输层请求与主机 H_4 建立连接时,主机 H_1 的网络层发一个呼叫请求分组。呼叫请求分组在它通过通信子网到达目的主机的过程中,在所经过节点的虚电路表上登记入口和出口信息。入口信息的输入线就是前方节点名,虚电路号即是前方节点输出线的虚电路号。而出口信息的输出线可根据目标地址查输出线选择得到,其虚电路号则取该输出线当前尚未使用的最小虚电路号。

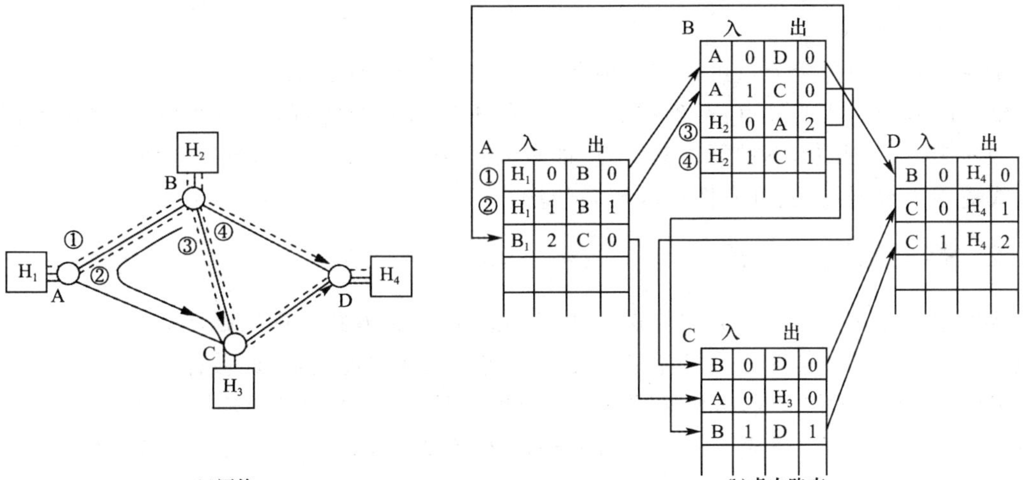

(a)网络　　(b)虚电路表

图 4-2　虚电路的建立

假设主机 H_1 发的呼叫请求分组在通信子网中沿路径①A→B→D 从 H_1 到达 H_4,沿途登记的入口出口信息如图 4-2(b)所示。由于这条路径是最先建立的,因此各节点虚电路表中的虚电路号均为 0。同理,按序可建立②A→B→C→D、③B→A→C、④B→C→D 三条虚电路,这对单工通信是可行的。但对双工通信,还必须保证两个相邻节点之间正、反两个方向的两条虚电路不能混淆。为此,不仅要考虑与下一节点之间的虚电路号不相同,还要考虑与下一节点在另一条虚电路上作为上节点时所选取的虚电路号相区别。因此,第③条虚电路节点B的出口虚电路号取2,而不取0或1。这样做后,不同虚电路的分组虽然从同一条输入线进入了同一个节点,且可能从同一输出线输出,但它们却不会有相同的输出虚电路号。

当呼叫请求分组到达目的主机(如 H_4),若目的主机同意通信,就发同意通信的应答给源主机,则虚电路建立阶段结束。

(2)数据传送。虚电路一旦建立以后,在传输中,当一个分组到达节点时,节点根据其携带的虚电路号查找虚电路表,以确定该分组应发往下一段信道上所占用的虚电路号,用该虚电路号替换分组中原先的虚电路号后,再将该分组发往下一个节点。这样,分组上面就不需要目的主机的网络地址,只要带虚电路号即可。

(3)虚电路的释放。各节点的虚电路表空间和虚电路号都是网络资源,当虚电路拆除时必须回收。这可通过某端系统发出一个拆链请求分组,告知虚电路中各节点删除虚电路表中有关表项来实现。

虚电路有永久性和交换型的虚电路两种。永久性虚电路(Permanent Virtual Circuit,PVC)是一种提前定义好的,基本上不需要任何建立时间的端点站点间的连接;交换型虚电路(Switched Virtual Circuit,SVC)是端点站点之间的一种临时性连接。虚电路服务方式主要的特点如下:

①在每次分组传输前,都需要在源节点和目的节点之间建立一条逻辑连接。

②一次通信的所有分组都通过虚电路顺序传送,因此分组不必自带目的地址、源地址等信息。分组到达节点时不会出现丢失、重复与乱序的现象。

③分组通过虚电路上的每个节点时,中间节点只需要进行差错检测,而不需要进行路由选择。

④通信子网中每个节点可以与任何节点建立多条虚电路连接。

虚电路服务方式的优点:端到端的差错控制由通信子网负责,可靠性高,网络层保证分组按顺序交付,不丢失,不重复。其缺点:如有故障,则经过故障点的数据全部丢失。这种服务方式适用于数据量大、可靠性要求较高的场合。

4.2.2 数据报服务方式

数据报服务是无连接的数据传送方式,免去了虚电路方式的虚电路建立阶段,工作过程类似于报文交换。通信双方在开始通信之前不需要先建立连接,因此被称为无连接。

采用数据报方式传输时,被传输的分组称为数据报。当端系统从传输层接收到要发送的一个报文时,网络层将报文拆成若干个带有序号和地址信息的数据报,依次发给网络节点。

网络节点接收到一个数据报后,根据数据报中地址信息和节点存储的路由信息,找出一条合适的出路,把数据报原封不动地传送到下一个节点,依此类推,直至目的节点。

从数据报服务方式中可以看出,在整个数据报传送过程中,不需要建立连接,但网络节点要为每个数据报进行路由选择。目的节点收到数据后也不需发送确认,因而是一种开销较小的通信方式。数据报服务方式的主要特点如下:

(1)同一报文的不同分组可以经过不同的传输路径通过通信子网。

(2)每个分组在传输过程中都必须带有目的地址与源地址。

(3)同一报文的不同分组到达目的节点时可能出现乱序、重复与丢失现象。需要在目的节点开辟缓冲区,缓存所有收到的分组,重新排序后按发送顺序交付给主机。

(4)由主机承担端到端的差错控制。

(5)传输过程延迟大,适用于突发性通信,不适用于长报文、会话式通信。

数据报具有健壮性和灵活性的优点,在传输途中,若某个节点或链路发生故障,数据报服务可以绕过故障把分组传送到目的节点。

4.2.3 虚电路服务和数据报服务的比较

1. 传输方式

虚电路服务需要连接建立和释放的过程;而数据报服务中,网络层从传输层接收报文分组,附加上源、目的地址等信息后独立传送,不需建立和释放连接。

2. 网络地址

虚电路服务仅在源主机发出呼叫分组中需要填上源和目的主机的网络地址,在数据传输阶段只需填上虚电路号,不需要网络地址。而数据报服务,由于每个数据报都单独传送,因此,在每个数据报中都必须具有源和目的主机的网络地址。

3. 路由选择

在数据报方式中,每个网络节点都要为每个分组路由做出选择;而在虚电路方式中,只需在连接建立时确定路由。

4. 分组顺序

虚电路服务的所有分组都是通过事先建立好的一条虚电路进行传输,所以能保证分组按发送顺序到达目的主机。但是,当把一份长报文分成若干个短的数据报时,由于它们被独立传送,可能各自通过不同的路径到达目的主机,因而数据报服务不能保证这些数据报按顺序到达目的主机。

5. 可靠性和适应性

虚电路服务在通信之前双方已进行过连接,而且每发完一定数量的分组后,对方也都给予确认,故虚电路服务比数据报服务的可靠性高。但是,当传输途中的某个节点或链路发生故障时,数据报服务可以绕开这些故障地区,另选其他路径,把数据传至目的地;而虚电路服务则必须重新建立虚电路才能进行通信。因此,数据报服务的适应性比虚电路服务强。

综上所述,虚电路适合于大批量的数据传输、交互式通信,不仅及时、传输较为可靠,而且网络开销小。数据报方式更适合于站点之间少量数据的传输。

4.3 IPv4

IP 层是基于网络互联的 TCP/IP 计算机网络体系中关键的一层。传输层虽然解决了进程之间的通信问题,但由于进程是运行在主机上的,因此只有解决了主机之间的通信问题,才能有进程之间的通信。因此需要解决如下三个关键问题:

(1)主机运行在不同网络之中,为此需要解决对于源主机和目标主机的识别问题。因此

IP 提出了一套对于网络和主机的编号规则——IP 地址协议。

(2)主机到主机需要经过一系列的网络,为此需要解决数据的传输路径问题,因此提出了一套路径选择的算法——路由协议。

(3)在传输层,报文分段是根据端主机之间的接收能力进行分段的。这些分段在 IP 层,则要按照网络之间的路由能力进一步切分封装成分组传输。

目前广为应用的 IP 是其第四个版本——IPv4。

4.3.1 IP 分组格式

1. IP 分组的形成

在 IP 层要对传输层的数据进行分片,并进一步加上 IP 头,封装 IP 分组。IP 分组的形成如图 4-3 所示,每个分组都是一个两层封装:外封装是 IP 头,内封装是从传输层传来的 TCP 或 UDP 头。

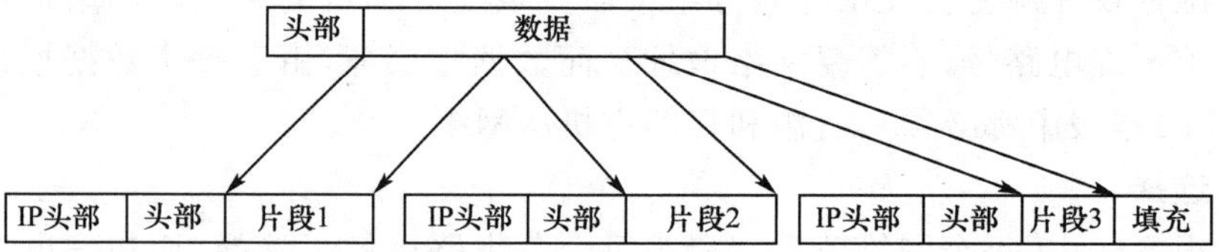

图 4-3　IP 分组的形成

在 IP 分组中,对于数据部分规定了一定的长度。最后一个分组中的数据是前面分片剩余的数据,长度往往不正好是规定的长度,不足部分需要进行填充。

2. IPv4 分组格式

如图 4-4 所示为 IPv4 分组格式。

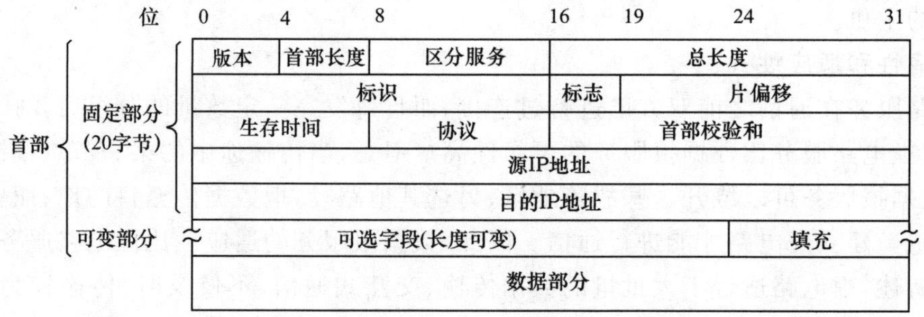

图 4-4　IPv4 分组格式

(1)IPv4 分组首部的固定部分各字段含义

①版本。占 4 b,指 IP 的版本。通信双方使用的 IP 版本必须一致。目前广泛使用的 IP 版本号为 4(IPv4)。关于 IPv6,目前还处于试用阶段。

②首部长度。占 4 b,可表示的最大十进制数值是 15。请注意,这个字段所表示数的单位是 32 位(4 B)字长,因此,当 IP 的首部长度为 1111 时(十进制的 15),首部长度就达到 60 B。若 IP 分组的首部长度不是 4 B 的整数倍时,就必须利用最后的填充字段加以填充。因此数据部分永远在 4 字节的整数倍开始,以便于实现 IP。首部长度限制为 60 B 的缺点是有时可能不够用,但能使用户尽量减少开销。最常用的首部长度就是 20 B(首部长度为

0101)，这时不使用任何选项。

③区分服务。占 8 b，用来获得更好的服务。这个字段在旧标准中叫作服务类型，被分为三个部分：

- 优先级子字段(3 b)，即前 3 b，用 0～7 表示优先级别高低。但现在已经不用了。
- 第 8 位保留未用。
- TOS，中间 4 b，分别代表：最小时延、最大吞吐量、最高可靠性和最小费用。每种服务类型中只能置其中 1 比特为 1。可以全为 0，若全为 0 则表示一般服务。

表 4-1 列出了对不同应用建议的 TOS 值。例如，Telnet 协议可能要求有最小时延，FTP(数据)可能要求有最大吞吐量，SNMP 可能要求有最高可靠性，NNTP(Network News Transfer Protocol，网络新闻传输协议)可能要求最小费用，而 ICMP 可能无非凡要求(4 b 全为 0)。实际上，大部分主机会忽略这个字段，但一些动态路由协议如 OSPF 协议(Open Shortest Path First Protocol)、IS-IS 协议(Intermediate System to Intermediate System Protocol)可以根据这些字段的值进行路由决策。

表 4-1　对不同应用建议的 TOS 值

<table>
<tr><th colspan="2">应用程序</th><th>最小时延</th><th>最大吞吐量</th><th>最高可靠性</th><th>最小费用</th><th>十六进制值</th></tr>
<tr><td colspan="2">Telnet/Rlogin</td><td>1</td><td>0</td><td>0</td><td>0</td><td>0x10</td></tr>
<tr><td rowspan="2">FTP</td><td>控制</td><td>1</td><td>0</td><td>0</td><td>0</td><td>0x10</td></tr>
<tr><td>数据</td><td>0</td><td>1</td><td>0</td><td>0</td><td>0x08</td></tr>
<tr><td colspan="2">任意块数据</td><td>0</td><td>1</td><td>0</td><td>0</td><td>0x08</td></tr>
<tr><td colspan="2">TFTP</td><td>1</td><td>0</td><td>0</td><td>0</td><td>0x10</td></tr>
<tr><td rowspan="2">SMTP</td><td>命令阶段</td><td>1</td><td>0</td><td>0</td><td>0</td><td>0x10</td></tr>
<tr><td>数据阶段</td><td>0</td><td>1</td><td>0</td><td>0</td><td>0x08</td></tr>
<tr><td rowspan="2">DNS</td><td>UDP 查询</td><td>1</td><td>0</td><td>0</td><td>0</td><td>0x10</td></tr>
<tr><td>TCP 查询</td><td>0</td><td>0</td><td>0</td><td>0</td><td>0x00</td></tr>
<tr><td colspan="2">区域传输</td><td>0</td><td>1</td><td>0</td><td>0</td><td>0x08</td></tr>
<tr><td rowspan="2">ICMP</td><td>差错</td><td>0</td><td>0</td><td>0</td><td>0</td><td>0x00</td></tr>
<tr><td>查询</td><td>0</td><td>0</td><td>0</td><td>0</td><td>0x00</td></tr>
<tr><td colspan="2">任何 IGP</td><td>0</td><td>0</td><td>1</td><td>0</td><td>0x04</td></tr>
<tr><td colspan="2">SNMP</td><td>0</td><td>0</td><td>1</td><td>0</td><td>0x04</td></tr>
<tr><td colspan="2">BOOTP</td><td>0</td><td>0</td><td>0</td><td>0</td><td>0x00</td></tr>
<tr><td colspan="2">NNTP</td><td>0</td><td>0</td><td>0</td><td>1</td><td>0x02</td></tr>
</table>

④总长度。总长度指首部和数据之和的长度，单位为字节。总长度字段为 16 b，因此分组的最大长度为 $2^{16}-1=65\ 535$ B。

在 IP 层下面的每一种数据链路层都有自己的帧格式，其中包括帧格式中的数据字段的最大长度，这称为最大传送单元(Maximum Transfer Unit，MTU)。当一个分组封装成链路层的帧时，此分组的总长度(首部加上数据部分)一定不能超过下面的数据链路层的 MTU 值。

⑤标识(Identification)。占 16 b。IP 软件在存储器中维持一个计数器，每产生一个分组，计数器就加 1，并将此值赋给标识字段。但这个“标识”并不是序号，因为 IP 是无连接服务，分组不存在按序接收的问题。当分组由于长度超过网络的 MTU 而必须分片时，这个标

识字段的值就被复制到所有分组的标识字段中。相同的标识字段的值使分片后的各分组片最后能正确地重装成为原来的分组。

⑥标志(Flag)。占 3 b,但目前只有 2 b 有意义。

• 标志字段中的最低位记为 MF(More Fragment)。MF=1 表示后面“还有分片”的分组。MF=0 表示这已是若干分组片中的最后一个。

• 标志字段中间的一位记为 DF(Don't Fragment),意思是“不能分片”。只有当 DF=0 时才允许分片。

⑦片偏移。占 13 b。片偏移指出较长的分组在分片后,某片在原分组中的相对位置。也就是说,相对用户数据字段的起点,该片从何处开始。片偏移以 8 B 为偏移单位,这就是说,每个分片的长度一定是 8 B(64 b)的整数倍。

⑧生存时间。占 8 b,常用 TTL(Time To Live)表示,由发送数据的源主机设置,限制分组最多可以经过的路由器数,通常为 32、64、128 等。每经过一个路由器,其值减 1,直到值为 0 时该数据报被丢弃,防止分组进入死循环。

⑨协议。占 8 b,协议字段指出此分组携带的数据使用何种协议,以便使目的主机的 IP 层知道应将数据部分上交给哪个处理过程。表 4-2 为常用协议的协议字段值。

表 4-2　　常用协议的协议字段值

协议名	ICMP	IGMP	特殊 IP	TCP	EGP	IGP	UDP	IPv6	ESP	OSPE
协议字段值	1	2	4	6	8	9	17	41	50	89

表中的“特殊 IP”指被封装到 IP 分组中的 IP 分组。

⑩首部校验和。占 16 b。这个字段只检验分组的首部,不包括数据部分。这是因为分组每经过一个路由器,路由器都要重新计算一下首部校验和(一些字段,如生存时间、标志、片偏移等都可能发生变化)。不检验数据部分可减少计算的工作量。为了使读者对于首部校验和有进一步了解,图 4-5(a)所示给出了发送端计算校验和的过程,图 4-5(b)所示给出了接收端检验校验和的过程。

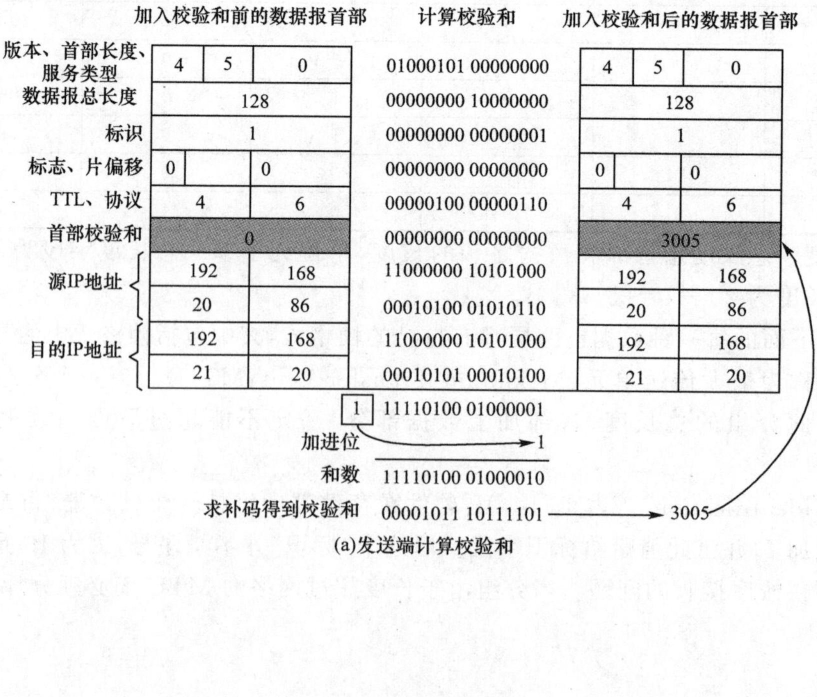

(a)发送端计算校验和

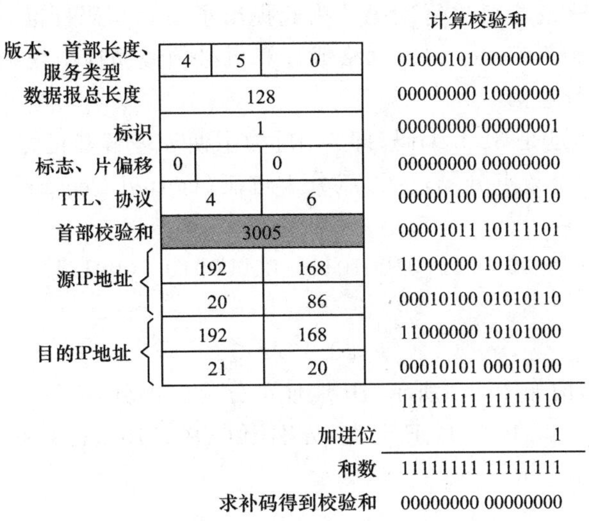

(b)接收端检验校验和

图 4-5 IP 分组中的校验和使用实例

⑪源 IP 地址、目的 IP 地址字段：各占 32 b，用来标明发送 IP 数据报文的源主机地址和接收 IP 报文的目的主机地址。

(2)IP 分组首部的可变部分

IP 首部的可变部分就是一个可选字段。选项字段用来支持排错、测试以及安全等措施，内容很丰富。此字段的长度可变，从 1 个字节到 40 个字节不等，取决于所选择的项目。某些选项项目只需要 1 个字节，它只包括 1 个字节的选项代码。但还有些选项需要多个字节，这些选项一个个拼接起来，中间不需要有分隔符，最后用全 0 的填充字段补齐成为 4 字节的整数倍。

增加首部的可变部分是为了增加 IP 分组的功能，但这同时也使得 IP 分组的首部长度成为可变的。这就增加了每一个路由器处理分组的开销。实际上这些选项很少被使用。新的 IP 版本 IPv6 就将 IP 分组的首部长度做成了固定的。

目前，这些任选项定义如下：

①安全和处理限制(用于军事领域)。

②记录路径(让每个路由器都记下它的 IP 地址)。

③时间戳(让每个路由器都记下它的 IP 地址和时间)。

④宽松的源站路由(为分组指定一系列必须经过的 IP 地址)。

⑤严格的源站路由(与宽松的源站路由类似，但是要求只能经过指定的这些地址，不能经过其他的地址)。

这些选项很少被使用，并非所有主机和路由器都支持这些选项。

4.3.2 IP 地址格式

1. IP 地址分类

TCP/IP 是面向网络互联而建立的一种网络体系。为了进行网络互联，就要考虑不同的网络互联之后，一个网络中的某台主机与另一个网络中的某台主机之间的通信问题。也就需要对所有连接起来的主机进行编码。为此提出了一套编码标准，这个编码标准称为 IP 地址。所有想要连接到 Internet 中的网络或计算机必须遵循这个规则，申请到合法的 IP 地址，才可以被识别，进行通信。

IPv4 规定的 IP 地址是 32 b 编码，即 4 B。为了便于理解和记忆，通常将每个字节用一个十进制数表示，并用小数点分隔，称为点分十进制(Dotted Decimal Notation)码。例如某 IP 地址为

10000000　00001010　00000010　00011110

可以写为

128.10.2.30

五类 IPv4 地址结构如图 4-6 所示，IP 地址可分为三部分：

(1)类型标志，分为 A、B、C、D、E 五类，分别用 0、10、110、1110 和 11110 标识。

(2)网络标识符(netID)。

(3)主机编号(hostID)。

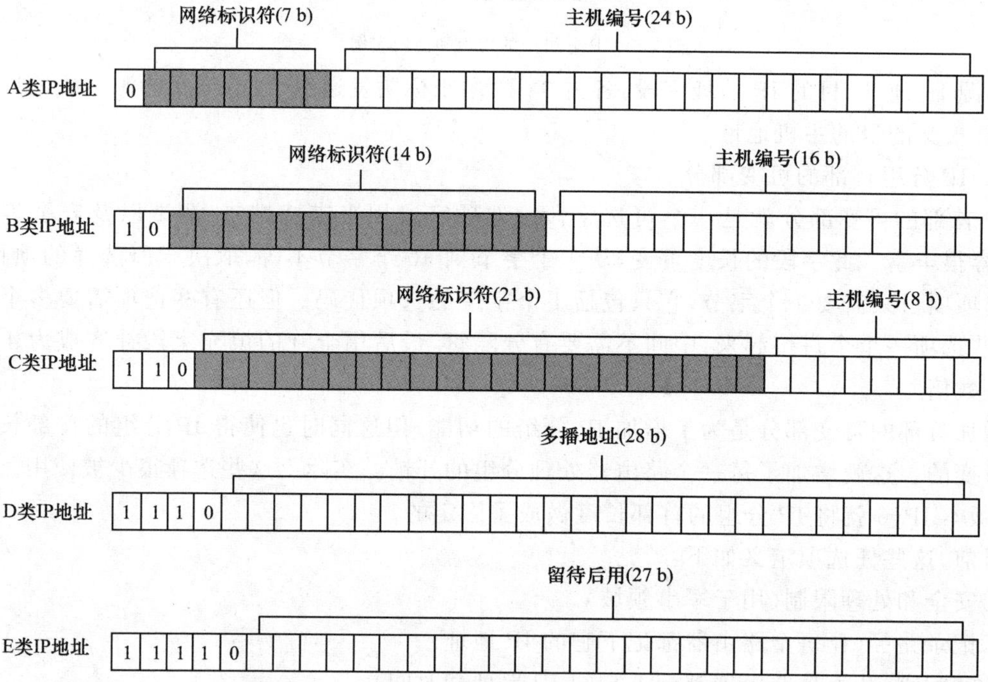

图 4-6　五类 IPv4 地址结构

A、B、C 是三类基本 IP 地址类型，区别仅在于网络大小不同，A、B、C 三类基本 IP 地址类型与规模见表 4-3。

表 4-3　　A、B、C 三类基本 IP 地址类型与规模

类别	类型标识	网络规模	netID 位数	可编址网络数	hostID 位数	每个网络最多主机数	IP 地址范围
A	0	巨型网络	7	126	24	16 777 214	1.0.0.0～127.255.255.255
B	10	大型网络	14	16 383	16	65 534	128.0.0.0～191.255.255.255
C	110	中小型网络	21	2 097 151	8	254	192.0.0.0～255.255.255.255

D类地址是一种多址广播地址格式,用1110作为标志,netID的范围为224～239。

E类地址是为研究和实验保留的地址,用11110作为标志,netID的范围为240及以上。例如,128.10.2.30显然是一个B类地址。由于B类地址网络地址占2 B,所以,其网络地址为128.10,网络内主机地址为2.30。

2. IP地址的重要特点

(1)在Internet网络中,只用IP地址中的netID来标识主机所在的网络,即netID相同的主机就认定是网络中的主机,不管它们物理上是如何连接的。

(2)不同netID的局域网或主机之间必须使用路由器连接。

(3)路由器一个端口用来连接一个网络。当一台路由器连接多个网络时,它的多个端口都会有一个netID不同的IP地址。一台路由器最少连接两个网络,即它最少有两个netID不同的IP地址。

(4)路由器仅根据netID转发分组,即路由表中只需存储网络号,无须存储主机号。这样可以减少路由表的存储量,提高路由器的处理速度。

(5)两台路由器可以直接相连。这时,这条连线就被看成一个逻辑上的网络,其连接的两个端口可以分配一个IP地址,也可以不分配。若不分配IP地址,就被称为无编号网络(Unnumbered Network)或匿名网络(Anonymous Network)。

(6)一台主机也可以拥有两个netID不同的IP地址。这样的主机称为多属主机(Multihomed Host)。

3. IP地址的使用约束

(1)私有IP地址

在规划的时候,将IP地址分为私有地址和公有地址,私有地址只能在内部网络使用,不能在互联网使用,因为这样的地址是互联网的不合法地址。在A、B、C三类地址中都选择一部分地址作为私有地址:

A类地址中,netID为10的所有IP地址。

B类地址中,netID为172.16～172.31的所有IP地址。

C类地址中,netID为192.168的所有IP地址。

(2)受限IP地址

netID全0,只用作源地址,表示本网,不路由;若hostID全0,在DHCP协议中指本机。

netID为1(全255),仅用作目的地址,代表所有网络;若hostID全0,仅作子网掩码。

hostID全0,仅表示网络地址,不可用作源地址。

hostID全1,不可作源地址,仅向指定网络广播。

netID为127,仅可以用作本地软件环回测试。

4. IP地址的分配与申请

为了确保一个IP地址对应一台主机,IP地址由互联网名称与数字地址分配机构(Internet Assigned Numbers Authority,IANA)统一编号,并交由Internet名字与号码指派公司(Internet Corporation for Assigned Names and Numbers,ICANN)进行统一分配。

ICANN 将地址的分配授权给区域性互联网注册机构(Regional Internet Registry,RIR)负责地区的登记注册申请。现在全球有 5 个 RIR:

(1)欧洲 IP 地址注册中心(Reseau IP Europeans,RIPE)——服务于欧洲、中东地区和中亚地区。

(2)拉丁美洲和加勒比海 Internet 地址注册中心(Latin American and Caribbean Internet Address Registry,LACNIC)——服务于中美、南美以及加勒比海地区。

(3)美国 Internet 编号注册中心(American Registry for Internet Numbers,ARIN)——服务于北美地区和部分加勒比海地区。

(4)非洲网络信息中心(Africa Network Information Center,AFRINIC)——服务于非洲地区。

(5)亚太地址网络信息中心(Asia Pacific Network Information Center,APNIC)——服务于亚洲和太平洋地区的国家。

另外,许多国家和地区都成立了自己的域名系统管理机构,负责从前述 5 个机构获取 IP 地址资源后在本国或本地区的分配与管理事务。这些国家和地区的域名系统管理机构大多属于半官方或准官方机构。但在实际运作过程中,相关国家或地区的政府至少在业务上对其不加干预,使其成为前述 5 个机构之一在该国家或地区的附属机构。如日本的 JPNIC 和中国的 CNNIC 均属此种机构。

获得公有 IP 地址的方法:向 InterNIC 申请,也可以向 ISP 申请。

4.3.3 子网划分与子网掩码

1. 子网与子网编码

任何一个 A、B、C 类 IP 地址都对应着一定规模(主机数目)的网络,是一种二级地址。当实际的网络规模接近 IP 地址的主机 ID 上限时,该 IP 地址才能得到充分利用。例如,一个实际网络中的主机数为 250 台左右时,申请一个 C 类地址最为合理。若实际的网络规模较小,如只有 30 台左右的主机时,独自占用一个 C 类地址会造成地址资源的浪费,较合理的做法是将一个 C 类地址分给若干个小的网络共同使用。具体办法是从 hostID 域中借用某几位高位作为子网的 subnetID 域,形成如图 4-7 所示的三级 IP 地址结构。

这样,网关(连接物理网络的路由器)的路由表就被分成两级:先识别由 netID 标识的路由,以确定一个逻辑的网络;再在该逻辑的网络内部用 subnetID 来确定具体的子网。

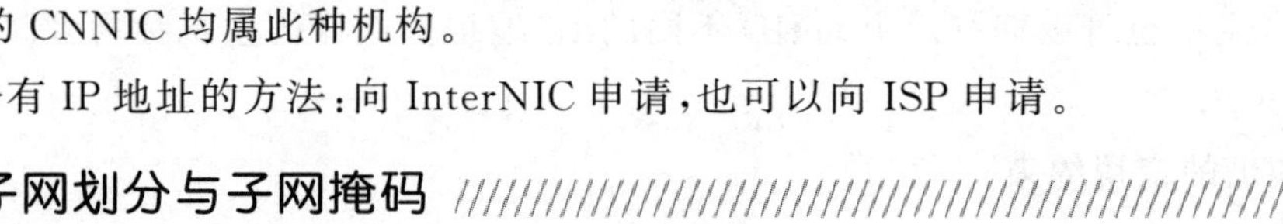

图 4-7 三级 IP 地址结构

2. 子网掩码与子网划分

三级 IP 地址提供了有效的、灵活的使用 IP 地址资源的手段。但是,带来的问题是,路由器如何判断到底一个 IP 地址中有多少位用于子网编码呢？在二级地址中，可以用类型标识来判断这个 IP 地址是哪类地址，得到 netID 有多少位的信息。在三级 IP 地址中，虽然还有这个信息，但没有 subnetID 是多少位的信息了。为此必须另外提供一个关于网络码有多少位的信息，这个信息用子网掩码(Subnet Mask) 表示。

子网掩码是一种 32 位的位模式。RFC 文档中规定：每个使用子网的节点都选择一个 32 位的位模式，用这个位模式的 1 位来对应 IP 地址中网络地址(netID 和 subnetID)中的一位，用位模式中的 0 位来对应 IP 地址中主机地址中的一位。虽然，RFC 文档中没有强求子网掩码中的 1 和 0 必须连续，但这种连续的 1 和 0，可以清晰地表明哪一段是网络地址，哪一段是主机地址。

子网掩码的作用是进行子网划分。划分的方法是对 IP 地址与子网掩码进行“与”运算，得到的就是子网的网络地址。如图 4-8 所示为一个子网划分实例。

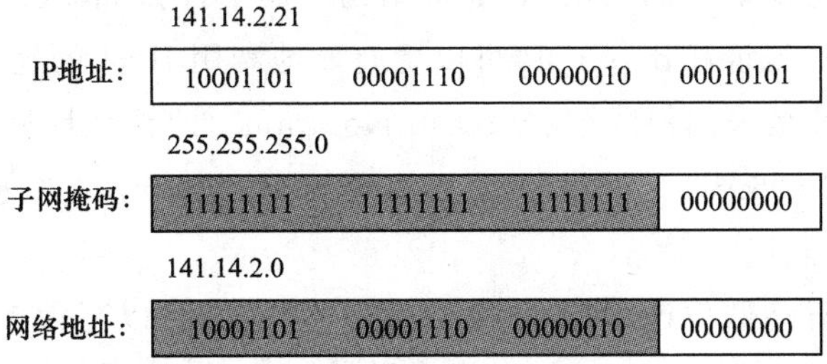

图 4-8 子网划分实例

【例 1】 将一个有 256 台主机、网络号为 200.15.192 的 C 类网络分为两个相同的各拥有 128 台主机的子网。

在网络号为 200.15.192 的 C 类网络中，主机的编号为 200.15.211.0～200.15.211.256。由于要将一个 C 类网络分为两个子网，因而要在其 hostID 域中借用最高一位，子网掩码由 C 类的默认掩码 255.255.255.0 变为 255.255.255.128，即

11111111.11111111.11111111.10000000

以此类推，要划分为 4 个子网，应借用 2 位；要划分为 8 个子网，应借用 3 位……

【例 2】 对于一个 C 类网络 202.113.240，可以将子网掩码 255.255.255.224 划分为 8 个子网，每个子网有 32 个 IP 地址：

202.113.240.0～202.113.240.31

202.113.240.32～202.113.240.63

……

202.113.240.224～202.113.240.255

应当注意，不管如何划分，一个网络中可容纳的主机总数不会增多。

RFC 950 成为 Internet 的正式标准后，子网掩码随之成为网络或子网的重要信息，所有的网络配置必须确定子网掩码，路由器在与相邻路由器交换路由信息时，必须同时传递子网掩码，即一个路由器连接几个网络，就有几个 IP 地址和相应的子网掩码。

3. 默认子网掩码

路由器要求子网掩码，因此当网络中没有子网时，A、B、C 三类网络就要使用如下默认子网掩码：

- A 类网络：11111111000000000000000000000000，即 255.0.0.0。
- B 类网络：11111111111111110000000000000000，即 255.255.0.0。
- C 类网络：11111111111111111111111100000000，即 255.255.255.0。

4.3.4 无分类编址方法 CIDR 与超网

IP 的无分类编址，也称无分类域间路由选择(Classless Inter-Domain Routing，CIDR)，它有如下三个特点：

(1)使用变长的“网络前缀”(Network-Prefix)代替分类地址中的网络号和子网号，形成＜网络前缀＞＋＜主机地址＞的两层 IP 地址结构。其中，网络前缀的位数可以由网络管理员自行定义。与三层的编址相比，CIDR 可以更有效地利用 IPv4 的地址空间。

常用的 CIDR 编址是采用斜线记法(Slash Notation)，即在地址后面加斜线标以网络前缀占用的位数。如 127.16.34.20/22，表示上述地址中，前 22 位(二进制)用于表示网络前缀，后 10 位表示主机地址。

斜线记法还允许省略低位连续的 0，如 127.0.0.0/22，可以写为 127/22。

(2)CIDR 将网络前缀相同的连续 IP 地址称为“CIDR 地址块”。CIDR 地址块用地址块的起始地址和地址块中的地址数定义，并且也可以用斜线记法表示。例如，127.20.32.0/20 表示该地址块的起始地址为 127.20.32.0，共有 2^{12} 个地址。如图 4-9 所示为其二进制表示。

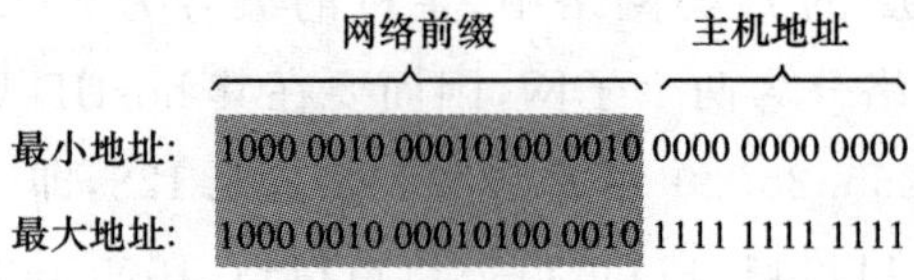

图 4-9 127.20.32.0/20 的二进制表示

这个 CIDR 地址块中的最小地址中的主机地址为全 0，最大地址为全 1。这两个地址一般不用，真正使用的是这两个地址之间的地址。

斜线记法既可以标记单地址，也可以标记块地址。两者的区分要通过上下文分析。

使用 CIDR，不仅可以划分出比 C 类网小的 CIDR 地址块，还可以聚合形成比 C 类地址大的 CIDR 地址块。这样，在路由表中，使用一个网络前缀项目就可以表示多个原来分类地址的路由，形成路由聚合(Route Aggregation)或构成超网(Supernetting)。

(3)路由聚合可以大大减少路由表中的项目数，减少路由器之间的路由选择信息的交换，提高整个 Internet 网络的性能。使用 CIDR 后，路由表的栏目改为由网络前缀和下一跳地址组成。

CIDR 的 RFC 文档(RFC 1517～RFC 1520)于 1993 年形成，现在 CIDR 已经成为 Internet 的建议标准协议。

4.3.5 ICMP

1. ICMP 及其提供的服务

IP 虽然实现了各种不同网络的互联，但由于它提供的是一种不可靠的无连接分组服务，它关注的重点是如何将数据传输到目的地，至于传输过程中是否有丢失数据包、数据包是否被篡改、IP 分组的顺序是否正确、超时等问题，IP 是无能为力的。然而这些问题又必须处理。为此在 IP 层引入了一个子协议：网际控制消息协议(Internet Control Message Protocol，ICMP)。ICMP 是一种差错报告机制，它为路由器或目标主机提供了一种方法，使它们能把遇到的差错报告给源主机。

具体地说，ICMP 提供如下服务：

- 测试目的主机可到达性和状态，如接收设备接收 IP 分组时缓冲区是否够用。
- 将不可到达的目的主机报告给源主机。
- 进行 IP 分组流量控制。
- 向路由器发送路由改变请求。
- 检测循环(由此会引发“广播风暴”)或超长路由。
- 报告错误 IP 分组头。
- 获取网络地址。
- 获取子网掩码。

2. ICMP 报文

ICMP 报文封装格式如图 4-10 所示，ICMP 报文被封装在 IP 分组中，具体内容与类型有关。

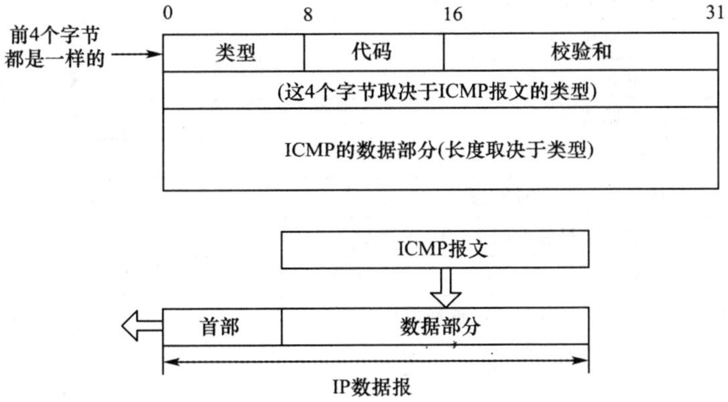

图 4-10 ICMP 报文封装格式

ICMP 报文种类见表 4-4，ICMP 报文分为查询报文和差错报告两大类，每一大类又分为若干种，但常用的有如下几种。

表 4-4　　ICMP 报文种类

类型	代码	描述	查询	差错
0	0	回显应答(Ping 应答)	●	
3		目的不可达：		
	0	网络不可达		●
	1	主机不可达		●
	2	协议不可达		●
	3	端口不可达		●
	4	需要进行分片但设置了不分片比特		●
	5	源站选路失败		●
	6	目的网络不认识		●
	7	目的主机不认识		●
	8	源主机被隔离(作废不用)		●
	9	目的网络被强制禁止		●
	10	目的主机被强制禁止		●
	11	由于服务类型 TOS，网络不可达		●
	12	由于服务类型 TOS，主机不可达		●
	13	由于过滤，通信被强制禁止		●
	14	主机越权		●
	15	优先权中止生效		●
4	0	源点抑制(基本流控制)		●
5		重定向：		
	0	对网络重定向		●
	1	对主机重定向		●
	2	对服务类型和网络重定向		●
	3	对服务类型和主机重定向		●
8	0	请求回显(Ping 请求)	●	
9	0	路由器通告	●	
10	0	路由器请求	●	
11		超时：		
	0	传输期间生存时间为 0(Traceroute)		●
	1	在数据报组装期间生存时间为 0		●
12		参数问题：		
	0	坏的 IP 首部(包括各种差错)		●
	1	缺少必需的选项		●
13	0	时间戳请求	●	
14	0	时间戳应答	●	
15	0	信息请求(作废不用)	●	
16	0	信息应答(作废不用)	●	
17	0	地址掩码请求	●	
18	0	地址掩码应答	●	

(1)差错报告报文

发现问题时即刻发送差错报告。报告内容为一个类型数字代码,常用的有五种:

- 3,目的不可达,即不能向路由器或主机交付 IP 分组。
- 4,源点抑制(Source Quench),因拥塞主机或路由器丢弃分组。
- 5,改变路由——重定向。
- 11,超时,路由器收到 TTL 为 0 的分组。
- 12,参数问题,路由器或主机收到的分组首部中有的字段值不正确。

如图 4-11 所示为 ICMP 差错报告报文的数据字段结构。

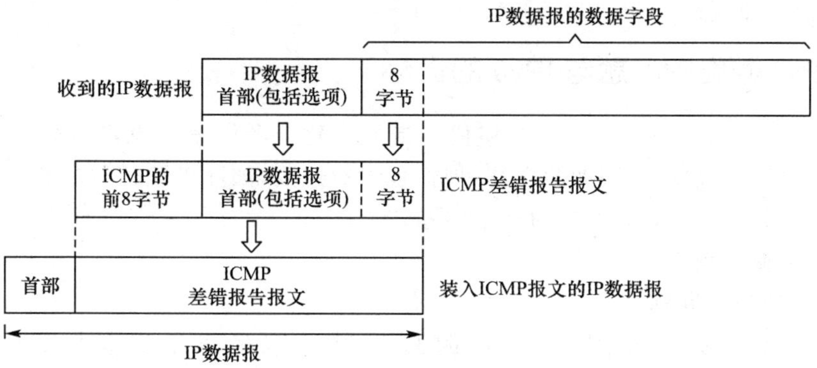

图 4-11 ICMP 差错报告报文的数据字段结构

(2)问题不报告报文

下面是遇到问题不发送 ICMP 差错报告报文段的情况:

- 对 ICMP 差错报告报文出错。
- 第一分片的分组片的所有后续分组片。
- 具有多播的分组。
- 具有特殊地址(如 127.0.0.0 或 0.0.0.0)的分组。

(3)查询报文

发出查询请求和回答查询请求的报文。常用的有两种:

- 8 或 0,回送(Echo)请求或回答,一般用来测试目的站是否可以到达等信息。
- 13 或 14,时间戳(Timestamp),一般用于测试时钟同步和时间。

4.4 IPv6

4.4.1 IPv6 简介

IPv6 是 Internet Protocol Version6 的缩写,其中 Internet Protocol 译为"因特网协议"。现在使用的 IPv4 技术的核心技术属于美国,它的最大问题是网络地址资源有限,从理论上讲,可编址 1 600 万个网络、40 亿台主机。但采用 A、B、C 这 3 类编址方式后,可用的网络地址和主机地址的数目大打折扣,以至 IP 地址已于 2011 年 2 月 3 日分配完毕。其中,北美占有 3/4,约 30 亿个,而人口最多的亚洲只有不到 4 亿个,远不能满足需求。IP 地址不足,严重地制约了我国及其他国家 Internet 的应用和发展。

一方面,是地址资源数量的限制;另一方面,随着电子技术及网络技术的发展,计算机网络将进入人们的日常生活,可能身边的每一样物品都需要连入 Internet。在这样的环境下,IPv6 应运而生。单从数量级上来说,IPv6 所拥有的地址数量是 IPv4 的约 8×10^{28} 倍,达到 2^{128}(包含全 0 的 IP 地址)个。这不但解决了网络地址资源数量有限的问题,而且为除计算机外的设备连入 Internet 在数量限制上扫清了障碍。

在 IPv6 的设计过程中除了一劳永逸地解决了地址短缺问题以外,还考虑了在 IPv4 中解决不好的其他问题。

4.4.2 IPv4 面临的问题与 IPv6 的优势

Internet 最先出现在 20 世纪 60 年代。当初的建造者们怎么也没有想到,它的发展能够如此迅猛,应用的领域能够如此广泛;他们也没有想到,如此迅速的发展和广泛的应用,也给 Internet 自身带来了无法回避的严重问题。

1. IPv4 面临的问题

(1)IP 地址空间问题

随着 Internet 的广泛应用和用户数量的急剧增加,只有 32 位(地址数量为 4.3×10^{9})的 IPv4(IPv1～IPv3 从来没有被正式使用过,IPv5 仅用来命名 Internet 面向连接的协议 STP)地址危机已经展现在人们眼前。

(2)QoS 保证问题

服务质量(Quality of Services,QoS)通常是指通信网络在承载业务时为业务提供的品质保证。不同的通信网络对于 QoS 的定义不同。数据网络的 QoS 通常用业务传输的延迟、延迟变化、吞吐量和丢包率来衡量。

IPv4 采用无连接的分组转发方式传输数据。它的分组转发采取了“尽力而为”的机制。这样的机制,对于流量较少、对实时性要求不高的应用来说,没有多大问题。但是,随着数据流量的增加(如多媒体数据),传输延迟就会明显,信息传输就会出现中断现象。如图 4-12 表明当 A 和 B 都有数据要通过 Internet 传输到 C 时,分组就会出现间断现象。

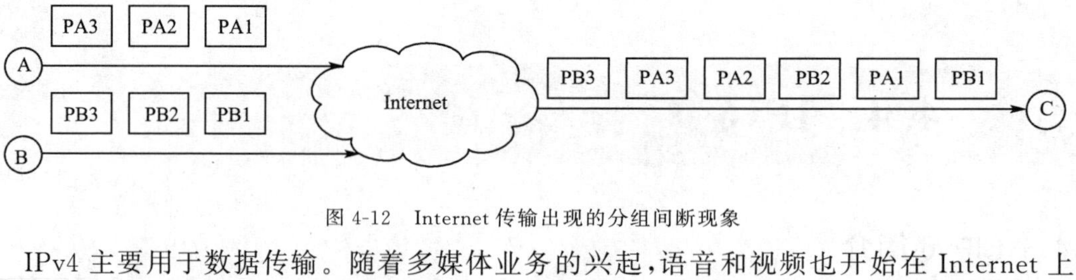

图 4-12 Internet 传输出现的分组间断现象

IPv4 主要用于数据传输。随着多媒体业务的兴起,语音和视频也开始在 Internet 上传输。而语音和视频业务要求一定的连续性、相关性和实时性,对网络的 QoS 有较严格的要求,这是目前的 Internet 难以保证的。

(3)与新标准、新协议兼容问题

当初的 Internet 以高效率为目标,为了提高节点处理数据包的速度,网络节点根据数据包头的内容对数据包进行一致性处理。而IP数据包的包头中虽然有几个可选项，但基本上是固定的。这虽然简化了节点的协议处理，但增加了容纳新标准、新协议的困难度。

(4)移动通信设备的连接问题

目前的Internet中，主机的IPv4地址与其地理位置（网络）有关，这就为移动设备的连接带来困难。

(5)安全问题

当初的Internet主要面向教育、科研服务，并且以信息共享为宗旨，对管理和安全考虑不足。随着其应用范围的扩大，安全的脆弱性迅速暴露。

为了解决上述问题，IETF提出了新一代IP，即IPv6。

2. IPv6的优势

与IPv4相比，IPv6主要有如下优点：

(1)明显地扩大了地址空间。IPv6采用128位地址长度，几乎可以不受限制地提供IP地址，从而确保了端到端连接的可能性。

(2)提高了网络的整体吞吐量。由于IPv6的数据包可以远远超过64 KB，应用程序可以利用最大传输单元获得更快、更可靠的数据传输，同时在设计上改进了路由选择结构，采用简化的报头定长结构和更合理的分段方法，使路由器加快数据报处理速度，提高了转发效率，从而提高网络的整体吞吐量。

(3)使得整个服务质量得到很大提高。报头中的业务级别和流标记通过路由器的配置可以实现优先级控制和QoS保障，从而极大提高了IPv6的服务质量。

(4)安全性有了更好的保证。采用互联网安全协议(Internet Protocol Security，IPSec)可以为上层协议和应用提供有效的端到端安全保证，能提高IP层的安全性。

(5)支持即插即用和移动性。设备接入网络时通过自动配置可自动获取IP地址和必要的参数，实现即插即用，简化了网络管理，易于支持移动节点。而且IPv6不仅从IPv4中借鉴了许多概念和术语，它还定义了许多移动IPv6所需的新功能。

(6)更好地实现了多播功能。在IPv6的多播功能中增加了“范围”和“标志”，限定了路由范围并可以区分永久性与临时性地址，更有利于多播功能的实现。

4.4.3 IPv6地址结构

IPv6的地址是一个128位二进制数组成的地址，即使用点分十进制写，也是相当长的。例如：

10.220.136.100.255.255.255.255.0.0.18.128.140.10.255.255

为了缩短地址的书写长度，便于记忆，IPv6的设计者们建议使用一种更紧凑的书写格式——冒分十六进制表示法(Colon Hexadecimal Notation)。这样，上述地址就可以记为

69DC:8864:FFFF:FFFF:0:1280:8C0A:FFFF

在此基础上，人们又提出压缩零(Zero Compression)表示法。例如：

69DC:0:0:0:0:0:0:B1

可以压缩地表示为

69DC::B1

4.4.4 从 IPv4 向 IPv6 的过渡

随着 IPv4 地址即将枯竭，如何从 IPv4 转向 IPv6，即从 IPv4 向 IPv6 过渡的问题越来越突出。但是由于 IPv6 与 IPv4 不兼容，这一转换过程有许多困难。目前，IETF 的研究从 IPv4 向 IPv6 过渡的专门工作组已经提出了许多方案，这些方案主要有以下几类：

1. 双协议栈技术

IPv4/v6 双协议栈的协议结构如图 4-13 所示，IPv6 与 IPv4 虽然格式不兼容，但它们具有功能相近的网络层协议，都基于相同的物理网络，而且加载于其上的 TCP 和 UDP 完全相同。因此，如果一台主机能同时运行 IPv4 和 IPv6，就有可能逐渐实现从 IPv4 向 IPv6 过渡。

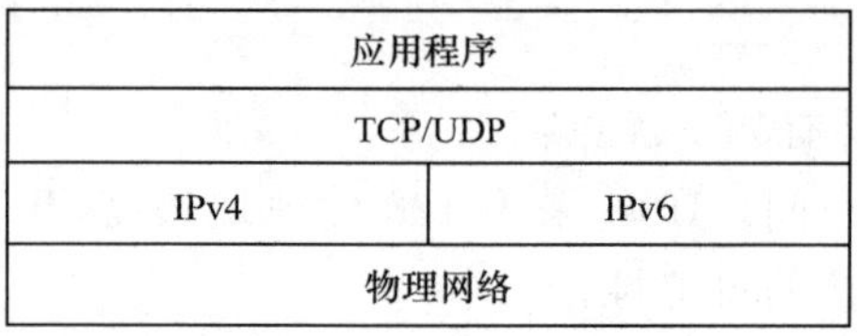

图 4-13 IPv4/v6 双协议栈的协议结构

2. 网络地址转换-协议转换技术

网络地址转换-协议转换（Network Address Translation-Protocol Translation，NAT-PT）技术通过与 SIIT 协议转换和传统的 IPv4 下的动态网络地址转换（Network Address Translation，NAT）及适当的应用层网关（Application Layer Gateway，ALG）相结合，实现只安装了 IPv6 的主机与只安装了 IPv4 的主机间大部分应用的相互通信。

3. 6 over 4 隧道技术

随着 IPv6 标准的推广，IPv6 的实验网络已经遍布全球。6 over 4 隧道技术就是设法在现有的 IPv4 网络上开辟一些“隧道”将这些局部的 IPv6 网络连接起来。具体方案是，将 IPv6 数据分组封装入 IPv4，送入隧道，IPv4 分组的源地址是隧道入口，IPv4 分组的目的地址是隧道出口。IPv4 分组穿过隧道后，在出口处再取出 IPv6 分组转发给目的站点。由于隧道技术只在隧道入口和出口处进行修改，因此实现起来比较容易。但无法实现 IPv6 主机与 IPv4 主机间的直接通信。

4. 6 to 4 隧道技术

6to4 隧道技术简称 6to4 技术，它是一种自动构造隧道的技术。它在 IPv4NAT 中加入对 IPv6 和 6to4 的支持，成为一个非常吸引人的方案。6to4 的关键是它可以自动从 IPv6 地址的前缀中提取一个 IPv4 地址。这样，当用隧道将一个 IPv6 的出口路由器与其他 IPv6 域建立连接时，IPv4 隧道的末端就能从 IPv6 的地址中自动提取出来，从而在 IPv4 的海洋中将各个 IPv6 孤岛相互连接。

4.5 路由协议

路由是 IP 层的核心职能。它涉及路由表、路由算法和路由协议，并由路由器实现。

4.5.1 路由器及其工作流程

1. 路由器的作用

(1)连通不同的网络。路由器位于不同网络的边界处,一方面起异种网络互联与多个子网互联的作用;另一方面也可以把一个网络连接到 Internet 或其他广域网络。如图 4-14 所示为将一个园区网接入 Internet 的实例。

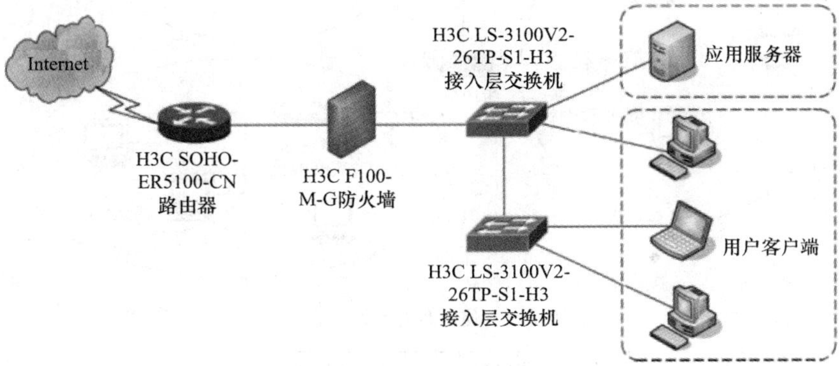

图 4-14 园区网接入 Internet 的实例

(2)路由——选择信息传送的路径。路由器工作在网络低三层的设备,其主要工作就是为经过路由器的每个数据包寻找一条合适的传输路径,将该数据有效地传送到目的站点。也就是说,其对分组进行转发的依据是 IP 规定的网络地址,而不像交换机那样依据的是主机的物理地址。进一步说,它就是执行适当的路由协议。

(3)隔离广播、划分子网。在物理网中传播的帧,可以分为三种:单播帧、多播帧和广播帧。单播帧属于“点对点”通信;多播帧可以理解为一个人向多个人(但不是在场的所有人)说话,这样能够提高通话的效率;广播帧就是发向网内所有站的帧。目的 MAC 地址是“FF. FF. FF. FF. FF. FF”的帧就是广播帧。

广播帧并非完全人工所为,病毒、网卡损坏、网络环路等,都可能产生广播帧。当大量广播帧同时在网络中传播时,就会发生很多的数据包碰撞。而网络为了缓解由于这些碰撞造成的发送失败,就要重传更多的数据包,导致更大量的广播流,从而使网络可用带宽减少,并最终使网络失去连接而瘫痪。这一现象称为广播风暴。

但是对于广播帧,交换机执行的操作是将之转发到所有端口。所以交换机可以分隔冲突域,减少碰撞,但不能避免或减少广播流。抑制广播风暴的基本方法是隔离广播域。显而易见的解决方法是限制以太网上的节点,这就需要对网络进行物理分段。路由器能将不同的用户划分到各自的广播域中。或者说,将网络进行物理分段的传统方法是使用路由器。

如图 4-15 所示为使用路由器划分子网的实例。

2. 路由器工作流程

如图 4-16 所示为路由器的工作流程。

下面分别介绍路由器工作流程中各步所进行的工作。

(1)接收帧,拆包分解出 IP 分组。当封装有 IP 分组的数据帧沿某个物理网传送到路由器的某个端口时,路由器的低层驱动程序按照相应的数据链路协议接收这个帧,并从中分解出 IP 分组交给 IP 层处理。

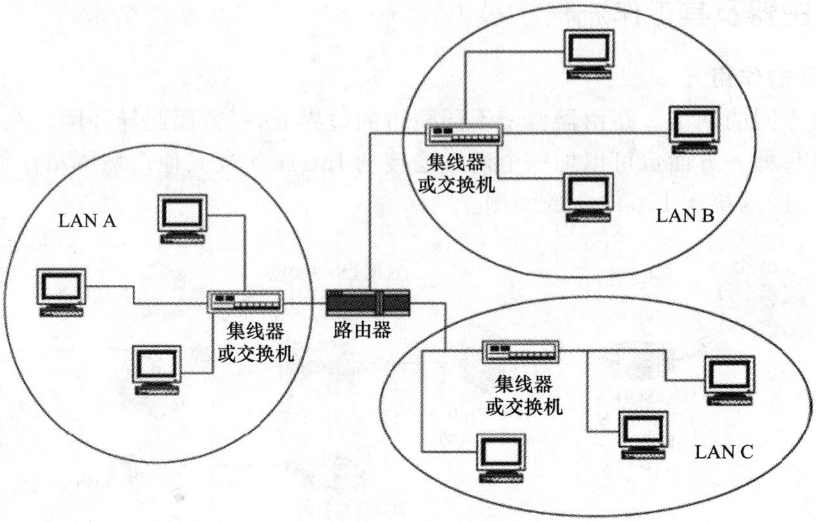

图 4-15　使用路由器划分子网

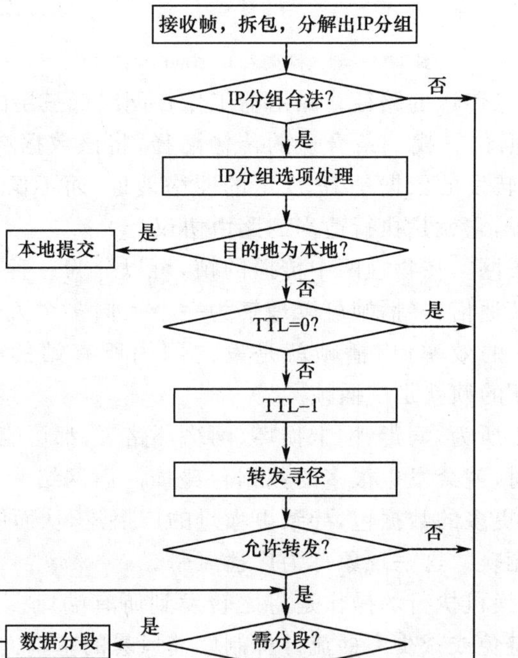

图 4-16　路由器工作流程

(2)验证 IP 分组的合法性。对 IP 分组按下列项目进行合法性验证：

• 帧的长度必须能容纳下 IP 分组。

• IP 校验和正确。

• 目前 IP 版本号为 4。

• IP 报头长度必须足够大，可以容纳下最小的 IP 分组(20 B)。

• IP 分组必须足够大，要能容纳下 IP 分组头。

(3)IP 分组选项处理。根据不同的路由选项类型，路由器在选项数据域中写入不同的内容：

• 记录路由选项，写入自己的 IP 地址。

• 时间戳选项，写入自己的 IP 地址以及当前世界标准时间计算值(以毫秒为单位)。

• 源路由选项，先写入自己的 IP 地址，然后做进一步处理。

(4)确定 IP 分组是本地提交还是转发。

路由器收到一个 IP 分组有三种处理方式：

• 转发，IP 分组中含有一个源路由选项时进行该处理。

• 本地提交，IP 分组的目的地址或非转发组播地址中的一个与路由器一个端口地址相符时进行该处理。

• 既转发又提交，IP 目的地址是广播地址或是一个组播地址时进行该处理。

(5)TTL 处理。生存时间(Time To Live，TTL)用于限制数据包的生存时间，由一个倒计时时钟控制。通常数据包每经过一个路由器，该时钟减 1。当 TTL=0 时，传送超时，该数据包即被丢弃。

(6)转发寻径。IP 选择路由是基于目的网络号，而不是基于目的主机。一个路由表包含许多(N,G)对，N 是目的 IP 网络号，G 是通过路由表可以将 IP 分组送到网络 N 的网关(连接物理网络的路由器)的 IP 地址。当收到一个 IP 分组时，首先通过网络掩码屏蔽操作从目的 IP 地址中找出目的网络号，接着按目的网络号在路由选择表中查找匹配的表项：

• 未找到相匹配的表项时，把该 IP 分组放入默认的下一路径的对应发送缓冲区中排队输出。

• 若找到，则把该 IP 分组放入路由选择表指定的发送缓冲区中排队输出。

(7)转发验证。在转发数据分组之前，路由器要有选择地进行一些验证工作，提供一定的安全措施，防止外部主机伪装成内部主机的攻击，如：

• 将 IP 源地址和目的地址不合法的数据分组丢弃。

• 将非法广播和组播数据分组丢弃。

• 通过设置分组过滤和访问列表功能，限制某些方向上的数据分组转发。

(8)数据分组分段。当要转发的 IP 分组长度大于输出到的物理网络的 MTU 时，路由器就要对该数据分组分段。分段的原则是提高网络的传输效率，节省带宽，并有利于提高传输路径上路由器的处理效率。Internet 中常用的分段方法有：

• 第 1 段取当前路径上最有效的 MTU，其余平均分配在比 MTU 小一些的段中，这样可减少以后的分段操作。

• 按 MTU 大小分段，余下的为最后一段(小于 MTU)。

• 将 IP 分组都分作不大于 576 B 的段，这可以减少后面的分段，但会增加网络的传输负荷，也会增加目的主机的计算工作量。

需要说明的是，在路由器初始化时，网络管理员为每个转发的网络都配置了一个相应的端口。由这个端口值，可以得到要输出的网络的物理网络类型和它的 MTU 以及相关驱动程序入口。

(9)链路层寻址。路由器在完成了 IP 层的功能后，接下来是找一个相应的物理端口将数据包从链路层发送出去。具体实现时，IP 层只要把 IP 分组的总长度、目的物理网络地址、下一站的 IP 地址告诉驱动程序即可。驱动程序把 IP 分组封装在数据链路层的帧中，并利用 ARP 等地址解析协议把 IP 地址转换为物理地址。

4.5.2 路由算法

路由表算法用于描述路由器转发分组的策略。下面介绍几种基本的路由算法。

1. 洪泛(Flooding)算法

洪泛算法也称扩散式算法。它的基本思想是每个节点收到分组后，即将其发往除分组来的节点之外的其他各相邻节点。可以想象，按照这种算法，网络上的分组会像洪水一样泛滥起来，造成大量的分组冗余，导致网络出现拥塞现象。因此，要限制分组复制的数目。可以有三种方法：第一种方法是在每个分组的头部设一个计数器，用来统计分组到达节点的数量，当计数器超过规定值(如端到端最大段数)时，将之丢弃；第二种方法是在每个节点上建立一个分组登记表，不接收重复的分组；第三种方法是只选择距目标节点近的部分节点发送分组。

洪泛算法具有很好的健壮性和可靠性，适用于规模较小、可靠性要求较高的场合。

2. 热土豆(Hot Potato)算法

通常每个节点要为其连接的相邻节点各建一个分组队列。热土豆算法是节点收到一个分组后，为了尽快脱手，要将其放在最短的队列中，而不管该分组的目标节点是什么。

3. 固定路由算法

固定路由算法也称查表法，它是在网络的每个节点上都存放一个预先计算好的路由表，给出本节点到所有可能的目标节点的最短路径。这样，一个节点每收到一个分组，通过查表就可找出相应的转发出口。如图 4-17 所示为一个固定路由算法的例子。

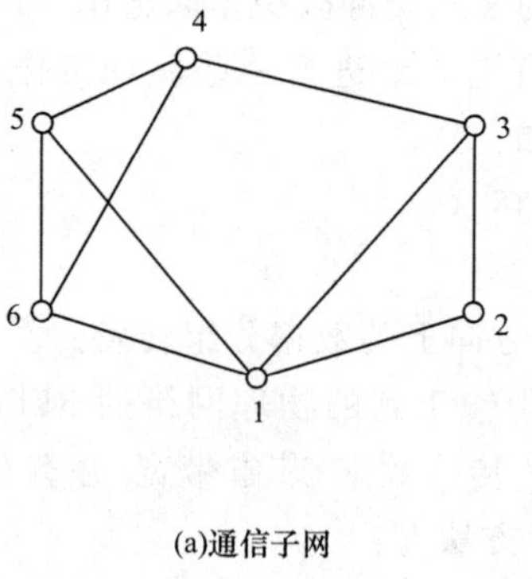

(a)通信子网

后继节点		当前节点					
		1	2	3	4	5	6
目标节点	1	/	1	1	5/6	1	1
	2	2	/	2	3	1	1
	3	3	3	/	3	1/4	1/4
	4	3/6	3	4	/	4	4
	5	5	1	1/4	5	/	5
	6	6	1	1/4	6	6	/

(b)全路由表

图 4-17 一个固定路由算法的例子

固定路由算法简单、实现容易，选择的是最短路径，但是不适应网络的拓扑变化，当被选路由出现故障时，会影响正常传送。改进的方法是为每个节点提供一个次佳路由，当第一路由失效时，启用次佳路由。

固定的路由是静态路由。当网络的拓扑结构发生变化时，要由网络管理员手工修改路由表中的相关路由。静态路由信息在默认情况下是私有的，不会传递给其他的路由器，不过，网络管理员也可以将其设置为共享的。

静态路由适合比较简单的网络环境。在这样的环境中，网络管理员易于清楚地了解网络的拓扑结构设置正确的路由信息，当网络拓扑变化时进行路由信息的调整不需太多的精力。此外，静态路由具有较高的安全保密性。

4. 距离向量(Distance Vector)算法

距离向量算法的原理非常简单：它把每经过一个路由器称为一跳，一条路由上的跳数称为“距离”，然后动态地选择最短距离作为路径。如图 4-18 所示为一个简单的距离向量路由表示例，图中给出了 R_2、R_3 和 R_4 三个路由器的距离向量路由表。

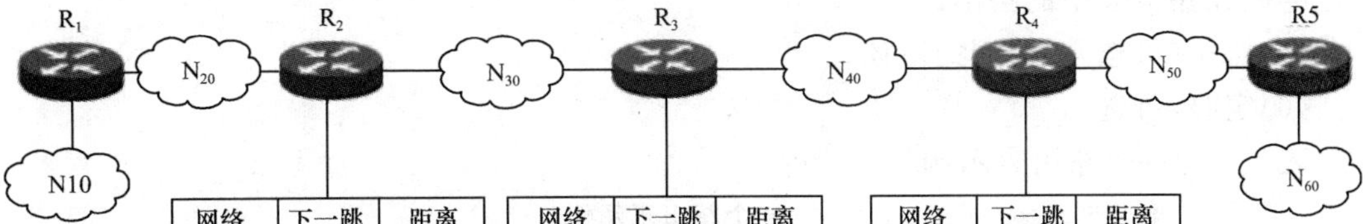

网络	下一跳	距离
N_{10}	R_1	1
N_{20}	直达	0
N_{30}	直达	0
N_{40}	R_3	1
N_{50}	R_3	2
N_{60}	R_3	3

网络	下一跳	距离
N_{10}	R_2	2
N_{20}	R_2	1
N_{30}	直达	0
N_{40}	直达	0
N_{50}	R_4	1
N_{60}	R_4	2

网络	下一跳	距离
N_{10}	R_3	3
N_{20}	R_3	2
N_{30}	R_3	1
N_{40}	直达	0
N_{50}	直达	0
N_{60}	R_5	1

图 4-18　距离向量路由表示例

距离向量算法的主要优点是易于实现和调试，主要用于小型网络中。

4.5.3　路由表

1. 路由表及其结构

路由器的主要工作就是为经过路由器的每个分组寻找一条合适的传输路径，并将该数据有效地传送到目的站点。由此可见，选择最佳路径的策略即路由算法，是路由器的关键所在。为了完成这项工作，在路由器中保存着各种传输路径的相关数据路由表(Routing Table)。路由表或称路由信息库(Routing Information Base，RIB)是一个存储在路由器或者联网计算机中的电子表格(文件)或类数据库。

2. 路由表的类型

(1)静态路由表。静态(Static)路由表是由系统管理员事先设置好固定的路由表，一般是在系统安装时就根据网络的配置情况预先设定的，它不会随未来网络结构的改变而改变。

(2)动态路由表。动态(Dynamic)路由表是路由器根据网络系统的运行情况而自动调整的路由表。路由器根据路由选择协议(Routing Protocol)提供的功能，自动学习和记忆网络运行情况，在需要时自动计算数据传输的最佳路径。

3. 路由表结构

路由表为到达的分组提供了所有可以选择的路由信息。一条路径作为路由表中的一项。一般来说，路由表中的每项都由以下信息字段组成：

(1)目的网络 ID，即主路由的网络 ID 或网际网络地址。在 IP 路由器上，有从目的 IP 地址决定 IP 网络 ID 的其他子网掩码字段。

(2)转发地址(下一跳地址)。数据包转发的地址。转发地址是硬件地址或网际网络地址。对于主机或路由器直接连接的网络,转发地址字段可能是连接到网络的接口地址。

(3)端口,即当将数据包转发到目的网络 ID 时所使用的网络接口。这是一个端口号或其他类型的逻辑标识符。

(4)跃点数(距离),即路由首选项的度量。通常,最小的跃点数是首选路由。如果多个路由存在于给定的目的网络,则使用最低跃点数的路由。某些路由选择算法只将到任意网络 ID 的单个路由存储在路由表中,即使存在多个路由。在此情况下,路由器使用跃点数来决定存储在路由表中的路由。

(5)协议(可选)。适用的协议。

(6)定时(可选)。

表 4-5 为一个路由表示例。

表 4-5　一个路由表示例

目的网络 ID	端口	下一跳	距离	协议	定时
160.4.1.0	e0		0	C	
160.4.1.32	e1		0	C	
160.4.1.64	e1	160.4.1.34	1	RIP	00:00:12
200.12.105.0	e1	160.4.1.34	3	RIP	00:00:12
178.33.0.0	e1	160.4.1.34	12	RIP	00:00:12

4. 路由表项的类型与排列规则

(1)路由表项的类型

路由表由如下四种类型的路由项组成。它们的主要区别在于目的网络地址字段。

①直接路由(Direct Route)。表项中的目的地址字段中的网络号是本地网络,其下一跳地址为空。若选择这项路由,则不再发往其他路由,直接在本网交付给目的主机。

②特定主机路由(Host-Specific Route)。目的地址是特定主机地址。如图 4-19 所示,通过特定主机路由保证分组从 A 到 B 是经过 R_3,而不是经过 R_1。

主机A的路由表

目的站	下一跳
主机B	R_3
N_2	R_1
N_3	R_3
…	…

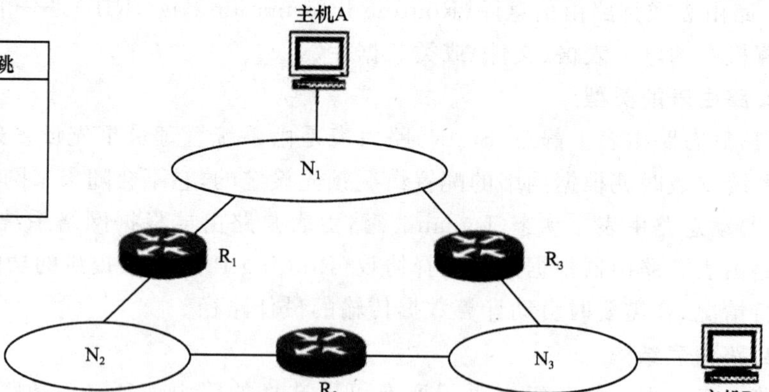

图 4-19　特定主机路由

③特定网络路由(Network-Specific Route)。目的地址是一个网络地址,如图 4-20 所示,主机 S 的路由表中指定的是 N_2。通常,路由表中多是这种项。

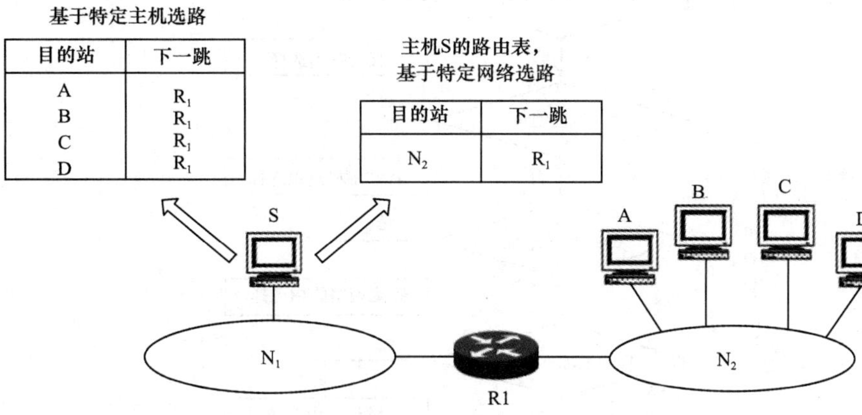

图 4-20 特定网络路由

④默认路由(Default Route)。在路由表中已经制定了一部分网络的路由，其余网络必须通过某一路由才能到达，则该路由就是默认路由，如图 4-21 所示，除 N_2 外的其他网络必须通过 R_2，则该路由就是默认路由。目的地址为 0.0.0.0 的路由是默认路由。

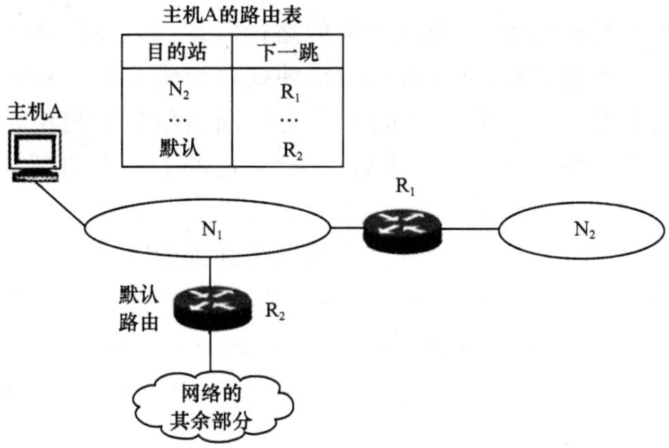

图 4-21 默认路由

(2)路由表项的排列规则

在路由表中表项从前到后的排列顺序：直接路由项、特定主机路由项、特定网络路由项、默认路由项。进行路由选择时，也按照这样的顺序进行，路由表中表项类型选择顺序如图 4-22 所示。

(3)路由器选择的其他原则

①最小地址范围原则，即最长掩码匹配原则。

②如果路由表中目的网段的范围相同，则路由优先级高者优先(优先级数值越小，优先级越高)。

③如果路由表中目的网段的范围相同，并且路由优先级也相同，则开销(Metric)小的优先(开销值越小，开销越小)。

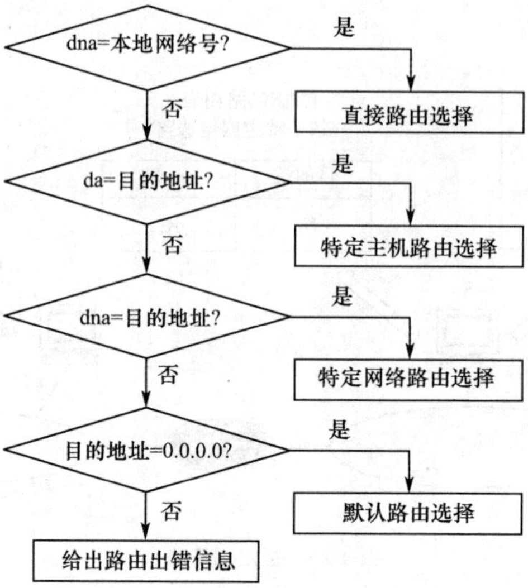

图 4-22　路由表中表项类型选择顺序

4.5.4　路由协议

路由算法用于选择最佳路径,它要以相关的路径信息——路径表(Routing)为依据。而网络拓扑结构和负荷在不断变化,为了准确地反映这些变化的信息网络路径信息,必须不断在各路由器之间进行信息交换。路由器间相互交换网络信息的规范由路由协议定义。在 Internet 中运行着大量的路由协议,这些协议基本上属于动态自适应、分布式路由选择协议。

由于各 ISP 有自己的利益,不愿意提供自身网络详细的路由信息,因而整个 Internet 不适合遵循单一的路由协议。为了保证各 ISP 的利益,便于进行路由选择,Internet 按运营被划分成许多较小的单位——自治系统(Autonomous System,AS)。每个 AS 通常由一个组织中的互联网络构成,由一个单独的管理机构管理(由一个 ISP 运营),有权自主决定本系统内部的路由协议。

划分了自治系统后,就可以把 Internet 中使用的路由协议分为两大类:

(1)内部网关协议(Interior Gateway Protocol,IGP)——在一个自治系统内部使用的路由选择协议与其他自治系统中采用什么路由选择协议无关,主要有 RIP、OSPF 等。

(2)外部网关协议(External Gateway Protocol,EGP)——当两个自治系统中使用不同的路由选择协议时,在两个自治系统之间进行数据报文的转换路由选择协议,主要有 BGP。

1. 路由信息协议

路由信息协议(Routing Information Protocol,RIP)是 IGP 中最早得到广泛应用的协议,其主要优点是简单。

(1)RIP 的基本特点

①仅与相邻路由器交换信息,即不相邻不交换。

②动态更新,定时交换。一个自治系统开始工作时,各路由器首先建立自己的初始路由表;然后周期性地(通常每隔 30 s)更新它的距离向量表,及时交换因拓扑结构变化引起的路

由信息，维护相邻路由器的关系，同时根据收到的路由表计算自己的路由表。图 4-23 所示为使用 RIP 建立路由表的过程举例。

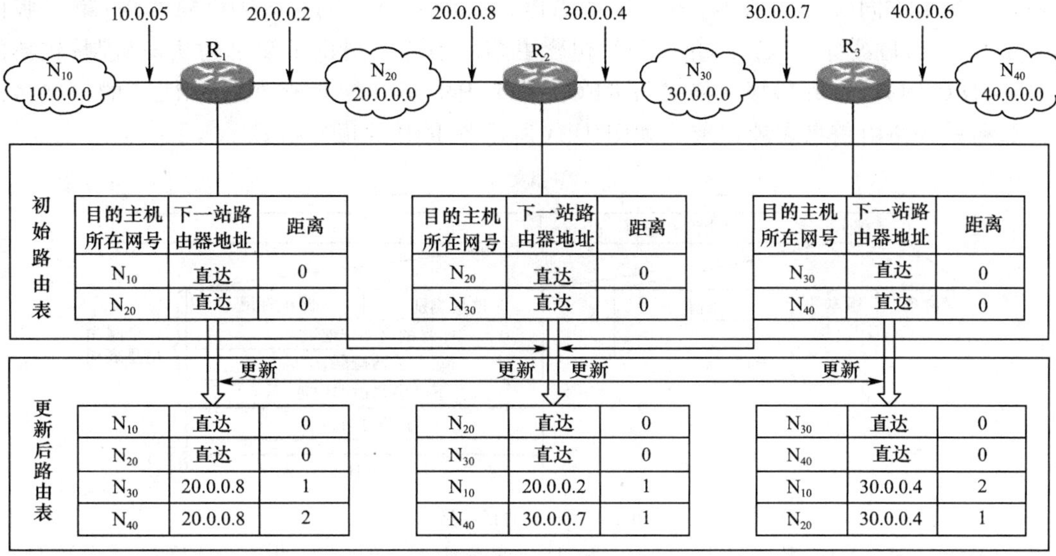

图 4-23　使用 RIP 建立路由表的过程举例

③层距离向量协议。RIP 以距离(跳数)为路由选择的唯一标准，即使还存在另一条高速(低时延)但跳数较多的路由，也只能按照含最少跳数(Hop Count)选择路由。因此，它所使用的路由信息是其全部路由表信息。这种设计加上只与相邻路由器交换信息并只定时交换，所以简单，但影响了 RIP 路由协议的收敛，甚至会出现不收敛的现象。

④适用于小型自治网络。RIP 实现简单，开销较小，但允许一条路由最多只能包含 15 个路由器。即最多 15 个跳数。当距离的最大值达到 16 时，就称为不可到达。可见 RIP 只适用于小型网络。

⑤好消息传得快，坏消息传得慢。如果路由器发现了一条更短的路由，更新消息就会传播得很快；而当网络出现故障时，由于跳数到达 16 才称为不可到达，所以要经过较长时间才能将此信息传送到所有路径。坏消息传播得慢，会使许多更新过程的收敛时间过长，以及故障在网络中停留时间太长。

(2)RIP 报文类型

RIP 通过报文进行信息交换。它有如下两种报文：

①请求报文。RIP 请求报文用于查询相邻 RIP 设备，以获得它们的距离向量表。

②响应报文。RIP 响应报文由一个 RIP 设备发出，用于公告它的本地距离向量表中维护的信息。这个报文在如下几种情形下被发送：

• 如果网络中没有变化，每隔 30 s 自动发送一次更新信息。

• 如果网络有变化，路由器立即发送新的路由表——触发更新。

• 作为对另一个 RIP 节点的请求报文的响应。

当一个 RIP 设备接收到一个响应报文时，便将更新信息与本地距离向量表进行对比。如果更新信息中包含了一条到目的网络的代价更低的路由，则对本地表进行更新。

(3)RIP报文格式

不同网络系统中RIP报文的格式是不相同的。在TCP/IP协议栈中的RIP报文格式已经有了三个不同等级的版本:第一版的RFC 1058(1988)描述了RIP的实现;第二版的RFC 1723(1994)被称作RIP2,允许分组包含更多的信息并提供了简单的认证机制;较新的版本是RFC 2495(1998),报文格式与RFC 1723相同,但性能有所改进。RIP2的报文格式由首部和一些路由信息表项组成。如图4-24所示是RIP的报文格式。

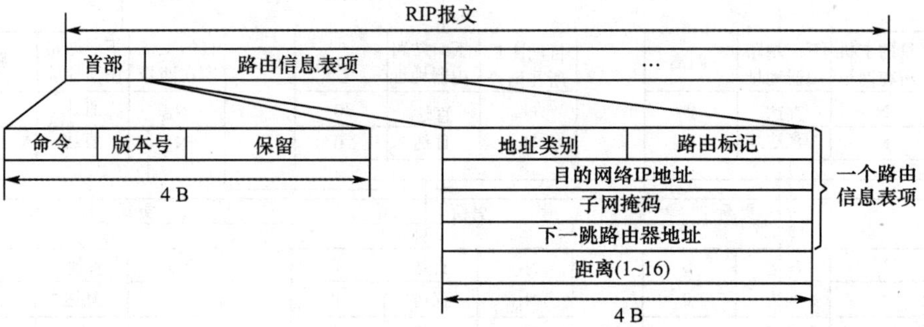

图4-24 RIP的报文格式

①RIP首部。RIP报文首部占4 B,包含3部分内容:命令、版本号和保留。

• 命令字段指出报文的含义,如:1—请求路由信息;2—对请求路由信息的响应或未被请求而发出的路由更新报文。

• 保留字段全为0,用于填充成4 B。

②路由部分。路由部分由一些路由信息表项组成。每个路由信息表项占20 B,包含6个字段:

• 地址类别:用来标志所使用的地址协议。如采用IP地址,其值为2。

• 路由标记:填写自治系统的标识号,以便接收本自治系统之外的路由选择信息。

• 其他4个字段分别为某个目的网络IP地址、子网掩码、下一跳路由器地址和到此网络的距离——跳数(1~16)。RIP允许一条路径最多包含15个路由器,再用一个16表示不可到达。

在一个单独的RIP通知中最多可以发送25个路由信息表项。超过25个路由,必须另外用一个RIP报文传送。

2. 开放式最短路径优先协议

(1)OSPF的设计特点

开放式最短路径优先(Open Shortest Path First,OSPF)协议是针对RIP的缺点于1989年开发出来的一种内部网关协议。所谓"内部",是指仅作用于单一自治系统内决策路由;所谓"开放",是指它不受任何一家厂商所左右,这正是它的强大生命力和广泛用途的源泉所在;所谓"最短路径优先"是为了表明它采用了Dijkstra最短路径算法。此外,与RIP相比,它还有下列几个特点:

①OSPF是链路状态协议。它把物理网络称为链路,路由器作为链路的连接节点,它维护的是一张网络有向拓扑图,所发送的信息是本节点(路由器)所连接的各链路的状态,并且仅当链路状态发生变化时才进行信息交换,而不是定时信息交换。

②信息交换时采用洪泛算法,向所有的节点发送信息,而不是只向相邻节点发送信息。

③分层路由。为了适应规模很大的网络，OSPF 把一个大型网络除了按照运营分割成一些自治系统外，还进一步分割成一些“区域”(Area)，形成不同层次的路由：

• 同一区域中的路由器只在该区域内部交换链路状态通告(Link-State Advertisement，LSA)信息；

• 不同区域间的路由器通过区域边界的路由器进行汇总，并与其他区域交换 LSA 信息。

这样 LSA 报文数量及链路状态信息库表项都会极大减少，从而大幅度地改善了网络的可扩展性，加速了路由选择的收敛速度。

④OSPF 路由协议支持路由验证，只有互相通过路由验证的路由器之间才能交换路由信息。并且 OSPF 可以对不同的区域定义不同的验证方式，以提高网络的安全性。

(2)OSPF 区域

OSPF 针对 Internet 中许多 AS 很庞大、不便于管理的情形，将每一个 AS 分为一些编号区域，每个区域是包含在 AS 内部的一些网络、主机、路由器的集合，通常对应地理边界或者行政边界。每个区域由一个唯一的区号定义，这个区号配置在每一个路由器内。定义了相同区号的路由器接口成为相同区的组成部分。区域是通过一个 32 位的区域 ID 来识别的。区域 ID 可以表示成一个十进制的数字，也可以表示成一个点分十进制的数字，例如：

0～0.0.0.0

16～0.0.0.16

271～0.0.1.15

OSPF 网络中能支持的区数量受限于区 ID 的大小。32 位二进制数对应的最大十进制数为 4 294 967 295。单个区域所支持的路由器最大数量的范围大约为 30～200。但在一个区域内实际加入的路由器数量要比单个区域所能容纳的路由器最大数量小一些。

所有的 OSPF 网络都要包含一个区域。区域的引入，使同一个 AS 内的所有路由器不再都有一个相同的链路状态数据库，而是仅仅同一区域的路由器具有相同的链路状态数据库，使数据库的大小缩减，链路状态数据库的减小也就意味着处理较少的 LSA 通告，从而也就降低了对路由器 CPU 和内存的消耗。对于每一个区域，其网络拓扑结构在区域外是不可见的。同样，在每一个区域中的路由器对其域外的其余网络结构也不了解。由于链路状态数据库只需要在一个区域内进行维护，因此，大量的 LSA 洪泛也将被限制在一个区域内。

在 OSPF 网络中，要有一个主干区域(Backbone Area)。主干区域一般为区域 0。在具有多个区域的 OSPF 网络中，主干区域要与其他区域连接，以使其他区域直接把路由信息通知给主干区域，然后再由主干区域把此信息通知给其他区域。因此，主干区域相当于一级区域，其他区域相当于二级区域。因此，所有的区间路由必须经过区域 0 传输，不允许非 0 区域直接和其他区域通信。这个层次限制确保了 OSPF 具有良好的可扩展性，而不会导致链路和路由器的混乱。

(3)OSPF 路由器分类

在 OSPF 路由协议中，路由器按照其所处的位置可以分为四类。

①内部路由器(Internal Router)：只连接一个区域内网络的路由器，其所有定义接口属于同一区域，但这个区域不是 0 区域。

②区域边界路由器(Area Border Router，ABR)：连接不同区域的路由器，可以把本区

域的有关信息概括起来发给其他区域。

③自治系统边界路由器(Autonomous System Border Router,ASBR):连接AS的路由器。

④主干路由器(Backbone Router):主干路由器是至少有一个接口定义为属于区域0的路由器。一个主干路由器同时也可能是一个ABR或ASBR;一个区域边界路由器也可能是一个主干路由器。任何一个与区域0互联的区域边界路由器也将成为主干路由器。

如图4-25所示是一个具有四类路由器的例子。这是一个只有3个区域的相当简单的OSPF网络,这3个小区的编号为0、1和2,主干区域编号为0。

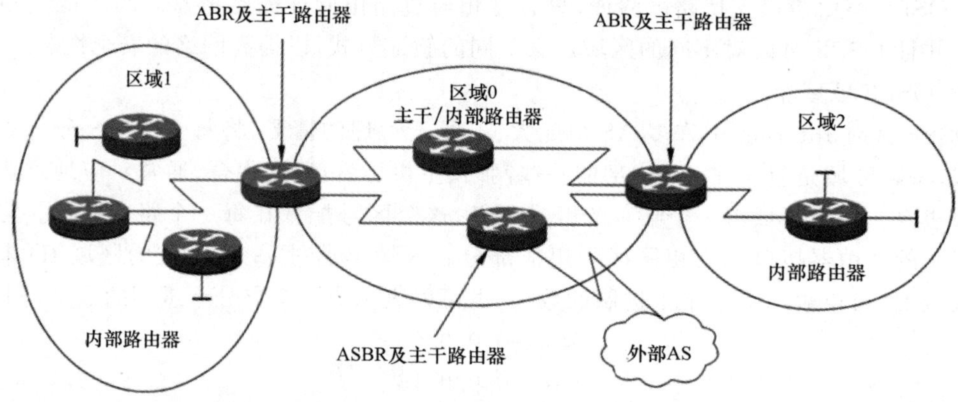

图4-25　一个具有四类路由器的例子

(4)OSPF链路(网络)类型

OSPF把物理网络称为链路。目前已经定义了四种类型的链路。

①点到点链路(或称点对点网络):直接连接两个路由器,中间没有其他主机或路由器。

②多路访问(Multi-Access)网络(链路)也称过渡链路,是一种连接有若干个路由器的网络。数据可以从任何一个路由器进入网络,并从任何另一个路由器离开。这种链路又可以分为两种:

• 广播多路访问链路(网络)。支持与两个以上的路由器连接,并可以同时把一个报文发送到所有与之连接的路由器。

• 非广播多路访问链路(网络)。支持与两个以上的路由器连接,但无广播能力。其特例是点到多点链路(网络)。

③残桩(Stub)链路:只连接到一个路由器的网络。数据分组通过这个单一路由器进入网络,并通过这个路由器离开该网络。

④虚拟链路。OSPF要求所有区域必须与主干网络连接。如果某个区域边界路由器与主干路由器之间的链路断开,那么管理员会在它们之间使用一条更长的路径(可能经过几个路由器),即虚拟链路,将之连接起来。

(5)邻接路由器和OSPF报文类型

属于相同OSPF区域的两个相邻路由器(Neighbor Router),在同步了它们的拓扑结构数据库后,就可以成为邻接路由器。OSPF通过邻接路由器交换链路状态信息。为了完成信息交换,OSPF定义了一些活动:

- 发现邻居。
- 选择一个指定路由器。
- 建立邻接关系。
- 同步数据库。

这些活动通过五类 OSPF 消息完成,见表 4-6。

表 4-6　OSPF 的五类消息

报文类型	描述
Hello 报文	路由器启动时,用于发现邻接路由器
数据库描述报文	出现新链路时,给出报文发送者拥有的所有链路状态项序列号,接收者据此判定谁的数据最新
链路状态请求报文	路由器间相互发送该报文以从邻接路由器获取对应的链路状态信息,确定谁的数据最新
链路状态更新报文	用洪泛法向全网发送更新链路数据库状态
链路状态确认报文	对链路更新报文的确认

(6)LSA 及其类型

LSA 可以描述一个单独的网络组成成分(如路由器、网段或者外部目标等)。LSA 在 OSPF 的邻接路由器间进行交换,以同步每个设备上的链路状态数据库。它包含如下五种主要信息类型:

①LSA TYPE 1——路由器 LSA。它们描述本区域路由器链路的状态(链路类型、地址、掩码等)、沿每条链路方向出站的代价以及路由器是不是 ABR 或 ASBR。一个边界路由器可能产生多个 LSA TYPE 1。这些 LSA 通告只会在始发它们的区域内部进行洪泛,不会穿越 ABR。

②LSA TYPE 2——网络 LSA(Network LSA),由指定路由器(Designated Router,DR)产生。DR 是一个区域中可以与所有其他路由器建立相邻关系的路由器,负责收集所有的链路状态信息,并发布给其他路由器,以大大减少需要建立的邻居关系。

DR 通常由优先级别最高的路由器担任。但它不是人工指定的,而是由本网段中所有的路由器通过 Hello 协议选出的。选举方法如下:一个路由器的 Hello 包中有它自己的优先级,这个优先级是在每个端口基本配置时给出的。通常,当到一个网络的一个路由器的端口第一次被激活时,它首先检查网络中是否有 DR:如果有,它接受这个指定路由器,而不管它自己的优先级;如果没有,并且它自己是这个网络中最高优先级的路由器,则宣布自己为 DR。选举 DR 的同时也选举出一个备份指定路由器(Backup Designated Router,BDR),在 DR 失效的时候,BDR 担负起 DR 的职责。

网络 LSA 只在一个区域里传播,不会穿越 ABR。

③LSA TYPE 3——网络汇总 LSA(Network Summary LSA),由 ABR 产生,含有 ABR 与本地内部路由器连接信息,可以描述本区域到主干区域的链路信息。它通常汇总默认路由而不是传送汇总的 OSPF 信息给其他网络,可以在整个 AS 内进行洪泛。

④LSA TYPE 4——ASBR 汇总 LSA。由 ABR 产生,由主干区域发送到其他 ABR,含有 ASBR 的链路信息,可以在整个 AS 里进行洪泛。与 LSA TYPE 3 的区别在于 TYPE 4 描述到 OSPF 网络的外部路由,而 TYPE 3 则描述区域内路由。

⑤LSA TYPE 5——AS 外部 LSA(Autonomous System External LSA),或称为外部

LSA(External LSA)。由 ASBR 产生，含有关于自治域外的链路信息，可以在整个 AS 内洪泛。

除了存根区域和完全存根区域，LSA TYPE 5 在整个网络中发送。

(7)OSPF 数据包格式

每一个 OSPF 报文都由头部和实例(Instance)组成。OSPF 头部长为 24 个字节，包含如下 8 个字段。

• Version number：定义所采用的 OSPF 路由协议的版本。

• Type：定义 OSPF 数据包类型。

• Packet length：定义整个数据包的长度。

• Router ID：用于描述数据包的源地址，以 IP 地址来表示。

• Area ID：用于区分 OSPF 数据包属于的区域号，所有的 OSPF 数据包都属于一个特定的 OSPF 区域。

• Checksum：校验位，用于标记数据包在传递时有无误码。

• Authentication type：定义 OSPF 验证类型。

• Authentication：包含 OSPF 验证信息，长为 8 个字节。

(8)OSPF 的工作过程

①建立邻接关系。所谓"邻接关系(Adjacency)"，是指 OSPF 路由器以交换路由信息为目的，在所选择的相邻路由器之间建立的一种关系。一个路由器一开始运行 OSPF 协议，就试图与相邻路由器建立邻接关系。它定期地向各个网络(链路)接口(包括虚拟链路接口)发送 Hello 报文。在 Hello 报文中，含有自己的 ID(某一接口的 IP 地址)、优先权和相邻路由表。接收到 Hello 报文的路由器如果发现自己在对方的相邻路由表中，就表明双方都收到了对方的 Hello 报文，于是它就根据该端口所在网络类型确定是否可以建立邻接关系：

• 若在点对点网络中，路由器将直接和对端路由器建立起邻接关系。

• 若为多路链路，该路由器将进行 DR 选举操作——优先权(Priority)字段值大小为 0～255，优先权值最高的路由器成为 DR；如果优先权值大小一样，则将 ID 值最高的路由器选举为 DR。优先权值次高的路由器选举为 BDR。

②同步 LSA 数据库。建立了邻接关系的路由器之间相互交换各自 LSA 数据库内信息的过程称为数据库的同步。在基于 SPF 的路由算法中，所有路由器的拓扑数据库保持同步是很重要的。

每当路由器发送新的 LSA 时，其序列号将增 1。路由器接收到一个新的 LSA 后，可以根据 LSA 头部的类型、标志和广播路由器判断其自身数据库中是否有相同的 LSA，并根据 LSA 序号决定对哪一个 LSA 更新。

• 假设路由器 A 与路由器 B 刚建立起邻接关系，路由器 A 和 B 将相互发送数据库描述报文。在数据库描述报文中包括多个 LSA 头部。

• 一方(如 B)发现对方(如 A)的数据库描述报文中一些 LSA 头部所代表的 LSA 自己的数据库中没有，或比自己的新，则将该 LSA 头部放入自己的 LSA 请求表中，然后向对方发送链路状态请求报文，要求得到具体的 LSA 信息(实例)。

• 对方(如 A)收到 LSA 请求报文后，将向请求方(如 B)发送 LSA 更新报文。更新报文的数据部分是所请求 LSA 的完整信息。

• 请求方(如 B)收到每一个 LSA 更新报文后,进行检查,将收到的新的 LSA 从自己的 LSA 请求表中删去,并向发送方(如 A)发出 LSA 确认报文。

• 如果两个路由器间的 LSA 请求表为空,则表明两者的数据库达到一致,同步成功。注意,同步是一个扩散过程。即一个路由器在其链路状态发生变化或收到其他路由器发送的 LSA 更新报文后,也要向其邻接路由器主动发送 LSA 更新报文,以便其他路由器尽快更新其拓扑数据库。

③计算路由表。在接收到新的链路状态更新报文以及在实现了数据库同步后,路由器都要根据拓扑数据库重新计算它到各子网的最短路径,建立路径表。计算采用 SPF 算法进行。

由于 OSPF 将 Internet 分成区域、AS 和 AS 外部三个层次,所以路由的计算也要分三个层次进行。

• 根据所在区域的数据库,利用本区域内的路由器 LSA 和网络 LSA,计算路由器到本区域内各网络的路由。

• 根据 ABR 向本区域散发的网络综合 LSA,计算路由器到本 AS 其他区域内各子网的可达信息。

• 根据 ASBR 综合 LSA 和外部 LSA,计算路由器到 AS 外部的网络的可达性。

OSPF 利用量度(cost)计算目的路径 cost 最小者即最短路径。cost=100×106/链路带宽。显然,OSPF 的 cost 与链路的带宽成反比,带宽越高,cost 越小,表示 OSPF 到目的地的距离越近。

④维护路由信息。当链路状态发生变化时,OSPF 通过刷新过程通告网络上其他路由器。OSPF 路由器接收到包含有新信息的链路状态更新报文,将更新自己的链路状态数据库,然后用 SPF 算法重新计算的路由表。在重新计算的过程中,路由器继续使用旧路由表,直到 SPF 完成新的路由表计算。新的链路状态信息将发送给其他路由器。值得注意的是,即使链路状态没有发生改变,OSPF 路由信息也会自动更新,默认时间为 30 分钟。

(9)SPF 算法及最短路径树

上面提到,OSPF 的每个路由器都要使用 SPF 算法计算。SPF 算法有时也被称为 Dijkstra 算法,这是因为最短路径优先算法 SPF 是 Dijkstra 发明的。SPF 算法将每一个路由器作为根(ROOT)来计算其到每一个目的地路由器的距离,每一个路由器根据一个统一的数据库计算出路由域的拓扑结构图。该结构图采用树结构,在 SPF 算法中被称为最短路径树。在 OSPF 路由协议中,最短路径树的树干长度,即 OSPF 路由器至每一个目的地路由器的距离,称为 OSPF 的 cost,其算法为,从源节点开始,将所连接的节点分为两个集合——试验的和确定的,即先将一些节点选入试验节点集合中,然后检查它们,并把符合给定准则的节点移入确定节点集合中,从而找到最短路径中的一个节点。重复进行,直到到达目的节点。下面说明算法。

①以本地节点(路由器)作为树根。

②将代价 0 指派给该节点,并使之成为确定节点。

③重复进行下列步骤,对最后一个确定节点的每一个相邻节点进行检查,直到找到最短路径:

• 给每一个节点指派一个累计 cost，并使之成为试验节点。

• 在试验集合中寻找具有最小累计 cost 的节点，使其成为确定节点。

3. 边界网关协议

边界网关协议(Border Gateway Protocol，BGP)是一种外部网关协议。其开发初衷是提供一种自治系统之间交换路由信息的非循环方法，它基于路径向量路由选择，通过 ISP 边界的路由器加上一定的策略，选择过滤路由，把 RIP、OSPF、BGP 等的路由发送到对方，处理各 AS 之间的路由传递。Internet 是 BGP 处理多个 ISP 间路由的实例。BGP 的出现，引起了 Internet 的重大变革，它把多个 ISP 有机连接起来，真正成为全球范围内的网络。

(1)BGP 网络结构

如图 4-26 所示给出了一个 BGP 网络的组成。作为一种外部(边界)网关协议，BGP 主要运行在每个 AS 的边界路由器间。在每个 AS 内部，可以运行 OSPF 或 RIP。运行 BGP 的路由器称为 BGP 发言人(BGP Speaker)。BGP 在一对邻接 BGP 发言人之间交换路由信息。这一对邻接的 BGP 称为 BGP 邻居(BGP Neighbor)，BGP 邻居分为如下两种类型：

• IBGP(内部 BGP 邻居)：位于同一 AS 中的一对 BGP 邻居。

• EBGP(外部 BGP 邻居)：位于不同 AS 中的一对 BGP 邻居。

显然，一个 BGP 网络主要由一些 AS 和一些 BGP 发言人组成，并且通过 BGP 邻居交换路由信息。

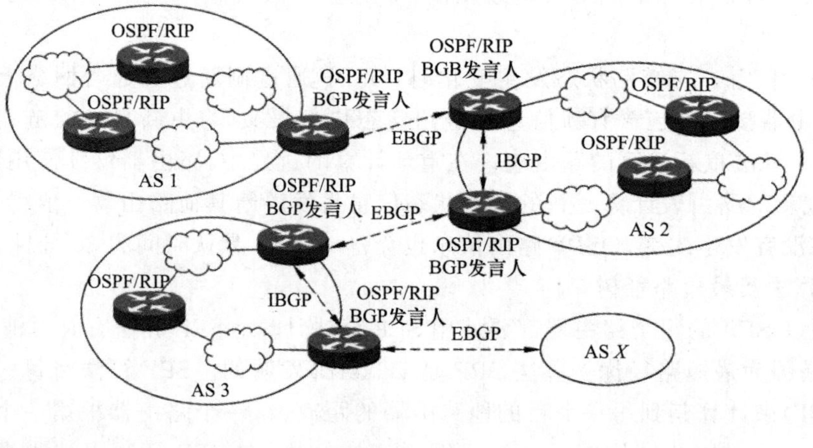

图 4-26 BGP 网络的组成

(2)流量类型和 AS 类型

BGP 定义了两种类型的流量：

• 本地流量——在 AS 中发出、在 AS 中终止的流量。

• 传输流量——其他流量都是传输流量。

BGP 的一个目标就是最小化传输流量的总量。

BGP 定义了三种 AS：

• Sub AS——只与另一个 AS 连接，并只承载本地流量。

• 多穴 AS——与一个或两个 AS 连接，但被配置成不转发传输流量。

• 传输 AS——与一个或两个 AS 连接，并被配置成承载本地流量和传输流量。

BGP 在处理路由时，使用 AS 号和 AS 路径：

• AS号——唯一标识一个AS的一个16 b串。

• AS路径——描述通过网络路由的AS号列表。

(3)BGP路由策略

BGP是外部网关协议,实现AS之间的路由。其路由策略的设置,一般要考虑政治、经济以及安全等多方面的因素。按照到达的目的地,可以将BGP的路由策略分为三类。

第一类策略:控制从本AS到其他AS的路径。例如,制定策略限制本AS发出的数据不能经过某些中间自治系统。如某AS 1中的网络通过AS 2和AS 3都可以到达AS 4,但从AS 2到达AS 4会经过从安全或商业等角度考虑有问题的AS 5,尽管从AS 2到达AS 4是一条最短路径,管理人员还是要选择走AS 3。

第二类策略:控制本AS是否为某相邻的AS传递过境数据。

第三类策略:实现AS内部的协调。

(4)BGP报文类型

所有BGP报文都包含了一个标准的报文头,报文头规定了BGP报文的类型。有效的BGP报文有:

• OPEN(打开)报文。

• KEEPALIVE(保活)报文。

• UPDATE(更新)报文。

• NOTIFICATION(错误条件通知)报文。

①OPEN(打开)报文。

一旦在两个对等的节点之间建立了连接,每个路由器就发送一个OPEN报文给邻居,请求建立邻接关系。一个OPEN报文由一个KEEPALIVE报文确认。

OPEN报文中包含:

• 版本,1 b。

• 本AS号,2 b。

• 保持时间(保持计数器的建议值),2 b,定义一方从另一方收到保活(对OPEN的应答)或更新报文之前所经过的最大秒数。

• 发端BGP路由器标识符,4 b。

• 其他。

②KEEPALIVE(保活)报文。

运行BGP的各路由器(在BGP中称对等路由器)之间定期地相互交换保活信息,用来通报自己处于BGP工作状态,维护BGP连接。如果在保持计数器规定的时间内,发送路由器没有收到对等路由器的保活报文,则认为出现了一个错误,即向对等节点发送一个错误条件通知报文并关闭连接。

③UPDATE(更新)报文。

BGP不定期地刷新整个BGP路由表。刷新使用UPDATE(更新)报文进行。一个UPDATE用来在对等BGP间传输路由信息:公告一个可行的路由,或者撤销那些不可行的路由。其报文中包含如下内容:

• 撤销的所有路由。

• 路径属性。用来评估一个路由,宣布本报文可达的网络路径。详见有关手册。

• 网络层可达信息(Network Layer Reachability Information,NLRI)。定义本报文真正通知的网络。

④NOTIFICATION(错误条件通知)报文。

当一个 BGP 设备检测到影响与一个对等节点连接的错误条件时,就发送 NOTIFICATION(错误条件通知)报文,关闭与对等节点的连接,解除分配给该连接的所有资源,同时将与远程对等节点相关联的路由表项标记为无效,并通知给其他对等节点。

通知报文包括一个错误代码和一个错误子码。BGP 提供了如下一些错误代码:

• 消息报文头错误。
• OPEN 消息错误。
• UPDATE 消息错误。
• 保持计数器超时。
• 有限状态机错误。
• 停止。

4.6 IP 多播

4.6.1 IP 多播的基本概念

1. IP 多播发展的过程

在电子邮件通信中,如果你有一封邮件发送给一位朋友,这种情况属于单播;如果你想分组将这份邮件同时发送给组地址中的 10 位朋友,这种情况属于多播。传统的 IP 规定 IP 的目的地址只能是一个单播地址。这种 IP 单播工作模式对于新闻、股市与金融信息发布,以及讨论组、视频会议、网络游戏等由多个用户参与的交互式网络应用,显然是工作效率很低,并且会浪费大量网络资源。

IP 多播(或多播)的概念是 1988 年提出的。1989 年,RFC 1112 对 IP 多播协议(Internet Group Management Protocol,IGMP)进行定义。为了适应交互式音频和视频信息的多播,从 1992 年起开始试验虚拟的多播主干网(Mbone)。Mbone 可以将分组发送到属于一个组的多台计算机。1997 年公布的 IGMPv2(RFC 2236)已经成为 Internet 标准协议。

2. IP 单播与多播的区别

如图 4-27 所示给出了 IP 单播与多播的过程比较。图 4-27(a)给出了 IP 单播的工作过程。在 IP 单播状态下,如果主机 0 打算向主机 1～主机 20 发送同一文件,则它需要准备 20 个文件的副本,分别封装在源地址相同,而目的地址不同的 20 个分组中,分别将这 20 个分组发送给 20 个目的主机。图 4-27(b)给出了 IP 多播的工作过程。在 IP 多播状态下,如果主机 0 打算向多播组成员主机 1～主机 20 发送同一文件,则它需要准备 1 个文件的副本,封装在 1 个多播分组中,发送给多播组中 20 个多播组成员。如果 IP 多播组的成员达到成千上万个时,多播工作对系统效率的提高将会更加显著。支持 IGMP 的路由器称为多播路由器(Multicast Router)。

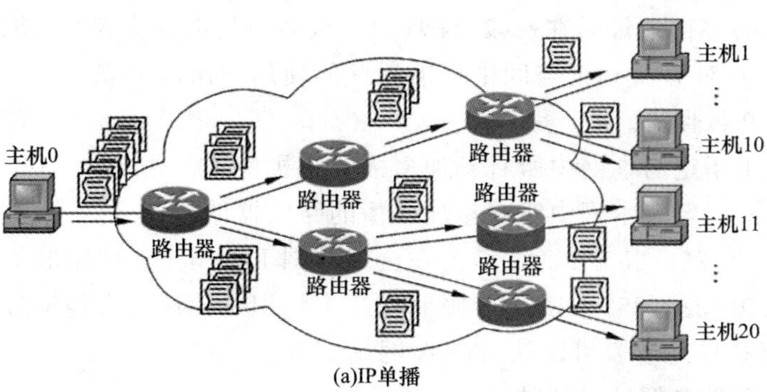

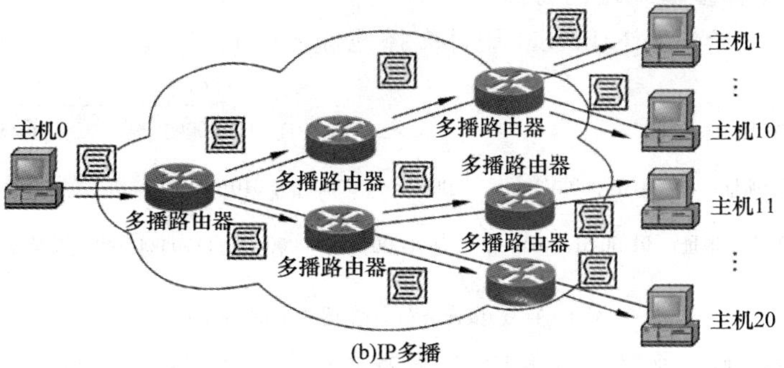

图 4-27 IP 单播与多播的过程比较

4.6.2 IP 多播地址

IP 多播可以分为两类：一类是在 Internet 范围内进行多播，另一类只是在局域网内进行多播。由于目前大部分计算机都是通过 Ethernet 局域网接入 Internet 的，因此当一台计算机发出多播分组时，它实际是在 Ethernet 通过硬件将多播分组发送给局域网中的多播组成员，然后再在 Internet 上将多播分组发送给所有的多播组成员。因此，在讨论多播时会涉及两类多播地址，一个是 IP 多播地址，一个是 Ethernet 多播地址。为了强调 IP 多播地址与 Ethernet 多播地址的区别，人们通常将 Ethernet 多播地址称为“Ethernet 硬件多播地址”。

1. IP 多播地址的特点

在讨论 IP 多播地址特点时，需要注意以下问题：

(1)实现 IP 多播的分组使用的是 IP 多播地址。IP 多播地址只能用于目的地址，而不能用于源地址。

(2)标准分类的 D 类地址是为 IP 多播地址定义的。D 类 IP 地址的前 4 位为 1110，因此 D 类地址的范围在 224.0.0.0～239.255.255.255。每个 D 类 IP 地址可以用于标识一个多播组，则 D 类地址能标识出 2^{28} 个多播组。

(3)当一个 IP 分组的目的地址写入 IP 多播地址时，对应的 IP 分组头的类型字段值为 2，表示 IP 分组的数据部分是 IGMP 数据。多播分组的传输也必然会保留 IP 的基本特征，即只能提供“尽力而为”的服务，它不能保证多播分组能够被传送到网络中多播组的所有成员。

(4)IP 多播地址分为两类：永久多播地址与临时多播地址。永久多播地址需要向

IANA 申请。临时多播地址是在一段时间(如一次多播的电视会议)中使用的地址。

(5)RFC 3330 对 D 类地址空间中多播地址的使用作出以下规定：

①224.0.0.0 被保留。

②224.0.0.1 指定为本网中所有参加多播的主机使用。

③224.0.0.2 指定为本网中所有参加多播的路由器使用。

④224.0.1.0～238.255.255.255 为在全球范围 Internet 上使用的多播地址。

⑤239.0.0.0～239.255.255.255 限制在一个组织中使用的多播地址。

完整的保留多播地址表可以从 IANA 网站获取。

2. Ethernet 硬件多播地址的特点

如图 4-28 所示给出了 Ethernet 硬件多播地址的形成方法。

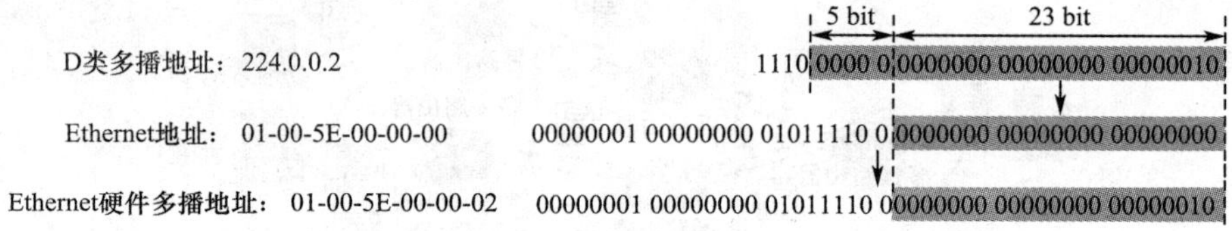

图 4-28　Ethernet 硬件多播地址的形成方法

理解 Ethernet 硬件多播地址的特点，需要注意以下问题：

(1)IANA 为多播分配的 Ethernet 的物理地址高 24 位是 00-00-5E，同时，Ethernet 物理地址结构中，第一个字节的最低位必须为 1，为多播地址。考虑以上这两个因素，多播 Ethernet 高 24 位应该是 01-00-5E。那么 Ethernet 硬件多播地址的范围在 01-00-5E-00-00-00～01-00-5E-FF-FF-FF。

(2)由于 IANA 已经为多播分配了 Ethernet 的物理地址的高 24 位，那么只能用 48 位的物理地址的后 23 位定义一个多播组的地址。

(3)如图 4-28 所示，如果一个 D 类多播地址是 224.0.0.2，那么规定将 D 类多播组的地址的低 23 位映射到 Ethernet 的物理地址的后 23 位，形成 Ethernet 硬件多播地址 01-00-5E-00-00-02。

(4)由于 IP 地址的长度是 32 位，D 类 IP 地址的前 4 位为 1110，已经用了 4 位，可以用于多播的地址还剩 28 位，在形成 Ethernet 硬件多播地址时，我们只使用了 23 位，如图 4-28 所示还有 5 位没有使用，并且不能够保证这 5 位一定是全 0。假如另外有一个 D 类多播地址是 225.0.0.2，那么它映射成 Ethernet 硬件多播地址也是 01-00-5E-00-00-02。这种映射关系是多对一，而不是一对一的。主机收到相同硬件多播地址的分组，但是它们可能不属于同一个多播组。因此，主机必须检查 IP 地址，丢弃不属于它所在组的分组。

4.6.3　IGMP 的基本内容

1. IP 多播的实现方法

IP 多播的基本思想是，多个接收者可以接收到从同一个或一组源主机一次发送的相同内容的分组。发送 IP 多播工作模式包括以下内容：

(1)定义了一个组地址(Group Address)。每个组代表一个或多个发送者与一个或多个接收者的一个会话(Session)。

(2)接收者可以用多播地址通知路由器,它希望加入(或退出)哪个多播组。

(3)发送者使用多播地址发送分组,无须了解接收者的位置信息与状态信息。

(4)路由器建立一棵从发送者分支出去的多播传递树,这棵树延伸到所有的、其中至少有一个 IP 多播成员的网络中。利用这棵传递树,路由器把多播分组转发到有多播组成员的网络中。

2. IGMP 的操作

IGMP 的操作主要有:加入一个组、继续组成员关系、监视组成员的关系与离开一个组。

(1)加入一个组

当某个主机加入新的多播组时,该主机应向多播组的多播地址发送一个 IGMP 报文,声明自己要成为该组的成员。本地的多播路由器收到 IGMP 报文后,将组成员关系转发给 Internet 上的其他多播路由器。

(2)继续组成员关系

由于多播组的成员关系是动态的,因此本地多播路由器要周期性查询本网络上的主机,以便知道这些主机是否还继续是组的成员。只要对某个组有一个主机响应,则多播路由器就认为这个组是活跃的。如果一个组在经过几次查询后没有一个主机响应,则多播路由器就认为本网络上的成员都已离开这个组,就不再将该组的成员关系转发给其他多播路由器。

(3)监视组成员的关系

多播路由器在查询组成员关系时,只需对所有的组发送一个请求信息的查询报文,而不需要对每个组发送一个查询报文。默认的查询速率是每 125 s 发送一次。同一组内的每个主机都要监听响应,只要有本组的其他主机先发送响应,自己就可以不再发送响应。这样就抑制了不必要的通信量。多播路由器只需知道网络上是否至少还有一个主机是本组成员。当查询报文通过多播到达组内每个成员后,各主机就计算出随机延时,并且延时最小的最先发送响应。由于响应也是按组的多播地址发送,因此最先发送的响应能被组内所有成员接收到。一个组的成员只要知道有其他主机已发送对本组的响应,就取消自己原来准备发送的响应。这样,查询报文实际上每个组只有一个主机发送响应。

(4)离开一个组

当一个主机收到一个查询报文而不进行应答时,超过一定时间之后,路由器将其地址从多播地址表中删除,该主机自动离开该组。

4.6.4 多播路由器与 IP 多播中的隧道技术

1. 多播路由器

当多播 IP 分组跨越多个网络时,存在关于多播 IP 分组的路由问题。多播路由器的作用是完成多播分组的转发工作,具体有两种实现方式:一种是专用多播路由器,另一种是在传统路由器上实现多播路由的功能。

在多播传送中,当多播路由器对多播分组进行存储转发时,在任一多播路由器所在的网络上都可能有该多播组成员,在传送过程中随时会遇到某个目的主机。这也是多播传送的一大特点。

2. IP 多播中的隧道技术

当 IP 多播分组在传输的过程中遇到有不支持多播协议的路由器或网络时，就要采用隧道(Tunneling)技术。如图 4-29 所示给出了 IP 多播中隧道的工作原理。

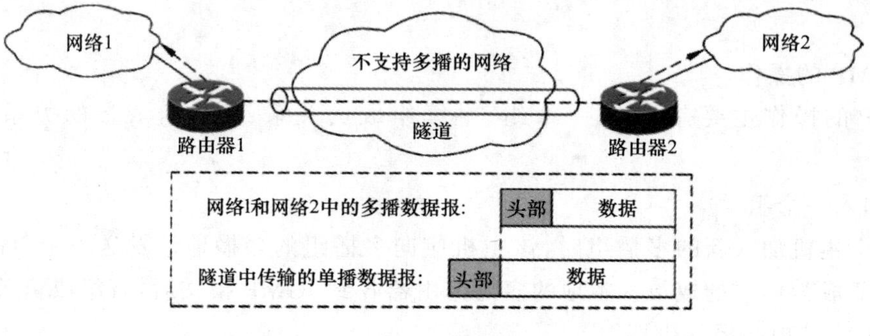

图 4-29　IP 多播中隧道的工作原理

网络 1 的主机向网络 2 中的一些主机进行多播。但是，路由器 1 或路由器 2 不支持多播协议，因而不能按多播地址转发多播分组。因此，路由器 1 就必须对多播分组进行再次封装，加上普通 IP 分组头，使它成为向单一目的站发送的单播分组，然后通过"隧道"从路由器 1 发送到路由器 2。单播分组到达路由器 2 后，再由路由器 2 除去其普通 IP 分组头，使它又恢复成原来的多播分组，继续向多个目的站转发。这种使用隧道技术传送 IP 分组的方法称为"IP 中 IP 分组"(IP-in-IP)。

4.7　移动 IP

移动 IP 技术是指移动用户可跨网络随意移动和漫游，不用修改计算机原来的 IP 地址，同时，继续享有原网络中一切权限。简单地说，移动 IP 就是实现网络全方位的移动或者漫游。IETF 为了满足这种需求，制定了移动 IP，从而使因特网上的移动接入成为可能。目前，IETF 正在开发一套用于移动 IP 的技术规范，这主要是 RFC 2002、RFC 2003、RFC 2004、RFC 2290。

4.7.1　移动 IP 的产生

因特网的飞速发展和移动计算通信设备(便携计算机、PDA 等)日益广泛的应用，推动了无线接入的研究和移动因特网的研究。移动计算机用户希望接入同样的网络，共享资源和服务，而不局限于某一固定区域。当它移动时，也能方便地断开原来的连接，并建立新的连接。如果节点从一条链路切换到另一条链路而没有改变它的 IP 地址，那么它就不可能在新链路上接收到数据包，解决方案如下：

(1)根据主机地址进行路由选择。这种方法将大量浪费路由器的有限资源，显然不能满足网络互联的要求。

(2)在移动节点每次变换位置时,改变其 IP 地址。这种方法需频繁更新域名系统(Domain Name System,DNS)服务器,所以也不可取。

(3)在数据链路层使用蜂窝数字分组数据(Cellular Digital Packet Data,CDPD)标准。这种方法需要新的网络基础设施和大量管理维护费用,且无法与现存的国际互联网兼容,也不是合适的解决方案。

移动 IP 技术运用了处理蜂窝移动电话呼叫的原理,使移动节点采用固定不变的 IP 地址,一次登录即可实现在任意位置上保持连接,使通信持续进行。

4.7.2 移动 IP 的基本术语

如图 4-30 所示介绍了与移动 IP 技术相关的重要术语。

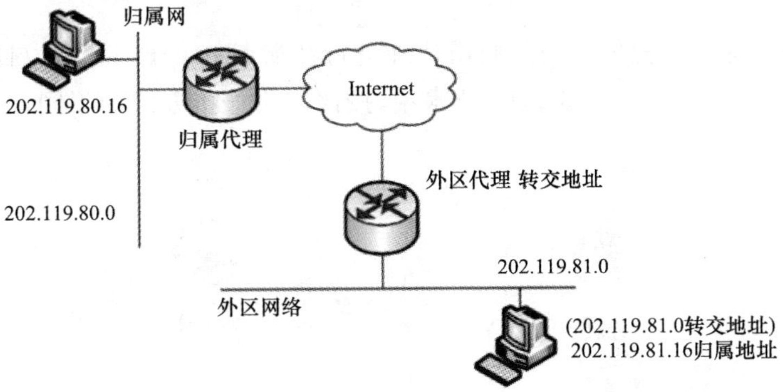

图 4-30 移动 IP 术语

1. 移动代理

移动代理(Mobility Agent)分为归属代理(Home Agent)和外区代理(Foreign Agent)两类,它们是服务器或路由器,能知道移动节点实际连接在何处。

归属代理又称为家乡代理,是一个在移动节点归属网(Home Network)上的路由器,它至少有一个接口在归属网上,当移动节点离开归属网后,它通过 IP 隧道把数据包转发给移动节点,并且负责维护移动节点的当前位置信息。

外区代理位于移动节点当前连接的外区网络上,它向已注册的移动节点提供路由服务。当使用外区代理转交地址时,外区代理负责解除原始数据包的隧道封装,取出原始数据包,并将其转发到该移动节点。对于那些由移动节点发出的数据包而言,外区代理可作为已注册的移动节点的默认路由器使用。

2. 移动 IP 地址

移动 IP 节点拥有如下两个 IP 地址:

(1)归属地址

归属地址(Home Address)又称为本地地址,这是用来识别端到端连接的静态地址,也是移动节点与归属网连接时使用的地址。不管移动节点连至网络何处,其归属地址保持不变。

(2)转交地址

转交地址就是隧道终点地址，转交地址可能是外区代理转交地址，也可能是驻留本地的转交地址(配置转交地址)。通常用的是外区代理转交地址。在这种地址模式中，外区代理就是隧道的终点，它接收隧道数据包，解除数据包的隧道封装，然后将原始数据包转发到移动节点。

转交地址是一个临时分配给移动节点的地址。它由外部获得(如通过 DHCP)，移动节点将其与自身的一个网络接口相关联。一个配置转交地址仅能被一个移动节点使用。当使用驻留归属的转交地址时，移动节点自身就是隧道的终点，执行解除隧道功能。

转交地址是仅供数据包路由使用的动态地址，也是移动节点与外区网连接时使用的临时地址。每当移动节点接入一个新的网络，转交地址就发生变化。

3. 位置注册

移动节点必须将其位置信息向其归属代理进行注册(Registration)，以便被找到。实体之间的联系如图 4-31 所示。在移动 IP 技术中，按照网络连接方式的不同，有如下两种不同的注册规则：

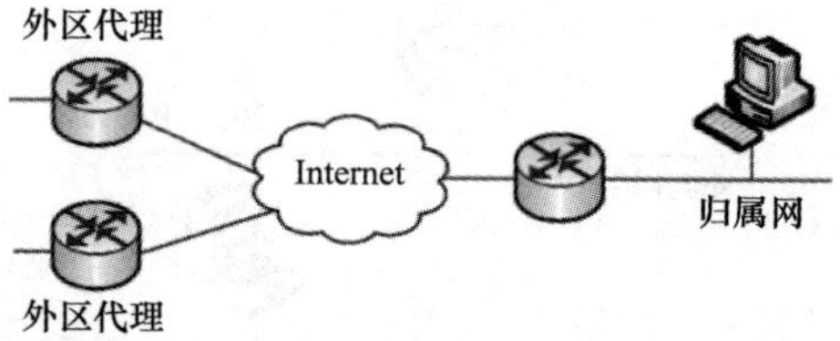

图 4-31　实体之间的联系

(1)通过外区代理进行注册，即移动节点向外区代理发送注册请求报文，外区代理接收并处理注册请求报文，然后将报文中继到移动节点的归属代理。

(2)直接向归属代理进行注册，即移动节点向其归属代理发送注册请求报文，归属代理处理后向移动节点发送注册答复报文。

4. 代理发现

为了随时随地与其他节点进行通信，移动节点必须实现代理发现(Agent Discovery)。移动 IP 定义了两种发现移动代理的方法：一个是被动发现，移动节点等待代理周期性地广播代理通告报文；另一个是主动发现，移动节点广播一条请求代理的报文。

所有移动代理都应具备代理通告功能，并对代理请求作出响应。所有移动节点必须具备代理请求功能。但是，移动节点只有在没有收到移动代理的代理通告，并且无法通过数据链路层协议或其他方法获得转交地址的情况下，方可发送代理请求报文。

5. 隧道技术

当移动节点在外区网上时，归属代理需要将原始数据报转发给已注册的外区代理。此时，归属代理使用 IP 隧道技术(Tunneling)，将原始 IP 数据报封装在转发的 IP 数据报中，从而使原始 IP 数据报原封不动地转发到处于隧道终点的转交地址处。在转交地址处解除隧道，取出原始数据报，并将原始数据报发送到移动节点。当转交地址为配置转交地址时，移动节点本身就是隧道的终点,它自身进行解除隧道,取出原始数据报的工作。

RFC 2003 和 RFC 2004 中分别定义了两种隧道封装技术,如图 4-32 所示。

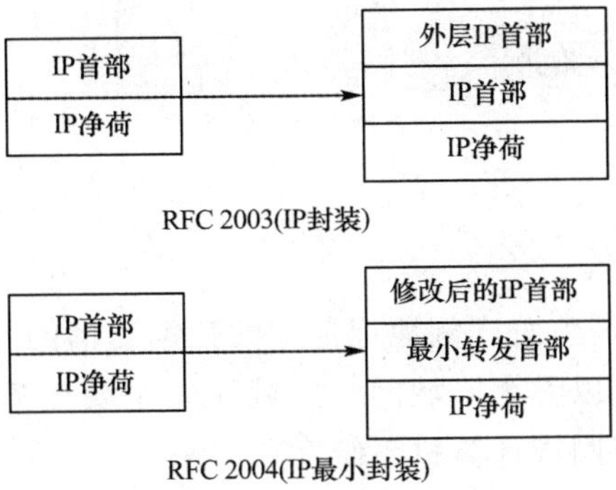

图 4-32　两种隧道封装技术

用 IP 封装 IP[RFC 2003],需要在原始数据包的现有首部前插入一个外层 IP 首部。外层 IP 首部中的源地址和目的地址分别标识隧道的两个边界节点。

最小封装[RFC 2004],数据包在封装之前不能被分片。对移动 IP 技术来讲,最小封装技术是可选的。为了使用最小封装技术来封装数据包,移动 IP 技术需要在原始数据包经修改的 IP 首部和未修改的净负荷之间插入最小转发首部。

4.7.3　移动 IP 的工作原理

移动 IP 的工作原理由以下步骤实现:

(1)移动 IP 系统中的归属代理和外区代理不停地向网上发送代理通告(Agent Advertisement)消息。

(2)接到这些消息的移动节点,知道环境中有归属代理和外区代理的存在,并确定自己是在归属网还是在外区网上。

(3)如果移动节点收到的是归属代理发来的消息,则说明自己仍在归属网上,此时,不启动移动功能。

(4)当移动节点检测到它移动到外区网时,它从外区网处获取一个临时的 IP 地址,即转交地址。

(5)移动节点向归属代理注册,表明自己已离开归属网,把所获得的关联地址通知归属代理。归属代理可以随时获取移动节点的当前位置信息。

(6)注册完毕后,当通信端要向移动节点发送报文时,使用移动节点的固定 IP 地址。报文将被路由到移动节点的归属网,并被归属代理截获。归属代理将该报文封装,通过隧道将报文发送到移动节点所在的外区网。

由此可见,首先,移动 IP 对通信端是透明的,通信端根本不用关心当前主机是否移动,仅仅用移动主机的固定 IP 地址发送报文就可以了。其次,移动 IP 对上层应用也是透明的。移动主机不管移动到哪里,其 IP 地址都固定不变,上层应用根本感觉不到主机位置的变化。所有变动等工作都在 IP 层完成,因此,移动 IP 是网络层的移动解决方案。

4.8 广域网

4.8.1 广域网概述

广域网又称为远程网，是覆盖广阔地理范围的数据通信网。覆盖一个城市、一个地区或者整个国家的通信网络都可以称为广域网。广域网的主要任务是远距离传送数据，还可以利用广域网把远距离的局域网或计算机系统互联起来。

广域网很容易和互联网混淆，互联网即使覆盖范围很广，一般也不称为广域网，因为在互联网中，不同网络的互联才是它最主要的特征，互联网必须使用路由器来连接。而广域网是指单个网络，它使用节点交换机连接各主机而不是用路由器来连接各网络。广域网和局域网都是互联网的重要组成构件。广域网具有以下特点：

(1)主要提供面向数据通信的服务，支持用户使用计算机进行远距离的信息交换。

(2)覆盖范围广，通信距离远，需要考虑的因素多，如媒体的成本、线路的冗余、媒体带宽的利用和差错处理等。

(3)广域网是一种数据通信网络，由电信部门或公司负责组建、管理和维护，并向全社会提供面向数据通信的有偿服务，存在流量统计和计费问题。

(4)广域网技术主要对应于 OSI/RM 的物理层、数据链路层和网络层。

与局域网相比，广域网除了地理覆盖范围更大之外，还有一些明显的差异。从通信方式角度来讲，广域网的主要技术采用电路交换和存储转发，和局域网共享传输介质的广播方式不同；从组成上来讲，广域网通常是由一些节点交换机及链路组成，节点之间是点对点的连接，而局域网通常采用多点接入、共享传输介质的方法；从层次上来讲，广域网使用的协议主要在网络层，主要考虑路由选择问题，而局域网使用的协议主要在数据链路层及物理层，由于广域网的传输距离远，要经过多个节点设备转发，因此其数据传输比局域网要慢。

1. 广域网的组成结构

广域网由资源子网和通信子网组成，重要组成部分是通信子网。通信子网一般由一些节点交换机和连接这些交换机的链路组成，广域网和局域网如图 4-33 所示。广域网中节点和节点之间通过链路直接连接，不同的局域网则通过路由器与广域网相连，组成了一个覆盖范围很广的互联网。相距很远的不同局域网的主机都能通过广域网进行通信。

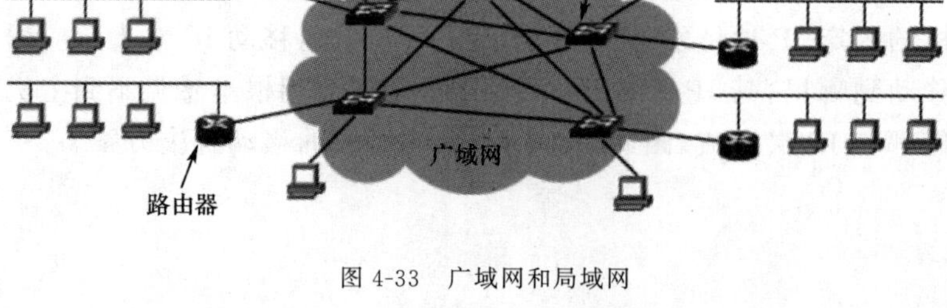

图 4-33 广域网和局域网

2. 广域网中数据的传输方式

广域网中数据的传输主要有电路交换和分组交换两种方式。电路交换是指主机在通信前通过呼叫建立物理电路连接，连接建立好后，信息通过该电路传输。在传输过程中，线路被限制为只能被建立连接的主机使用，当信息发送完毕后，电路再释放给其他的主机。在这种方式中，当主机占用线路却没有传输数据时，会造成资源的浪费，但是比较稳定和可靠。

分组交换是指用户数据在发送前被分割为数据块，分组由一块用户数据、必要的目的地址和协议信息组成，主机将数据分组并逐个发送至网络上，当分组被传输到某一个节点时，该节点选择的下一个分组传输节点取决于路由选择和当前网络状况。当数据都到达目的地址后，目的主机会把收到的所有分组按照顺序重新排列，合并出初始数据。因此，多个用户数据并不一定通过同一路径传送，数据也不一定会按顺序到达，并且有丢失的可能。在这种方式下，主机没有传输数据时就没有占用网络，资源利用率高。

3. 公共传输网络

广域网的通信子网一般都是由电信部门的公共传输网络（公用数据通信网）充当的。公共传输网络主要分为三类：第一类是电路交换网；第二类是分组交换网；第三类是专用线路网，主要是数字数据网（Digital Data Network，DDN）。从用户角度看，公共传输网络为用户提供的通信服务主要有三种类型：电路交换服务、分组交换服务和租用线路或专线服务。

（1）电路交换网。是面向连接的网络，在数据需要发送的时候，发送设备和接收设备之间必须建立并保持一个连接，等到用户发送完数据后中断连接，电路交换网在每个通话过程中有一个专用通道，它提供模拟和数字的电路交换服务，典型的电路交换网是公共交换电话网和综合业务数字网。

（2）分组交换网。提供无连接的数据报和面向连接的虚电路两种服务。在数据报服务中，数据包是带着目的地址等控制信息从源主机发出的，在传输过程中，需要交换机根据数据包的目的地址查询本机路由表，选择下一个交换机将数据发送出去；在虚电路服务中，通信双方通过建立虚电路而相互传送分组，一条物理线路可以复用成多条逻辑信道。典型的电路交换网有 X.25 分组交换网、帧中继和异步传输模式（Asynchronous Transfer Mode，ATM）。

（3）专用线路网。专用线路是在两个节点之间建立的一条安全、永久的通道，专用线路网不需要经过建立或拨号即可进行连接，它是点到点连接的网络。用户从电信局租用专线来组建自己的网络系统，数字数据网就提供这类专线服务。

4.8.2 电路交换网

电路交换网主要有两种：公共交换电话网和综合业务数字网。

1. 公共交换电话网

公共交换电话网（Public Switched Telephone Network，PSTN）是以模拟技术为基础的电路交换网络。它是自发明电话以来所有的电路交换式电话网络的集合，是目前普及程度最高、成本最低的公用通信网络。它主要提供语音通信服务，同时还提供数据通信业务，如数据交换、传真、可视图文等。

从功能角度讲，PSTN 由国际交换局、长途交换局、中心交换局、端交换局和用户等层次构成。从设备构成角度讲，PSTN 是由交换机、传输电路（用户线和局间中继电路）和用户终端设备(如电话机)三部分组成的。

通过 PSTN 可以实现网络互联,但 PSTN 以模拟技术为基础,为接入设备提供模拟通道。当计算机等数字设备通过 PSTN 连接时,需要在两端使用调制解调器来实现数字信号和模拟信号之间的转换。如图 4-34 所示为计算机以电话拨号方式通过 PSTN 接入 Internet。

图 4-34　计算机以电话拨号方式通过 PSTN 接入 Internet

利用 PSTN 的数据通信是廉价的,但它的数据传输速率较低,不能提供流量控制、差错控制等服务,所以传输质量较差。PSTN 只能用于通信速率要求不高的场合,而且中间没有存储转发功能,难以实现变速传输。由于 PSTN 分布范围广、费用小,因此是早期家庭用户和要求不高的小型网络接入 Internet 的方案。

2. 综合业务数字网

综合业务数字网(Integrated Services Digital Network,ISDN)的概念产生于 20 世纪 70 年代,成熟于 80 年代。当时各类不同的公共网络同时并存,分别提供不同的业务,造成相对独立的割裂状态。例如,电话网提供语音业务,用户电报网提供文字通信业务,电路交换和分组交换网提供数据传输业务等。ISDN 的目的就是应用单一网络向公众提供多种不同的业务,不仅可以提供语音业务,还可以提供数据、图像和传真等各种非语音业务。综合业务数字网有窄带与宽带之分,分别称为 N-ISDN(Narrow ISDN)和 B-ISDN(Broadband ISDN),无特殊说明的 ISDN 是指 N-ISDN。

综合业务数字网是典型的电路交换网,它是以电话综合数字网(Integrated Digital Network,IDN)为基础发展而成的通信网,能够提供端到端的数字连接,用来支持语音、数据、图形、视频等综合业务。ISDN 使用单一网接口,利用此接口可实现多个终端同时进行数字通信连接。

ISDN 与其他网络的最大不同之处是,它能够提供端到端的数字传输。所谓"端到端的数字传输"是指从一个用户终端到另一个用户终端之间的传输全部是数字化的。在传统电话网中,从用户终端到交换机之间的传输是模拟的,如果用户要进行数据通信,需要使用调制解调器进行模数转换后在用户线上传输,在接收端还需要通过调制解调器进行信号变换。而 ISDN 改变了传统电话模拟用户环路的状态,使全数字化变为现实,用户可以获得数字化的优异性能。简单地说,在现代 PSTN 中,主干网已经完全实现了数字化,但是 PSTN 的用户终端仍然是模拟设备,ISDN 则是在 PSTN 基础上,将设备和传输的信息数字化以后产生的网络。

ISDN 主要是将数字电话终端和数字接入技术引入了 PSTN,形成一个端到端的全数字化的网络。其与 PSTN 的联系和区别如图 4-35 所示。ISDN 是数字交换和数字传输的结合体,不论原始信号是话音、文字、数据还是图像,只要可以转换成数字信号,都能在 ISDN 网络中进行传输。

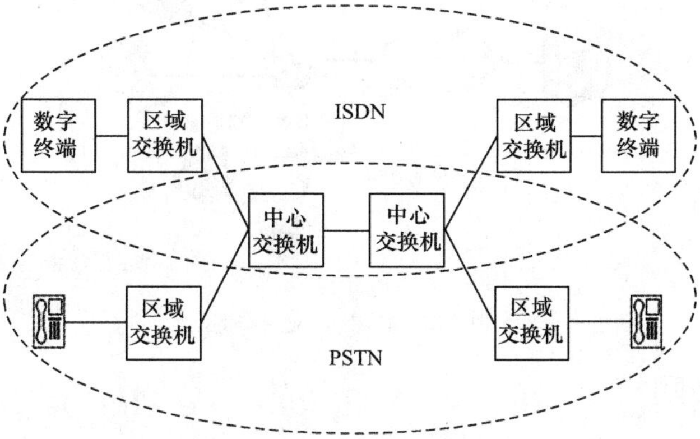

图 4-35 ISDN 与 PSTN 的联系和区别

ISDN 的组成部件包括用户终端、终端适配器、网络终端等设备，如图 4-36 所示。用户终端有两种类型，即类型 1(TE1)和类型 2(TE2)。TE1 被称作 ISDN 标准终端设备，是符合 ISDN 接口标准的用户设备。例如数字电话机和四类传真机等，该类型设备通过四芯的双绞线数字链路与 ISDN 连接；TE2 被称作非 ISDN 标准的终端设备，是不符合 ISDN 接口标准的用户设备，必须通过终端适配器(Terminal Adapter，TA)才能与 ISDN 连接。如果 TE2 是独立设备，则它与终端适配器的连接必须经过标准的物理接口，例如 RS-232C、V. 24 和 V. 35 等。终端适配器完成适配功能，使 TE2 能接入 ISDN 标准接口。

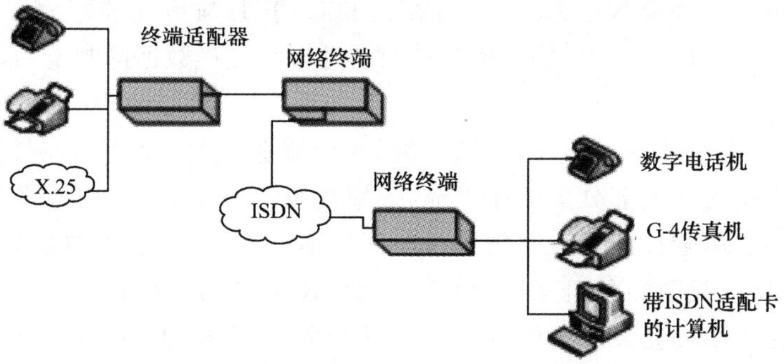

图 4-36 ISDN 的组成部件

ISDN 的基本速率接口(Basic Rate Interface，BRI)提供两个 B 通道和一个 D 通道，即 2B+D。B 通道的传输速率为 64 kb/s，通常用来传输用户数据；D 通道的传输速率为 16 kb/s，通常用于传输控制和信令信息。因此，ISDN 的基本速率接口的传输速率通常为 128 kb/s，当 D 通道也用于传输数据时，传输速率可达 144 kb/s。

图 4-37 所示就是 ISDN 的应用实例，家庭个人用户通过以太网 ISDN 终端适配器连接个人计算机、电话等，这样该用户即可连入 Internet 上网了，同时可以打电话，两者互不影响。对于中小型企业而言，把企业的局域网、电话机、传真等通过一台 ISDN 路由器连接到 ISDN 线路，可以接入 Internet。

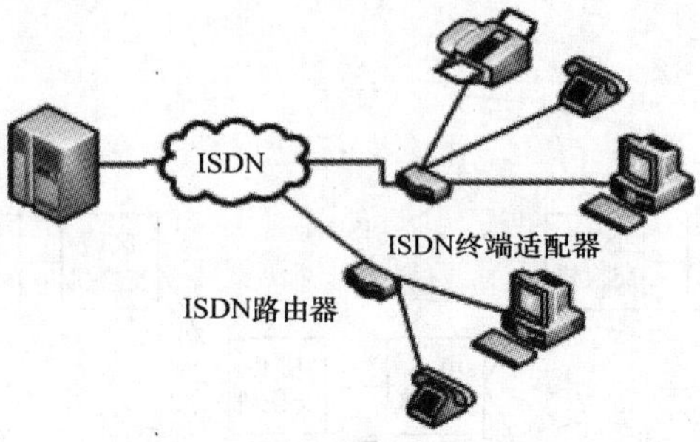

图 4-37　ISDN 的应用实例

4.8.3　分组交换网

在分组交换网中，数据都是使用分组交换的方式进行传输的。分组交换网提供包括面向连接的虚电路服务和无连接的数据报服务。X.25 是最早的分组交换技术，它被设计为传输可变长度的分组，提供面向连接服务。后来，在 X.25 的基础上提出了帧中继的概念，缩短了数据帧的转发延时，提高了网络传输速度。再后来，随着传输介质的不断发展，又提出了传输固定长度分组的 ATM 技术。

从原理上看，帧中继与 X.25 及 ATM 都属于分组交换一类。但由于 X.25 带宽较窄，而帧中继和 ATM 带宽较宽，所以常将帧中继和 ATM 称为快速分组交换网。

1. X.25 分组交换网

X.25 分组交换网简称 X.25 网，是一种采用分组交换技术的公共分组交换数据网（Packet Switched Data Network，PSDN）。CCITT（现在的 ITU）于 1974 年提出了对于公共分组交换网的标准访问协议 X.25，由于 X.25 协议就是针对公共分组交换数据网制定的，相应地称此类网络为 X.25 网。

总体说来，X.25 网是一种比较老旧的数据通信服务，它主要应用在线路质量不可靠的模拟电话线上，协议的很大部分集中在寻址、差错校验等一系列问题上，效率比较低，速率小于或等于 64 kb/s。尽管如此，X.25 的数据通信量不是很大，对线路质量要求不高的用户来说还是不错的选择。我国的分组交换网 CHINAPAC 于 1993 年建立，是由当时的邮电部建设和经营的，能提供多种业务的全国分组交换网服务，CHINAPAC 由骨干网和省内网两级构成。骨干网以北京为国际出入口局，广州为港澳地区出入口局。以北京、上海、沈阳、武汉、成都、西安、广州和南京 8 个城市为汇接中心，覆盖了全国所有的省、自治区、直辖市。用户进网方式有电话拨号和专线入网两种。普通用户用一个调制解调器通过公用电话网连到分组交换网上；专线用户可租用市话模拟线或数字数据专线，采用 X.25 规程可以方便地进入 CHINAPAC。X.25 网在推动分组交换网的发展中作出了很大的贡献，但是它现在已经逐渐被性能更好、速度更快的网络取代，如帧中继或 ATM 等。

（1）X.25 网的组成

X.25 网主要由分组交换机（Packet Switching Equipment，PSE）、用户接入设备和传输线路组成，如图 4-38 所示。其中 PSE 为分组交换机或称为包交换机，其具有存储转发能力，拥有路由选择和流量控制功能，可适应不同类型、不同速率的用户设备。每个 PSE 至少与两个以上的其他 PSE 相连，当某个 PSE 出现故障时可自动迂回路由，保证网络的可用性。

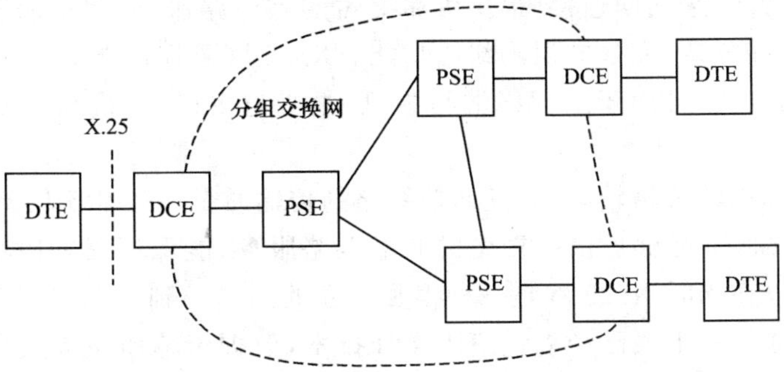

图 4-38　X. 25 网

用户接入设备如用户终端和路由器等称为数据终端设备(Data Terminal Equipment，DTE)。用户终端是一种面向个体的接入设备，终端可分为分组型数据终端(Packet Data Terminal Equipment，PDTE)和非分组型终端(Non-Packet Terminal，NPDTE)两种。PDTE 可直接接入 X. 25 网，而 NPDTE 则要通过分组装拆设备(Packet Assembler Disassembler PAD)接入 X. 25 网。

(2)X. 25 协议

X. 25 协议是 DTE 和 DCE 之间的接口规程。为了使用户设备经公共分组交换数据网的连接实现标准化，国际电信联盟(International Telecommunication Union，ITU)提出了 X. 25 建议，该建议规定了以分组方式工作的用户数据终端与通信子网的数据电路端接设备(Data Circuit Terminating Equipment，DCE)之间的接口标准，X. 25 协议所规定的正是关于这一接口的标准。

X. 25 网包括 OSI/RM 中的下三层，即物理层、数据链路层和网络层。各层在功能上互相独立，每一层接收来自下一层的数据，并为上一层提供服务。从 OSI/RM 来看，X. 25 网相当于通信子网。

①物理层像是一条串行通道，其接口标准是 X. 21 协议，控制功能主要由数据链路层和网络层来完成。

②数据链路层的主要功能是在 DTE 和 DCE 之间有效地传输数据，确保收发之间的同步及检测，以及纠正传输中的误码等。接口标准是平衡链路接入规程，它是 HDLC 协议的一个子集。

③网络层提供虚电路服务。其功能是在 X. 25 接口处为每个用户提供一个逻辑信道，为每个用户的呼叫连接提供有效的分组传输，以及检测和恢复分组层的误码等。在这一层上，DTE 和 DCE 之间可建立多条逻辑信道(0～4095 号)，这样，可使一个 DTE 同时与网上多个 DTE 建立虚电路并进行通信。用户设备以点对点的方式接入 PDN 时，虽然只有单一的物理链路，但能在单一的物理链路上同时复用多条逻辑通道，即虚电路，能够使一个用户同时和网上其他多个用户建立虚电路并进行通信，同时，它支持交换虚电路和永久虚电路。

X. 25 网在设计时就着眼于高可靠性，在网络的第二层协议上采用了可靠措施，在第三层协议上使用的是面向连接的虚电路服务。同时在网络内部的每个交换节点至少与另外两个交换机相连，从而提高抗毁性和可靠性。当一个交换机出现故障时能够自动迂回路由，保证网络的可用性。X. 25 网的突出优点是可以在一条物理电路上同时开放多条虚电路，为多个用户同时使用。并且它面向连接，提供可靠交付的虚电路服务，保证服务质量，而且网络具有动态路由功能和复杂、完备的误码纠错功能。X.25 网可提供点对点、一点对多点、多点对多点等多种通信方式，可用于实现终端与主机、主机与主机、主机与 LAN、LAN 与 LAN 之间等的互联。

在早些年，计算机的价格较高，而且通信线路的传输质量一般都比较差，误码率较高，而 X.25 网的面向连接服务能够提供可靠交付的虚电路服务，能保证服务质量，同时还能提供流量控制功能，所以在当时 X.25 网是一种很受欢迎的网络。到了 20 世纪 90 年代，情况发生了很大的变化，通信主干线已经大量使用光纤技术，数据传输质量大大提高，误码率大幅度降低，所以 X.25 网复杂的数据链路层协议和网络层协议已经显得多余了，足够智能的用户计算机完全可以实现差错控制和流量控制，X.25 分组交换网退出了历史舞台。

2. 帧中继

X.25 网是在早期通信线路非常容易产生误码的情况下出现的，为了在不太可靠的物理链路上确保传输无差错，在每个节点都需要做大量的处理，例如差错检测和恢复等，所以 X.25 网不能提供高速服务，不适合高速分组交换。在 20 世纪 80 年代后期，由于应用技术的发展，要求增加分组交换的速率，因此就需要一种新型的快速网络，帧中继就是为这一目的而提出来的一种快速分组交换技术。

随着光纤技术的发展，传输过程中的误码率大幅降低，同时 PC 技术的提高使用户本身也有了很强的差错检测和恢复能力，X.25 网内节点需要处理的内容有很多不再需要了。如果减少节点对每个分组的处理时间，则各分组通过网络的时间延迟就会减少，同时节点对分组的处理能力也就增大了。在这样的基础上，帧中继诞生了。

帧中继(Frame Relay，FR)是在 OSI/RM 第二层用简化的方法传送和交换数据单元的一种技术。该技术实质上是由 X.25 分组交换技术演变而来的，帧中继仅提供 OSI/RM 物理层和数据链路层的核心功能，如复用功能、虚电路等，将差错控制和流量控制均交由用户终端去完成，所以大大缩短了节点的时延，提高了网内数据的传输速率。与 X.25 相比，帧中继不再强调数据传输的可靠性，而着重于数据的快速传输，中间节点无须执行收妥确认和请求重发等操作。用户数据以数据链路层的帧为单位进行传输，所以称为帧中继。

帧中继的原理比较简单，它假设帧的传送基本上不会出错，因此，当一个节点收到一个帧的首部时，只要查出帧的目的地址就立即开始转发该数据帧，使帧直接“穿越”节点被转接到输出链路上。而将节点的流量控制、差错控制等任务留给智能终端去完成。这样就大大减少了帧在节点中的存储和处理时间，使帧中继网的吞吐量比 X.25 网提高了很多。这种数据传输方式也称为 X.25 的流水线方式。帧中继的工作过程如图 4-39 所示。

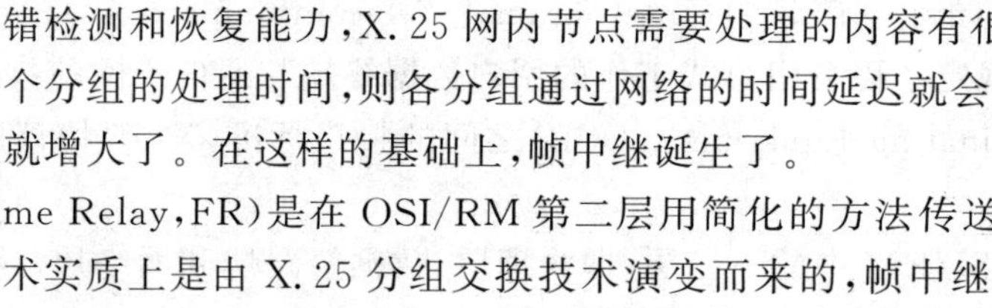

图 4-39　帧中继的工作过程

像上面这样一边接收帧一边转发此帧的方式，称为快速分组交换。帧中继的帧长度是可变的。还有一种称为信元中继(Cell Relay)的快速分组交换方式,它采用固定帧长,每一个帧称为一个信元,这就是 ATM 技术。

综上所述,帧中继主要具有以下特点:

(1)工作在物理层和数据链路层,与高层协议无关,能支持任何高层协议。

(2)可以共用端口,在一个物理端口上支持多个虚电路,适合一点对多点的连接。

(3)采用面向连接的虚电路方式,可提供交换虚电路和永久虚电路业务。

(4)协议简单,传输速度快,向用户提供的典型速率是 64 kb/s～2.048 Mb/s。

(5)提供动态带宽管理机制,适合于传输突发性数据。

帧中继既可作为公用网络的接口,也可作为专用网络的接口。专用网络接口的典型实现方式是,为所有的数据设备安装带有帧中继网络接口的 T1 多路选择器,而其他如语音传输、电话会议等应用则仅需安装非帧中继的接口。在这两类网络中,连接用户设备和网络装置的电缆可以用不同速率传输数据,一般速率在 56 kb/s 到 E1 速率(2.048 Mb/s)之间。帧中继的常见应用如下:

(1)局域网的互联。帧中继支持不同数据速率的能力,使其非常适于处理局域网到局域网的突发数据流量。传统的局域网互联,每加一条端到端线路,就要在用户的路由器上增加一个端口。基于帧中继的局域网互联,只要局域网内每个用户至网络间有一条带宽足够的线路,则既不用增加物理线路也不占用物理端口,即可增加端到端线路,而不会对用户性能产生影响。

(2)语音传输。帧中继不仅适用于对时延不敏感的局域网应用,还可以进行对时延要求较高的低档语音(质量低于长途电话)的应用。

(3)文件传输。帧中继既可以保证用户所需的带宽,又有令人满意的传输时延,非常适合大流量文件的传输。

4.8.4 异步传输模式

当今人们对通信的要求越来越高,除原有的语音、数据、传真业务外,还要求综合传输高清晰度电视、广播电视、高速数据传真等宽带业务。现今的任何网络(例如电话网、公用分组交换网、LAN、WAN、MAN、CATV 等)都无法完成,因为这些网络都是面对特定业务类型设计的,既不能满足未来用户对通信业务的高速度、多样化及灵活性的要求,也克服不了在网络维护和管理上给网络运营者带来的困难,所以无论从用户的角度还是从网络运营者的角度,都希望建立一个单一的网络,且这个网络既能传送高速信号,也能传送低速信号;既能适应语音信号的时延特性,又能适应数据信号的误码特性,进而也能适应图像信号的传输。这种网络便是宽带综合业务数字网(Broadband ISDN,B-ISDN)。

针对窄带综合业务数字网(Narrowband ISDN,N-ISDN)的不足提出的高速传输网络 B-ISDN 的设计目标是,以光纤为传输介质,提供远远高于一次群速率的传输信道,并对不同的业务采用相同的交换方法,即致力于真正做到用统一的方式来支持多种不同的业务。为此,一种新的数据交换方式即异步传输模式被提出来。现在异步传输模式技术作为关键技术成为 B-ISDN 的重要基础。

1. ATM 基本概念

异步传输模式(Asynchronous Transfer Mode,ATM)是一种转换模式,在这一模式中信息被组织成固定长度的信元(Cell),包含一段信息的信元并不需要周期性地出现在信道上,从这个意义上说,这种传输是异步的。这种模式不严格要求信元交替地从不同的源到来,信元可以从任意不同的源到来,而且不要求从一个数据源到来的信元是连续的,数据信元之间可以有间隔,这些间隔由特殊的空闲信元填充。

ATM 是一种面向连接的高速交换和多路复用技术,可以同时传送各种信息,包括图像、声音和数据。

ATM 技术综合了电路交换的可靠性和分组交换的高效性,借鉴了两种交换方式的优点,采用基于信元的统计时分复用技术,将来自不同信息源的信元汇集到一起,在一个缓冲期内排队,队列中的信元逐个输出到传输线路,在传输线路上形成首尾相接的信元流。信元的信头中写有信息的标识,说明信元所去的地址,网络根据信头中的标识来传送信元。

由于信息源传输信息是随机的,信元到达队列也是随机的,速率高的业务信元来得十分频繁,速率低的业务信元来得很稀疏。信元按输出次序复用在传输线路上,信元在传输线路上并不对应某个固定的时隙,也不是按周期出现的,即不采用固定时隙,而是按需动态分配时隙,只要时隙空闲,任何允许发送的数据信元都能占用。正是这种统计时分复用方式,使得 ATM 具有很大的灵活性,任何业务都按实际需要来占用资源,对特定的业务,传送的速率随信息到达的速率而变化,因此,网络资源可以得到最大限度的利用。

ATM 网络系统由 ATM 业务终端、ATM 复用器、ATM 交换机、传输介质等部分组成,如图 4-40 所示。其中,ATM 交换机是 ATM 网络的核心,它采用面向连接的方式实现信元交换。

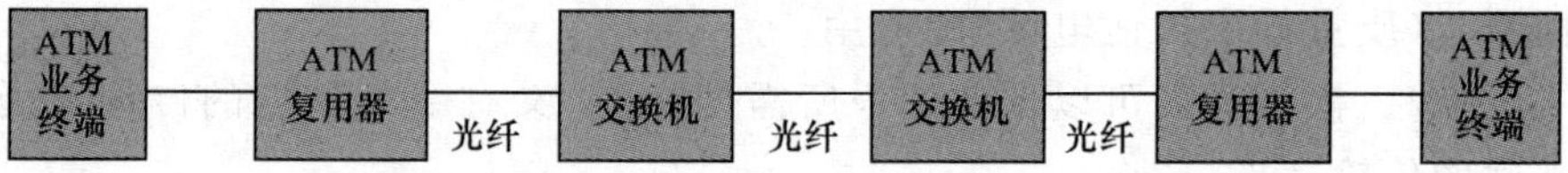

图 4-40 ATM 网络系统组成

ATM 交换节点的工作比 X. 25 分组交换网中的节点要简单得多。ATM 交换节点不做差错控制,也不参与流量控制,这些工作都留给终端去做。ATM 交换节点的主要工作就是读信头,并根据信头的内容快速将信元送出,这项工作在很大的程度上依靠硬件来完成,所以 ATM 交换的速度非常快,可以和光纤的传输速度相匹配。

2. ATM 的信元结构

信元是 ATM 用于传输的基本数据单元,ATM 的信元实际上就是固定长度的分组,共有 53 B,分两个部分。其结构如图 4-41 所示。其中,前 5 个字节为首部,载有信元的地址信息和一些控制信息,主要完成寻址的功能;后 48 个字节为有效载荷,载有来自各种不同业务的用户信息。话音、数据、图像等所有数字信息都要经过切割,封装成统一格式的信元进行传输,并在接收端恢复成所需格式。

ATM 的首部有两种格式,分别对应两个重要的接口:用户-网络接口(User Network Interface,UNI)和网络节点接口(Network Node Interface,NNI)。UNI 信头的格式如图 4-41 所示,其中各字段的含义及功能如下:

(1)通用流量控制(General Flow Control,GFC)字段:当多个信元等待传输时,用以确定发送顺序的优先级。

(2)虚路径标识(Virtual Path Identifier,VPI)和虚通道标识(Virtual Channel Identifi-

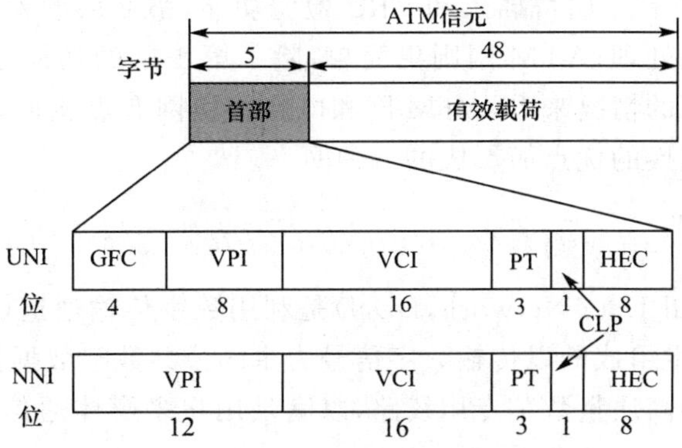

图 4-41　ATM 的信元结构

er,VCI)字段:用作路由选择。

(3)负荷类型(Payload Type,PT)字段:用以标识信元数据字段所携带的数据类型。

(4)信元丢失优先级(Cell Loss Priority,CLP)字段:用于阻塞控制,若网络出现阻塞,先丢弃 CLP 置位的信元。

(5)信头差错控制(Header Error Control,HEC)字段:用以检测信头中的差错,并可纠正其中的 1 位错。HEC 的功能在物理层实现。

3. ATM 的层次结构

ATM 进一步简化了网络功能,不参与任何数据链路层功能,将差错控制与流量控制工作都交给终端去做。ATM 参考模式分为三层:下面是物理层,中间是 ATM 层,上面是 ATM 适配层(ATM Adaptation Layer,AAL)。ATM 层次结构如图 4-42 所示。

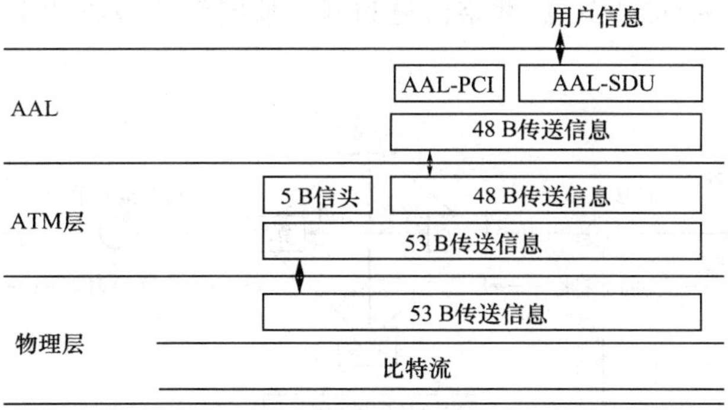

图 4-42　ATM 层次结构

AAL 负责与用户层交换信息,它将上层传递下来的数据分割打包为 ATM 信元,将从 ATM 层传递上来的 ATM 信元组合为原始数据。AAL 层可以进行流量控制和差错控制,并支持不同的流量和服务类型。

ATM 层主要完成信元的交换和复用功能。

ATM 的物理层主要是将数据编码并解码为适当的电波或光波形式,用于在特定物理介质上传输和接收。物理层通常使用的介质有光纤、双绞线等。

从分组交换、帧中继和 ATM 交换三种方式的功能比较中可以看出,分组交换网的节点参与了 OSI/RM 第 1 层到第 3 层的全部功能;帧中继节点只参与第 2 层功能的核心部分,即数据链路层中的帧定界、0比特插入和CRC检验功能，第2层的差错控制和流量控制以及第3层功能则由终端处理；ATM网则更简单，除了第1层的功能之外，交换节点不参与任何工作。从功能分布的情况来看，ATM网和电路交换网有点相似，可以说ATM网是综合了分组交换和电路交换的优点而形成的一种网络。

4.8.5 数字数据网

数字数据网(Digital Data Network，DDN)是利用数字传输通道(如光纤、数字微波、卫星)和数字交叉复用技术组成的以传输数字信号为主的公共数字数据传输网络。DDN可以为用户提供各种速率的高质量数字专用线路，以满足用户多媒体通信和组建中高速计算机通信网络的需要。

1. DDN的特点

DDN区别于传统的模拟电话专线，其显著特点是：采用纯数字线路，传输质量高，时延小；信道固定分配，将多路复用技术应用于数字传输信道，支持多个用户共享通信资源；可支持网络层以及其上的任何协议，从而可满足数据、图像、声音等多种业务的需要。网络运行管理简便，没有任何检错、纠错功能；DDN的基本速率为64 kb/s，用户租用的信道速率应为64 kb/s的整数倍。

DDN和X.25的区别：X.25是一个面向连接的虚电路分组交换网，需要呼叫建立临时虚连接，而DDN不具备交换功能，在申请专线后，连接就已建立。X.25按流量计费，DDN可以按固定的月租收费。所以DDN更适用于具有实时性、突发性、高速和通信量大等特点的系统。

2. DDN的组成

DDN由用户环路、DDN节点、数字信道和网络控制管理中心四个部分组成，其组成结构如图4-43所示。

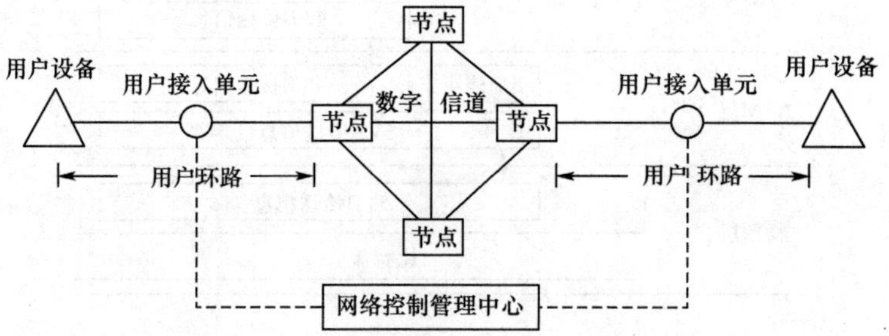

图4-43 DDN的组成结构

(1)用户环路。又称为用户接入系统，通常包括用户设备、用户线和用户接入单元。用户设备通常是数据终端设备，如电话机、传真机、个人计算机以及用户自选的其他用户终端设备。目前用户线一般采用市话电缆的双绞线。用户接入单元可由多种设备组成，对目前的数据通信而言，通常是基带型或频带型单路或多路复用传输设备。

(2)DDN节点。从功能区分，DDN节点可分为用户节点、接入节点和E1节点。从网络结构区分，DDN节点可分为一级干线网节点、二级干线网节点及本地网节点。用户节点主要为DDN用户入网提供接口并进行必要的协议转换，包括小容量时分复用设备，以及LAN

通过帧中继互联的桥接器/路由器等；接入节点主要为DDN各类业务提供接入功能；E1节点用于网上的骨干节点，执行网络业务的转接功能，主要提供2 048 kb/s接口，对$N\times 64$ kb/s进行复用和交叉连接，以收集来自不同方向的$N\times 64$ kb/s电路，并把它们归并到适当方向的E1输出，或直接接到E1进行交叉连接。

(3)数字信道。使用光纤、数字微波、卫星作为数字信道。

(4)网络控制管理中心。包括用户接入管理，网络资源的调度和路由管理，网络状态的监控，网络故障的诊断、报警与处理，网络运行数据的收集与统计，计费信息的收集与报告等。

3. DDN的业务应用

DDN的基本业务就是向客户提供多种速率的数字数据专线服务，这种业务适用于局域网之间的互联、不同类型网络的互联以及会议电视等图像业务的传输。如果租用一条DDN专线，两端加上复用设备，把分处两地的电话系统和计算机系统连接起来，即可在两地间方便地通信。这样既节省了两地之间的长途电话费用，又能实现计算机系统的互联互通。

(1)话音或传真业务。DDN可以提供模拟专线业务，在一条线路上同时支持电话和传真，支持标准的语音压缩，质量优良。

(2)VPN业务。VPN是Virtual Private Network的简写形式，意思是虚拟专网。所谓虚拟是指客户并没有真正拥有一个物理网，而是基于DDN智能化的特点，利用DDN的网络资源所形成的一种网络，这种专用网络可根据客户需要而设置。VPN可以支持数据、语音及图像业务，也可以支持DDN所具有的其他业务。人们可以利用VPN组建自己的专用计算机网络，不仅通信质量、安全可靠性能得到保证，而且避免了重复投资，节省了远距离联网的费用。

习题巩固

一、名词解释

网络层；虚电路；IPv4；IPv6；子网；子网编码；ICMP；路由协议；路由算法；IP多播；IGMP；移动IP；广域网；ATM；DDN。

二、单项选择题

1. 下面有关虚电路和数据报的特性，正确的是(　　)。

A. 虚电路和数据报分别为面向无连接和面向连接的服务

B. 数据报在网络中沿同一条路径传输，并且按发出顺序到达

C. 虚电路在建立连接之后，分组中只需要携带连接标识

D. 虚电路中的分组到达顺序可能与发出顺序不同

2. 下列IP地址中书写正确的是________。

A. 192.168.2.22　　B. 192.16.9.268

C. 166 163 268 8　　D. 192,168,222,1

3. 目前使用的IPv4地址由(　　)个字节组成。

A. 2　　B. 4　　C. 8　　D. 16

4. 我们将IP地址分为A、B、C三类，其中B类的IP地址第一个字节的取值范围是(　　)。

A. 127～191　　B. 128～191　　C. 129～191　　D. 126～191

5. 以下对 IP 地址说法不正确的是(　　)。

A. 一个 IP 地址共 4 个字节

B. 一个 IP 地址以二进制表示共 32 位

C. 新 Internet 协议是发展第 6 版，简称 IPv6

D. 127.0.0.1 可以用在 A 类网络中

6. IP 地址共 5 类，常用的有(　　)类，其余留作其他用途 。

A. 1　　B. 2　　C. 3　　D. 4

7. 下述协议中，不建立于 IP 之上的协议是(　　)。

A. ARP　　B. ICMP　　C. SNMP　　D. TCP

8. 在数据传输过程中路由是在(　　)实现的。

A. 运输层　　B. 物理层　　C. 网络层　　D. 应用层

9. 在 IP 地址方案中，210.42.194.22 表示一个(　　)地址

A. A 类　　B. B 类　　C. C 类　　D. D 类

10. 如果 IP 地址为 202.130.191.33，子网掩码为 255.255.255.0，那么网络地址是(　　)

A. 202.130.0.0　　B. 202.0.0.0

C. 202.130.191.33　　D. 202.130.191.0

11. 现有一个 B 类网络地址 160.18.0.0，如要划分子网，每个子网最少允许 40 台主机，则划分时容纳最多子网时，其子网掩码为(　　)

A. 255.255.192.0　　B. 255.255.224.0

C. 255.255.240.0　　D. 255.255.255.192

12. 路由器(Router)是用于连接逻辑上分开的(　　)网络。

A. 1 个　　B. 2 个　　C. 多个　　D. 无数个

三、简答题

1. IP、ARP 和 RARP 是怎样互相配合完成网络层的包传输的？

2. 域名系统是如何解释域名的？

3. IP 地址为 126.68.24.0，子网掩码为 255.192.0.0，求该网段的广播地址。

4. 某 A 类网络 10.0.0.0 的子网掩码为 255.224.0.0，请确定可以划分的子网个数，写出每个子网的子网号及每个子网的主机范围。

5. 试分析 X.25、帧中继和 ATM 的技术特点，简述其优、缺点。

6. 子网掩码为 255.255.255.0 代表什么意思？

7. IP 地址分为几类？各类如何表示？IP 地址的主要特点是什么？

8. 一网络现在的掩码为 255.255.255.248，问该网络能够连接多少个主机？

9. 什么是最大传送单元？它和 IP 数据报的首部中的哪个字段有关系？

10. 至少举出两种不需要发送 ARP 请求分组的情况(不需要请求将某个项目的 IP 地址解为相应的硬件地址)。

11. 以下有 4 个子网掩码，哪些是不推荐使用的？为什么？(1)176.0.0.0；(2)96.0.0.0；(3)127.192.0.0；(4)255.128.0.0

第5章　传输层

5.1　传输层概述

传输层是 OSI 参考模型的第 4 层，它为上一层提供了端到端(End to End)可靠的信息传递。物理层使得各链路上能透明地传输比特流。数据链路层增强了物理层所提供的服务，使得相邻节点所构成的链路能够传输无差错的帧。网络层在数据链路层的基础上，提供路由选择、网络互联与协议转换等功能。而对于用户进程来说，希望得到的是端到端的服务(如主机 A 到主机 B 的 FTP)，传输层主要是建立应用间的端到端连接，并且为数据传输提供可靠或不可靠的连接服务。

5.1.1　传输层的基本功能

传输层是 OSI 参考模型中建立在网络层和会话层之间的一个层次，一般包括以下功能。

(1)连接管理(Connection Management)：定义了允许两个用户像直接连接一样开始交谈的规则。通常把连接的定义和建立过程称为握手(Handshake)。传输层要建立、维持和终止一个会话，传输层与其对等系统建立面向连接服务的会话。在数据传输开始时，发送方和接收方的应用都要通知各自的操作系统初始化一个连接，一台主机发起的连接必须被另一台主机接收才行。当所有的同步操作完成之后，一个连接就建立了，数据传输也就开始了，在传输的过程中，两台主机还需要继续通过协议软件来通信以验证数据是否被正确接收。数据传输完成后，发送端主机发送一个标识数据传输结束的指示。接收端主机在数据传输完成后确认数据传输结束，连接终止。

(2)流量控制(Flow Control)：网络以一定的速度发送数据，从而防止网络拥塞造成数据报的丢失。传输层和数据链路层的流量控制区别在于：传输层定义了端到端用户之间的流量控制；数据链路层定义了两个中间的相邻节点的流量控制。

(3)差错检测(Error Detection)：数据链路层的差错检测功能提供了可靠的链路传输，

但无法保证源点和目的地之间的传输完全无错,比如,网络中的路由器收到了完整无缺的IP分组,但是在将含有分组的帧重新格式化的过程中,出现了影响分组内容的错误。这种错误可能是由于软件或硬件问题导致路由器在进行分组期间引起的,并不是由于物理链路在进行数据传输过程中产生的差错,因此数据链路层的差错检测无法校验和识别出差错。传输层的差错检测机制会检测到这种类型的错误。

(4)对用户请求的响应(Response to User's Request):包括对发送数据和接收数据请求的响应,以及特定请求的响应,如用户可能要求高吞吐率、低延迟或可靠的服务。

(5)建立无连接或面向连接的通信:TCP/IP的TCP提供面向连接的传输层服务,UDP则提供面向无连接的传输层服务。

5.1.2 传输层的作用与地位

对于TCP/IP模型来说,传输层则是位于网络层和应用层之间的一个层次。那么为什么还要在网络层之上再提供一个传输层而不直接面向会话层或应用层呢?

首先,传输层(又称运输层)在TCP/IP参考模型中位于网络层之上,它的功能是使源端和目的端主机上的对等实体可以进行会话(和OSI参考模型的传输层一样),该层定义了两个端到端的协议。

其次,从网络传输质量的角度,网络层虽然提供了从源网络到目的网络的通信服务,但是其所提供的服务有可靠与不可靠之分,需要在网络层之上增加一个层次来弥补网络层所提供的服务质量的不足,以便为高层提供可靠的端到端通信。不可靠的IP协议提供“尽力而为”的服务,它不保证端到端数据传输的可靠性,IP分组在传输过程中可能会出现丢包、乱序或重复。也可以这样理解,网络层及以下部分是由通信子网来完成的,由于历史及经济原因,通信子网往往是公用数据网,是资源子网中的端用户所不能直接控制的,用户不可能通过更换性能更好的路由器或增强数据链路层的纠错能力来提高网络层的服务质量,所以端用户只能依靠在自己主机上所增加的传输层来检测分组的丢失或数据的残缺并采取相应的补救措施。

从通信子网的角度,也可以这样理解,作为资源子网中的终端用户是不可能对通信子网内部加以直接控制的,即不可能通过更换性能更好的路由器或增强数据链路层的纠错能力来提高网络层的服务质量,只能依靠在自己主机上所增加的这个传输层来检测分组的丢失或数据的残缺并采取相应的补救措施。所以传输层不仅有存在的必要,它还是OSI参考模型中非常重要的一层,起到承上启下的作用,从而被看成整个分层体系的核心。

但是,只有资源子网中的端设备才会具有传输层,通信子网中的设备一般至多只具备OSI下面3层的功能即通信功能。根据上述原因,通常又将OSI参考模型中的下面3层称为面向通信子网的层,而将传输层及以上的各层称为面向资源子网或主机的层。另一种划分则是将传输层及以下的各层统称为面向数据通信的层,而将传输层之上的会话层、表示层及应用层这些不包含任何数据传输功能的层统称为面向应用的层,传输层在OSI参考模型中的地位如图5-1所示。

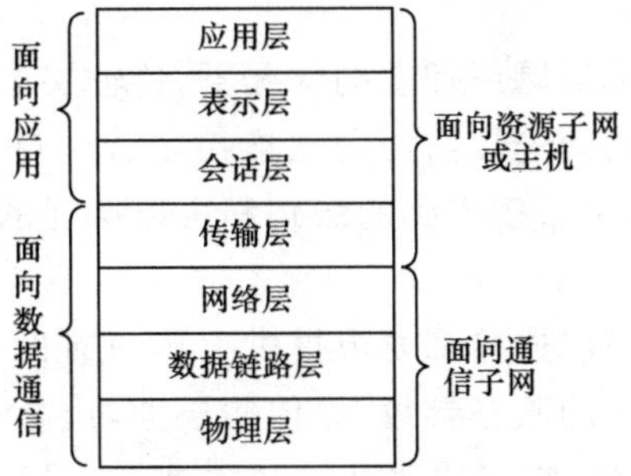

图 5-1　传输层在 OSI 参考模型中的地位

5.1.3　网络服务与服务质量

服务是计算机网络中一个非常重要的概念，它描述了计算机网络体系结构中相邻层之间的关系。在计算机网络层次结构中，N 层总是利用 $N-1$ 层所提供的服务，向 $N+1$ 层提供更加完善和更高质量的服务。N 层是服务的提供者，$N+1$ 层是服务的用户。例如，数据链路层利用了物理层所提供的原始比特流服务，向网络层提供了相邻节点间的可靠数据传输服务。作为服务，必然涉及服务质量的问题。在网络层次结构的每一层上都有服务质量的问题。例如，在物理层，提供的原始比特流传输有速率高低、误码率高低之分；在数据链路层，所提供的相邻节点间的帧传输服务有面向连接与面向无连接之分；在网络层，源到目的的分组传输根据通信子网的不同被分成了虚电路与数据报服务；在 IP 数据报中，还通过报头中的 ToS 字段提供了不同类型与优先级的数据报传输服务。在计算机网络中，通常将这种服务质量简称为 QoS。

那为什么到了传输层才将 QoS 明确地提出来呢？首先，传输层是 OSI 参考模型中面向通信的最高层，在它上面的各层都是面向应用的层，因此在传输层衡量网络通信提供给高层应用的服务质量是最为恰当的。其次，尽管传输层所提供的很多 QoS 指标是由通信子网的服务和服务质量所决定的，但传输层还是可以通过许多机制来提高网络服务的可靠性。

衡量传输层服务质量的主要参数如下：

(1)连接建立延迟：从传输服务用户要求建立连接到收到连接确认之间所经历的时间；它包括了远端传输实体的处理延迟；连接建立延迟越短，服务质量越好。

(2)连接建立失败的概率：在最大连接建立延迟时间内，连接未能建立的可能性；由于网络拥塞，缺少缓冲区或其他原因造成的失败。

(3)吞吐率：吞吐率是在某个时间间隔内测得的每秒钟传输的用户数据的字节数；每个传输方向分别用各自的吞吐率来衡量。

(4)传输延迟：传输延迟是指从源主机传输用户发送报文开始到目的主机传输用户接收到报文为止的时间；每个方向的传输延迟是不同的。

(5)残余误码率：残余误码率用于测量丢失或乱序的报文数占整个发送的报文数的百分比；理论上残余误码率应为零，实际上它可能是一较小的值。

(6)安全保护：安全保护为传输用户提供了传输层的保护，以防止未经授权的第三方读取或修改数据。

(7)优先级：为传输用户提供用以表明哪些连接更为重要的方法；当发生拥塞事件时，确保高优先级的连接先获得服务。

(8)恢复功能:当出现内部问题或拥塞的情况下,传输层本身自发终止连接的可能性。

传输层提供的服务也有面向连接与面向无连接之分。对于面向连接服务,可以在连接建立阶段,就各种服务参数指定希望得到的级别和可以接受的最低限度,并就此与目的主机进行必要的协商。

请注意并不是所有的传输层连接都要求提供上述所有的服务参数,取决于传输层用户的具体需求。当用户指定相应的服务参数,而传输层通过检查服务质量参数发现自己不能达到用户所希望的质量参数时,它可以采用两种方式:一是决定不与目的主机建立传输连接,并直接通知传输用户连接请求失败;二是降低要求,然后再请求建立连接。

5.2 UDP

5.2.1 UDP 概述

由于 TCP/IP 的网络层提供的是面向无连接的数据报服务,也就是说,IP 数据报传输会出现丢失、重复或乱序的情况,因此在 TCP/IP 网络中传输层就变得极为重要。TCP/IP 的传输层提供了两个主要的协议即用户数据报协议(User Datagram Protocol,UDP)和传输控制协议(Transport Control Protocol,TCP)。

UDP 提供的是不可靠的、无连接的数据传输服务。UDP 在完成进程之间的通信过程中,只提供了非常有限的差错检验功能,不提供数据接收的确认、排序和流量控制等功能,因此数据传输可能会出现丢失、乱序和重复现象。从这一点看,UDP 与网络层的 IP 类似,所以被称为用户数据报协议。

由于 UDP 的功能简单,所以协议的设计也相对简单。提供 UDP 这么一个较简单的传输层协议是希望以较小的开销(Overhead)来实现网络进程间的通信。UDP 非常适用于通信子网的传输质量或可靠性较高的网络环境,如局域网。另外,对于那些一次性传输数据量较小同时对数据传输可靠性要求又不高的网络应用,例如,SNMP、DNS、TFTP 数据的传输,也可以采用 UDP。因为对于这些一次性传输数据量较小的网络应用,若采用 TCP 服务,则所付出的关于连接建立、维护和拆除的开销是非常不合算的。近年来,随着 IP 电话、视频会议、流媒体通信、网络多播等实时应用的流行,UDP 也被用来作为这些应用的传输层协议。这类应用有一些共同的特点:要求源主机提供恒定的数据发送速率;在网络出现拥塞时,允许丢失部分数据;网络延迟要尽可能地小。因此,UDP 能够很好地适应它们的应用需求。使用 UDP 为传输层协议的网络应用其可靠性的问题需要由使用 UDP 的应用程序来解决。

UDP 只在 IP 的数据报服务之上增加了很少的功能,这就是端口的功能(有了端口,运输层就能进行复用和分用)和差错检测的功能。UDP 在某些方面有如下特殊的优点:

(1)发送数据之前不需要建立连接,减少了开销和发送数据之前的时延。

(2)UDP 不使用拥塞控制,也不保证可靠交付,因此主机不需要维持具有许多参数的、复杂的连接状态表。

(3)UDP 用户数据报只有 8 B 的首部开销。

(4)由于 UDP 没有拥塞控制,因此网络出现的拥塞不会使源主机的发送速率降低,这对某些实时应用是很重要的。很多的实时应用(如 IP 电话、实时视频会议等)要求源主机以恒定的速率发送数据,并且允许在网络发生拥塞时丢失一些数据,但却不允许数据有太大的时延,UDP 正好符合这种要求。

UDP 常用于一次性传输数据量较小的网络应用,如 SNMP、DNS 应用数据的传输。因为对于这些一次性传输数据量较小的网络应用,若采用 TCP 服务,则所付出的关于连接建立、维护和拆除的开销是非常不合算的。

5.2.2 UDP 数据报的首部格式

UDP 有两个字段:数据字段和首部字段。首部字段只有 8 B,由 4 个字段组成,每个字段都是 2 B,如图 5-2 所示,各字段意义如下。

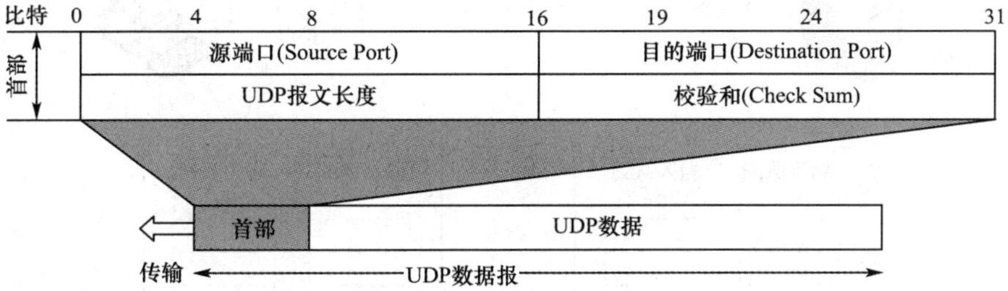

图 5-2 UDP 数据报的首部

一个 UDP 数据报由首部和 UDP 数据两部分组成。其中,首部的固定长度为 8 B,由 4 个各 16 b 长度的字段组成。它们分别为源端口、目的端口、UDP 报文长度以及校验和。

(1)源端口:占 16 b,源端口号。

(2)目的端口:占 16 b,目的端口号。

(3)UDP 报文长度:占 16 b,UDP 用户数据报的长度。

(4)校验和:占 16 b,防止 UDP 用户数据报在传输中出错。

在 UDP 中也采用与 TCP 中类似的端口概念来标识同一主机上的不同网络进程,并且两者在分配方式上也是类似的。UDP 与应用层之间的端口都是用报文队列来实现的。

5.2.3 UDP 的工作过程

UDP 提供无连接服务,用户数据报在发送之前不需要建立连接。当应用进程有报文需要通过 UDP 发送时,它将此报文直接交给执行 UDP 的传输层实体。报文的长度要足够短,以便能装入一个 UDP 数据报中,所以只有发送短报文的进程才选用 UDP。UDP 传输层实体在得到应用进程的报文后,为它加上 UDP 报头,变成 UDP 数据报后交给网络层。网络层在 UDP 用户数据报前面加上 IP 报头,形成 IP 分组,再交给数据链路层。数据链路层在 IP 分组上加上帧头和帧尾,变成一个帧,然后通过物理层发送出去。对于目的端,则是一个相反的拆封过程。

由于 UDP 提供无连接服务，所以每个 UDP 用户数据报的传输路径都是独立的。即使那些 UDP 用户数据报的源端口号和目的端口号相同，它们在网络上的传输路径也可能是不同的，取决于网络层为每个数据报所进行的路径选择。一个先发送的 UDP 用户数据报因为网络路径的不同，可能会较一个晚发送的 UDP 用户数据报后到。

UDP 是一个不可靠的协议，不提供确认、流量控制等可靠传输机制，所以对于 UDP 的接收端来说，一旦到来的报文过多，就会因为溢出而使报文丢失。另外，由于 UDP 只提供简单的校验和，没有确认、重传等差错控制机制，因此当接收进程通过校验和发现传输出错时，只是简单地将该出错的用户数据报丢弃，并不向发送进程提供错误通知。相应地，采用 UDP 的应用进程需要在应用层提供必要的差错控制机制。

为了区分同一台主机并发运行的多个 UDP 进程，传输层实体采用了一种与 UDP 端口相关联的用户数据报传输队列机制。如图 5-3 所示给出了一对用户进程通过 UDP 进行数据交换时，用户数据报传输队列的工作原理的简单示意。

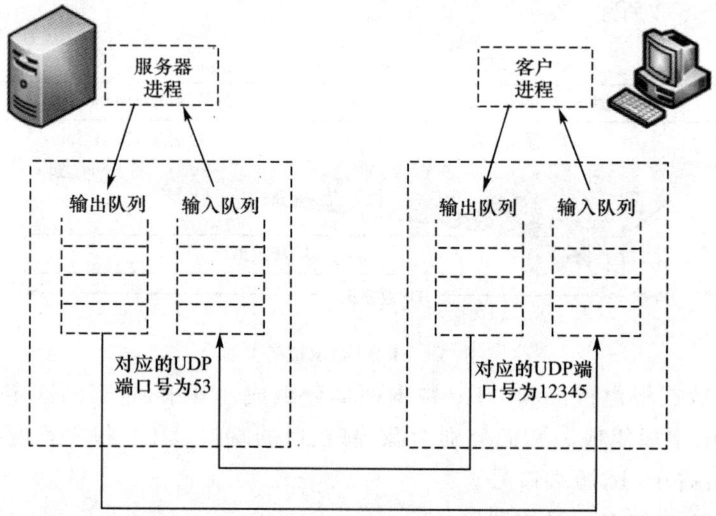

图 5-3　用户数据报传输队列的工作原理

当客户进程启动时，UDP 为该进程分配一个临时端口号(假定为 12345)，并同时创建与该端口号对应的一个输出队列和一个输入队列。所有该客户进程要发送的用户数据报，被写入输出队列；而从服务器端对等进程返回的用户数据报，则放在该客户进程端口号所对应的输入队列中。如果输入队列产生溢出或创建问题，客户端将无法接收从服务器端对等进程所返回的数据，此时，客户端会丢弃这些用户数据报，并请求客户机通过 ICMP 向服务器端发送“端口不可到达”的出错报文。如果输出队列发生溢出，操作系统就会要求客户进程降低用户数据报的发送速率。

在服务器端，用户数据报传输队列的创建机制是不同的。只要服务器进程开始运行，UDP 进程就会用相应的著名端口号去创建一个输入队列和一个输出队列。只要服务器进程在运行，这些队伍就一直存在，不管是否有客户进程在请求。当客户的 UDP 请求到达时，服务器端的 UDP 要检查对应于该用户数据报目的端口的输入队列是否已经存在，若已经存在，则将收到的客户 UDP 请求放在该输入队列的末尾，否则，就丢弃该用户数据报，并通过 ICMP 向客户端发送“端口不可到达”的报文。对于服务器进程而言，不管 UDP 请求是否来自不同的客户端，都要被放入同一个输入队列。当输入队列发生溢出时，UDP 服务器进程就丢弃该用户数据报，并请求通过 ICMP 向客户端发送“端口不可到达”的报文。当服务器进程需要向客户发送用户数据报时，它就将发送报文放到该服务器进程端口号所对应的输出队列。若输出队列发生溢出，操作系统会要求该服务器进程在继续发送报文之前先等待一段时间。

5.3 TCP

尽管 TCP/IP 网络层提供的是一种面向无连接的 IP 数据报服务，但传输层的 TCP 旨在向 TCP/IP 应用层提供一种端到端的面向连接的可靠的数据流传输服务。TCP 常用于一次传输要交换大量报文的情形，如文件传输、远程登录等。

为了实现这种端到端的可靠传输，TCP 必须规定传输层的连接建立与拆除的方式、数据传输格式、确认的方式、目标应用进程的识别以及差错控制和流量控制机制等。与所有网络协议类似，TCP 将自己所要实现的功能集中体现在了 TCP 的协议数据单元中。

5.3.1 TCP 分段的格式

TCP 的协议数据单元被称为分段(Segment)，TCP 通过分段的交互来建立连接、传输数据、发出确认、进行差错控制、流量控制及关闭连接。分段分为两部分，即分段头和数据。所谓分段头就是 TCP 为了实现端到端可靠传输所加上的控制信息，而数据则是指由高层即应用层传送的数据。图 5-4 给出了 TCP 分段头的格式，其中有关字段的说明如下。

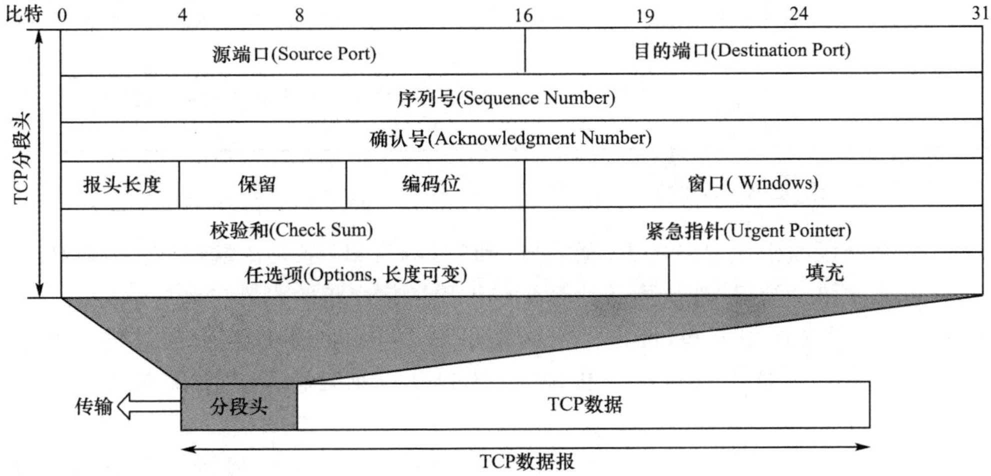

图 5-4 TCP 分段头的格式

(1)源端口：占 16 b，分段的源端口号。

(2)目的端口：占 16 b，分段的目的端口号。

(3)序列号：占 32 b，分段的序列号，表示该分段在发送方数据流中的位置，用来保证到达数据顺序的编号。

(4)确认号:占 32 b,下一个期望接收的 TCP 分段号,相当于是对对方所发送的并已被本方正确接收的分段的确认。序列号和确认号共同用于 TCP 服务中的确认、差错控制。

(5)报头长度:TCP 头长,以 32 b 字长为单位。实际上相当于给出数据在数据段中的开始位置。

(6)保留:占 6 b,为将来的应用保留,目前置为 0。

(7)编码位:占 6 b,TCP 分段有多种应用,如建立或关闭连接、传输数据、携带确认等,这些编码位用于给出与分段的作用及处理有关的控制信息,TCP 分段头中编码位字段的含义见表 5-1。

(8)窗口:占 16 b,窗口的大小表示发送方可以接收的数据量,单位为字节。使用可变大小的滑动窗口协议来进行流量控制。

(9)校验和:占 16 b,用于对分段首部和数据进行校验。通过将所有 16 b 以补码形式相加,然后再对应相加和取补,正常情况下应为 0。

(10)紧急指针:占 16 b,给出从当前序列号到紧急数据位置的偏移量。

(11)任选项:长度可变。TCP 只规定了一种选项,即最大报文段长度(MSS)。

(12)填充:当任选项字段长度不足 32 b 字长时,需要加以填充。

(13)数据:来自高层,即应用层的协议数据。

表 5-1　TCP 分段头中编码位字段的含义

编码位(从左到右)的标识	该位置 1 的含义
紧急比特(URG)	表示启用了紧急指针字段
确认比特(ACK)	表示确认字段是有效的
推送比特(PSH)	请求急迫操作,即分段一到马上发送应用程序而不等到接收缓冲区满时才发送应用程序
复位比特(RST)	连接复位。复位因主机崩溃或其他原因而出现错误的连接,也可用于拒绝非法的分段或拒绝连接请求
同步比特(SYN)	与 ACK 合用以建立 TCP 连接。如 SYN=1,ACK=0 表示连接请求;而 SYN=1,ACK=1 表示同意建立连接
终止比特(FIN)	表示发送方已无数据要发送从而要释放连接,但接收方仍可继续接收发送方此前发送的数据

5.3.2 端口和套接字

上面 TCP 分段的格式中出现了"源端口"和"目的端口"字段,"端口"是英文 Port 的意译,作为计算机术语,"端口"被认为是计算机与外界通信交流的出入口。

由网络 OSI 参考模型可知,传输层与网络层最大的区别是传输层提供进程通信的能力,网络通信的最终地址不仅包括主机地址,还包括可描述网络进程的某种标识。所以 TCP/IP 所涉及的端口是指用于实现面向连接或无连接服务的通信协议端口,是对网络通信进程的一种标识,其属于一种抽象的软件结构,包括一些数据结构和 I/O(输入/输出)缓冲区,故属于软件端口范畴。应用程序(调入内存运行后一般称为进程)通过系统调用与某传输层端口建立绑定(Binding)后,传输层传给该端口的所有数据都被建立这种绑定的相应进程所接收,相应进程发给传输层的数据也都从该端口输出。在 TCP/IP 的实现中,端口操作类似于一般的 I/O 操作,进程获取一个端口,相当于获取本地唯一的 I/O 文件,可以用一般的读/写方式访问。

每个端口都拥有一个叫作端口号的整数描述符，用来标识不同的端口或进程。在 TCP/IP 传输层，定义一个 16 b 长度的整数作为端口标识，也就是说可定义 21 个端口，其端口号从 0 到 $2^{16}-1$。由于 TCP/IP 传输层的 TCP 和 UDP 两个协议是两个完全独立的软件模块，因此各自的端口号也相互独立，即各自可独立拥有 2^{16} 个端口。

应用层与传输层之间的接口如图 5-5 所示，每种应用层协议或应用程序都具有与传输层唯一连接的端口，并且使用唯一的端口号将这些端口区分开来。当数据流从某一个应用发送到远程网络设备的某一个应用时，传输层根据这些端口号，就能够判断出数据是来自哪一个应用，想要访问另一台网络设备的哪一个应用，从而将数据传输到相应的应用层协议或应用程序。

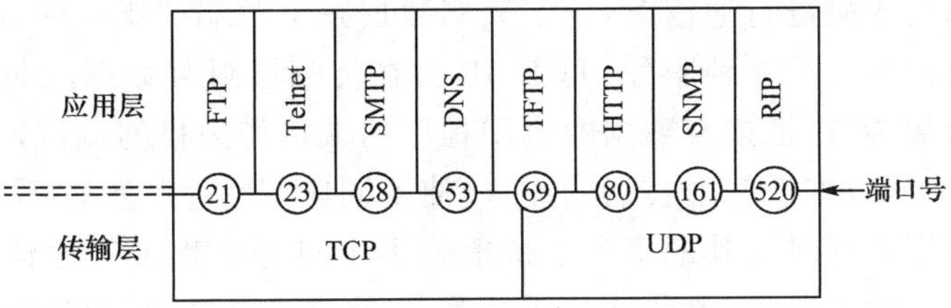

图 5-5　应用层与传输层之间的接口

端口根据其对应的协议或应用不同，被分配了不同的端口号。负责分配端口号的机构是 Internet 编号管理局(IANA)。目前，端口的分配有三种情况，这三种不同的端口可以根据端口号加以区别。

(1)保留端口。这种端口号一般都小于 1 024。它们基本上都被分配给了已知的应用协议(如图 5-5 中的部分端口)。目前，这一类端口的端口号分配已经被广大网络应用者接受，形成了标准，在各种网络的应用中调用这些端口号就意味着使用它们所代表的应用协议。这些端口由于已经有了固定的使用者，所以不能被动态地分配给其他应用程序。表 5-2 给出了一些常用保留端口。

表 5-2　　TCP 和 UDP 的一些常用保留端口

	端口号	关键字	应用协议
UDP 保留端口举例	53	DNS	域名服务系统
	69	TFTP	简单文件传输协议
	161	SNMP	简单网络管理协议
	520	RIP	RIP 路由选择协议
	80	HTTP	超文本传输协议
TCP 保留端口举例	21	FTP	文件传输协议
	23	Telnet	虚拟终端协议
	28	SMTP	简单邮件传输协议
	53	DNS	域名服务

(2)动态分配的端口。这种端口的端口号一般都大于 1 024。这一类的端口没有固定的使用者，它们可以被动态地分配给应用程序使用。也就是说，在使用应用软件访问网络时，应用软件可以向系统申请一个大于 1 024 的端口号临时代表这个软件与传输层交换数据，并且使用这个临时的端口与网络上的其他主机通信。

(3)注册端口。注册端口比较特殊,它也是固定为某个应用服务的端口,但是它所代表的不是已经形成标准的应用层协议,而是某个软件厂商开发的应用程序。

某些软件厂商通过使用注册端口,使它的特定软件享有固定的端口号,而不用向系统申请动态分配的端口号。通常,这些特定的软件要使用注册端口,其厂商必须向端口的管理机构注册。

大多数注册端口的端口号大于 1 024。

TCP 和 UDP 都允许 16 b 的端口值,分别能够提供 65 536 个端口。不论端口号大于还是小于 1 024,以上 3 种端口都分别属于 TCP 和 UDP。当然,也有些协议的端口既属于 TCP 也属于 UDP。

当网络中的两台主机进行通信时,为了表明数据是由源端的哪一种应用发出的,以及数据所要访问的是目的端的哪一种服务,TCP/IP 会在传输层封装数据段时,把发出数据的应用程序的端口作为源端口,把接收数据的应用程序的端口作为目的端口,添加到数据段的头中,从而使主机能够同时维持多个会话的连接,使不同应用程序的数据不发生混淆。一台主机上的多个应用程序可同时与其他多台主机上的多个对等进程进行通信,所以需要对不同的虚电路进行标识。对 TCP 虚电路连接采用发送端和接收端的套接字(Socket)组合来识别,如 Socket1、Socket2。所谓套接字,实际上是一个通信端点,每个套接字都有一个套接字序号,包括主机的 IP 地址与一个 16 b 的主机端口号,如主机 IP 地址、端口号。如图 5-6 所示描述了源端口与目的端口的概念。

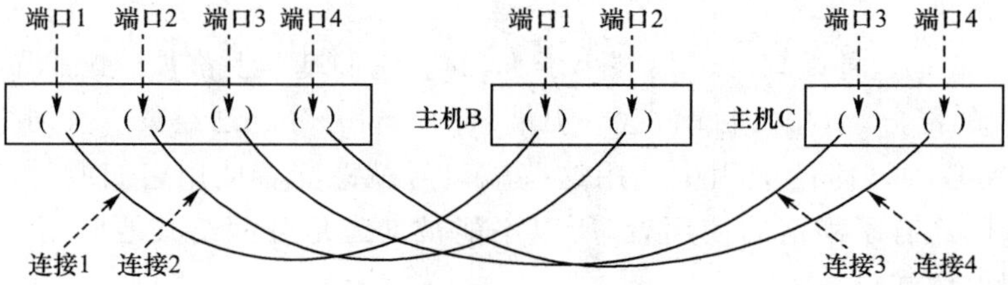

图 5-6　源端口与目的端口的概念

尽管采用了上述的端口分配模式,但在实际使用中,经常会采用端口重定向技术。所谓端口重定向,是指将一个著名端口重定向到另一个端口,例如默认的 HTTP 端口是 80,不少人将它重定向到另一个端口,如 8080。

端口在传输层的作用有点类似 IP 地址在网络层的作用或 MAC 地址在数据链路层的作用,只不过 IP 地址和 MAC 地址标识的是主机,而端口标识的是网络应用进程。由于同一时刻一台主机上会有大量的网络应用进程在运行,所以需要有大量的端口号来标识不同的进程。

正是由于 TCP 使用通信端点来识别连接,才使得一台计算机上的某个 TCP 端口号可以被多个连接所共享,从而程序员可以设计出能同时为多个连接提供服务的程序,而不需要为每个连接设置各自的本地端口号。

5.3.3　TCP 的连接建立和拆除

TCP 的连接包括建立与拆除两个过程。TCP 使用三次握手协议来建立连接。连接可以由任何一方发起,也可以由双方同时发起。一旦一台主机上的 TCP 软件已经主动发起连接请求，运行在另一台主机上的 TCP 软件就被动地等待握手。

如图 5-7 所示描述了三次握手建立 TCP 连接的简单示意。

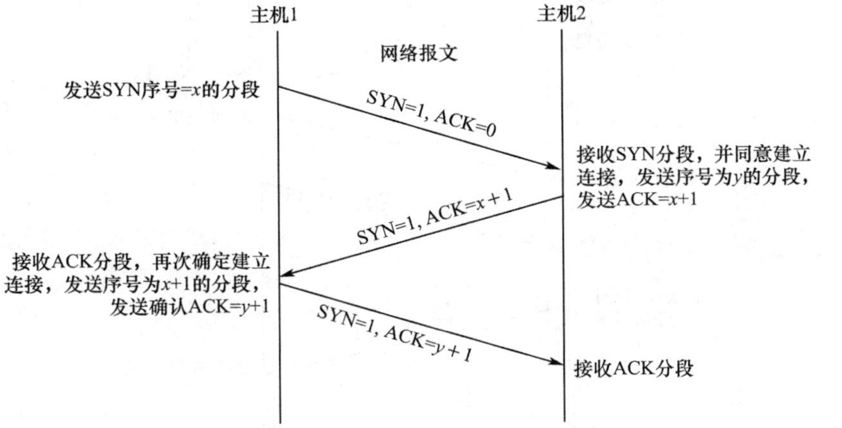

图 5-7　三次握手建立 TCP 连接

主机 1 首先发起 TCP 连接请求，并在所发送的分段中将编码位字段中的 SYN 位置为 1，ACK 位置为 0。主机 2 收到该分段，若同意建立连接，则发送一个连接接收的应答分段，其中编码位字段的 SYN 和 ACK 位均置为 1，指示对第一个 SYN 报文段的确认，以继续握手操作；否则，主机 2 要发送一个将 RST 位置为 1 的应答分段，表示拒绝建立连接。主机 1 收到主机 2 发来的同意建立连接分段后，还有再次进行选择的机会，若其确认要建立这个连接，则向主机 2 发送确认分段，用来通知主机 2 双方已完成建立连接；若其不想建立这个连接，则可以发送一个将 RST 位置为 1 的应答分段来告知主机 2 拒绝建立连接。

不管是哪一方先发起连接请求，一旦连接建立，就可以实现全双工的数据传输，而不存在主从关系。TCP 将数据流看作字节的序列，将从用户进程接收的任意长的数据，分成不超过 64 KB(包括 TCP 头在内)的分段，以适合 IP 数据报的载荷能力。所以对于一次传输要交换大量报文的应用(如文件传输、远程登录等)，往往需要以多个分段进行传输。

数据传输完成后，还要进行 TCP 连接的拆除或关闭。TCP 协议使用修改的三次握手协议来关闭连接，以结束会话。TCP 连接是全双工的，可以看作两个不同方向的单工数据流传输。所以一个完整连接的拆除涉及两个单向连接的拆除。用于关闭连接的四次握手操作如图 5-8 所示，当主机 1 的 TCP 数据已发送完毕时，在等待确认的同时可发送一个将编码位字段的 FIN 位置 1 的分段给主机 2，若主机 2 已正确接收主机 1 的所有分段，则会发送一个数据分段正确接收的确认分段，同时通知本地相应的应用程序，对方要求关闭连接，接着再发送一个对主机 1 所发送的 FIN 分段进行确认的分段。否则，主机 1 就要重传那些主机 2 未能正确接收的分段。收到主机 2 关于 FIN 确认后的主机 1 需要再次发送一个确认拆除连接的分段，主机 2 收到该确认分段意味着从主机 1 到主机 2 的单向连接已经结束。但是，此时在相反方向上，主机 2 仍然可以向主机 1 发送数据，直到主机 2 数据发送完毕并要求关闭连接。一旦当两个单向连接都被关闭，则两个端节点上的 TCP 软件就要删除与这个连接的有关记录，于是原来所建立的 TCP 连接被完全释放。

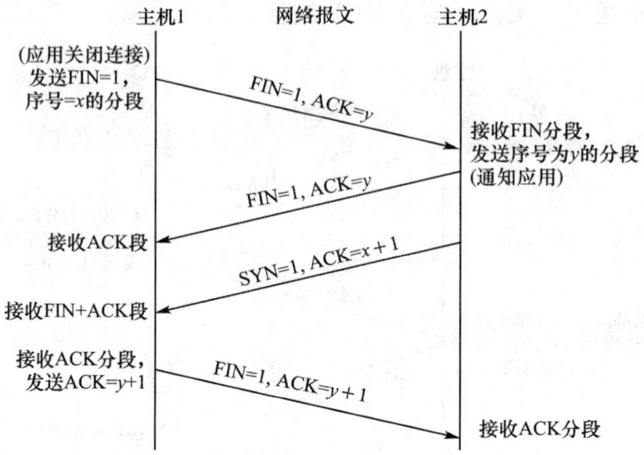

图 5-8　用于关闭连接的四次握手操作

5.3.4　TCP 可靠数据传输技术

TCP 采用了许多与数据链路层类似的机制来保证可靠的数据传输,如采用序列号、确认、滑动窗口协议等。只不过 TCP 的目的是实现端到端节点之间的可靠数据传输,而数据链路层协议则为了实现相邻节点之间的可靠数据传输。

首先,TCP 要为所发送的每一个分段加上序列号,保证每一个分段能被接收方接收,并只被正确地接收一次。

其次,TCP 采用具有重传功能的积极确认技术作为可靠数据流传输服务的基础。这里,“确认”是指接收端在正确收到分段之后向发送端回送一个确认(ACK)信息。发送方将每个已发送的分段备份在自己的发送缓冲区里,而且在收到相应的确认之前是不会丢弃所保存的分段的。“积极”是指发送方在每一个分段发送完毕的同时启动一个定时器,假如定时器的定时期满而关于分段的确认信息尚未到达,则发送方认为该分段已丢失并主动重发。为了避免由于网络延迟引起迟到的确认和重复的确认,TCP 规定在确认信息中捎带一个分段的序号,使接收方能正确地将分段与确认联系起来。

最后,采用可变长的滑动窗口协议进行流量控制,以防止由于发送端与接收端之间的不匹配而引起数据丢失。这里所采用的滑动窗口协议与数据链路层的滑动窗口协议在工作原理上是完全相同的,唯一的区别在于滑动窗口协议用于传输层是为了在端到端节点之间实现流量控制,而用于数据链路层是为了在相邻节点之间实现流量控制。TCP 采用可变长的滑动窗口,使得发送端与接收端可根据自己的 CPU 和数据缓存资源对数据发送和接收能力做出动态调整,从而灵活性更强,也更合理。例如,假设主机 1 有一个长为 4 096 B 的缓冲区,向主机 2 发送 2 048 B 的数据分段,则在未收到主机 2 的关于该分段的确认之前,主机 1 向其他主机只能声明自己有一个 2 048 B 的发送缓冲区。过了一段时间后,假定主机 1 收到了来自主机 2 的确认,但其中声明的窗口大小为 0,这表明主机 2 虽然已经正确收到主机 1 前面所发送的分段,但目前主机 2 已不能接收任何来自主机 1 的新的分段了,除非以后主机 2 给出窗口大于 0 的新信息。

5.3.5 TCP 流量控制

TCP 采用大小可变的滑动窗口机制实现流量控制功能。窗口的单位是字节。在 TCP 报文段首部的窗口字段写入的数值就是当前给对方设置发送窗口的数据的上限。

在数据传输过程中，TCP 提供了一种基于滑动窗口协议的流量控制机制，用接收端接收能力（缓冲区的容量）的大小来控制发送端发送的数据量。

在建立连接时，通信双方使用 SYN 报文段或 ACK 报文段中的窗口字段捎带着各自的接收窗口大小，即通知对方从而确定对方发送窗口的上限。在数据传输过程中，发送方按接收方通知的窗口大小和序号发送一定的数据，接收方根据接收缓冲区的使用情况动态调整接收窗口大小，并在发送 TCP 报文段或确认段时捎带新的窗口大小和确认号通知发送方。

利用可变滑动窗口进行流量控制如图 5-9 所示，设主机 A 向主机 B 发送数据。双方确定的窗口值是 400。设一个报文段长为 100 B，序号的初始值为 1(SEQ=1)。在图 5-9 中，主机 B 进行了三次流量控制。第一次将窗口减为 300 B，第二次将窗口又减为 200 B，最后一次减至零，即不允许对方再发送数据了。这种暂停状态将持续到主机 B 重新发出一个新的窗口值为止。

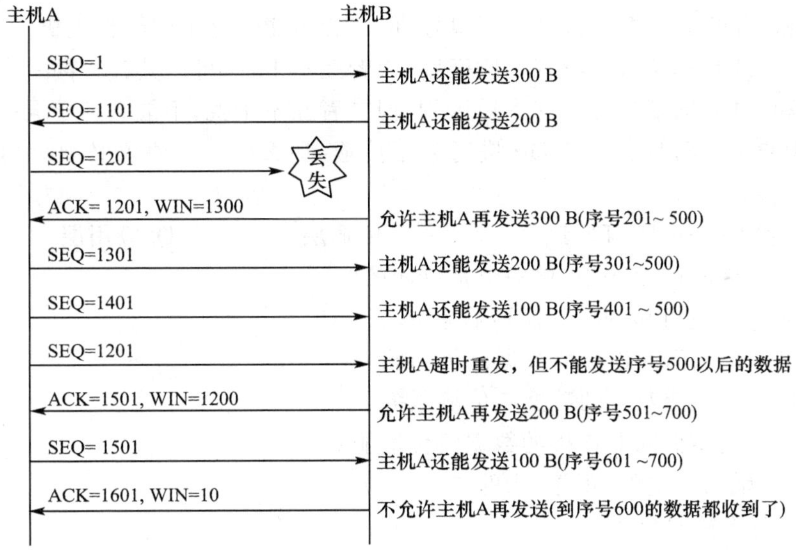

图 5-9 利用可变滑动窗口进行流量控制

在以太网的环境下，当发送端不知道对方窗口大小时，便直接向网络发送多个报文段，直至收到对方通告的窗口大小为止。但如果在发送方和接收方有多台路由器和较慢的链路时，就可能出现一些问题，一些中间路由器必须缓存分组，并有可能耗尽存储空间，这样就会严重降低 TCP 连接的吞吐量。这时采用了一种被称为慢启动的算法，慢启动为发送方的 TCP 增加一个拥塞窗口，当与另一个网络的主机建立 TCP 连接时，拥塞窗口被初始化为一个报文段（另一端通告的报文段大小），每收到一个 ACK，拥塞窗口就增加一个报文段（以字节为单位）。发送端取拥塞窗口与通告窗口中的最小值作为发送上限。拥塞窗口是发送方使用的流量控制，而通告窗口则是接收方使用的流量控制。开始时发送一个报文段，然后等待 ACK。当收到该 ACK 时，拥塞窗口从 1 增加为 2，即可发送两个报文段。当收到这两个报文段的 ACK 时，拥塞窗口就增加为 4。这是一种指数增加的关系。在某些互联网的中间某些点上可能达到了互联网的容量，于是中间路由器开始丢弃分组，这时通知发送方它的拥塞窗口开得过大。

习题巩固

一、名词解释

传输层；UDP；TCP。

二、单项选择题

1. 在 TCP/IP 参考模型中，传输层的主要作用是在互联网络的源主机与目的主机对实体之间建立用于会话的（　　）。

A. 点与点连接　　B. 操作连接　　C. 端到端连接　　D. 控制连接

2. 下列协议中属于面向连接的是（　　）。

A. IP　　B. UDP　　C. DHCP　　D. TCP

3. 关于 TCP 和 UDP 端口，下列说法中正确的是（　　）。

A. TCP 和 UDP 分别拥有自己的端口号，二者互不干扰，可以共存于同一台主机

B. TCP 和 UDP 分别拥有自己的端口号，但二者不能共存于同一台主机

C. TCP 和 UDP 的端口号没有本质区别，二者互不干扰，可以共存于同一台主机

D. TCP 和 UDP 的端口号没有本质区别，但二者互不干扰，不能共存于同一台主机

4. 如果用户应用程序使用 UDP 进行数据传输，那么（　　）协议必须承担可靠性方面的全部工作。

A. 数据链路层　　B. 互联网络层　　C. 传输层　　D. 应用层

5. 下列关于 TCP 的说法中，哪一个是错误的？（　　）

A. TCP 可以提供可靠的数据流传输服务

B. TCP 可以提供面向连接的数据流传输服务

C. TCP 可以提供全双工的数据流传输服务

D. TCP 可以提供面向非连接的数据流传输服务

6. 可靠的传输协议中的“可靠”指的是（　　）。

A. 使用面向连接的会话

B. 使用“尽力而为”的传输

C. 使用滑动窗口来维持可靠性

D. 使用确认机制来确保传输的数据不丢失

7. 一条 TCP 连接的建立过程包括（　　）个步骤。

A. 2　　B. 3　　C. 4　　D. 5

8. 一条 TCP 连接的释放过程包括（　　）个步骤。

A. 2　　B. 3　　C. 4　　D. 5

9. 在一个 TCP 连接的数据传输阶段，如果发送端的发送窗口值由 2 000 变为 3 000，意味着发送端可以（　　）。

A. 在收到一个确认之前可以发送 3 000 个 TCP 报文段

B. 在收到一个确认之前可以发送 1 000 个字节

C. 在收到一个确认之前可以发送 3 000 个字节

D. 在收到一个确认之前可以发送 2 000 个 TCP 报文段

10. TCP/IP 的传输层协议使用哪一种地址形式将数据传送给上层应用程序？（　　）

A. IP 地址　　B. MAC 地址

C. 端口号　　D. 套接字（Socket）地址

11. 传输层提供的服务是高层的用户可以完全不考虑信息在物理层、（　　）通信的具体细节，方便用户使用。

A. 数据链路层　　B. 数据链路层的两个子层

C. 数据链路层和网络层　　D. 网络层

12. 计算机网络最本质的活动是分布在不同地址位置的主机之间的（　　）。

A. 数据交换　　B. 网络连接　　C. 进程通信　　D. 网络服务

13. 设计传输层的目的是弥补通信子网服务的不足，提高传输服务的可靠性与保证（　　）。

A. 安全性　　B. 进程通信　　C. 保密性　　D. 服务质量

14. TCP 使用了四种计时器：重传计时器、坚持计时器、保持计时器和（　　）。

A. 延迟计时器　　B. 时间等待计时器

C. 端口计时器　　D. 服务时间计时器

15. 下列关于 TCP 的叙述中，正确的是（　　）。

A. TCP 是一个点到点的通信协议

B. TCP 提供了无连接的可靠数据传输

C. TCP 将来自上层的字节流组织成数据报，然后交给 IP

D. TCP 将收到的报文段组织成字节流提交给上层

三、简答题

1. 试述 UDP 和 TCP 的主要特点及其适用场合。

2. TCP 报文段首部的十六进制为 04 85 00 50 2E 7C 84 03 FE 34 D7 47 50 11 FF 6C DE 69 00 00 请分析这个 TCP 报文段首部各字段的值。

3. 试简述 TCP 在数据传输过程中收发双方是如何保证报文段的可靠性的。

4. 若 TCP 中的序号采用 64 bit 编码，而每一个字节有其自己的序号，试问：在 75 Tb/s 的传输速率下（这是光纤信道理论上可达到的数据率），分组的寿命应为多大才不会使序号发生重复？

5. 某个应用进程使用运输层的 UDP，然而继续向下交给 IP 层后，又封装成 IP 数据报。既然都是数据报，可否跳过 UDP 而直接交给 IP 层？哪些功能 UDP 提供了但 IP 没提供？

第6章 应用层

6.1 应用层概述

6.1.1 应用层协议的基本概念

网络应用与应用层协议是两个重要的概念。E-mail、FTP、Telnet、Web、IM、IPTV、VoIP，以及基于网络的金融应用系统、电子政务、电子商务、远程医疗、远程数据存储都是不同类型的网络应用。应用层协议规定了应用程序进程之间通信所遵循的通信规则，包括：如何构造进程通信的报文，报文应该包括哪些字段，每个字段的意义与交互的过程等问题。

以 Web 服务为例，Web 网络应用程序包括 Web 服务器程序、Web 浏览器程序。Web 应用层协议定义了 Web 浏览器与 Web 服务器之间传输的报文格式、会话过程与交互顺序。

对于电子邮件应用系统来说，电子邮件应用程序包括邮件服务器程序与邮件客户端程序。电子邮件应用层协议定义了服务器与服务器之间、服务器与邮件客户端程序之间传送报文的格式、会话过程与交互顺序。

6.1.2 应用程序体系结构的概念

在实际开展一项 Internet 应用系统设计与研发任务时，设计者面对的不会只是单一的广域网或局域网环境，而是多个由路由器互联起来的局域网、城域网与广域网构成的，复杂的 Internet 环境。作为 Internet 的一个用户，你可能坐在黑龙江省哈尔滨市的一家咖啡厅的笔记本电脑前，正在使用某大学的一个合作伙伴实验室的一台超级并行机，合作完成一项 WSN 路由算法的计算任务。在设计这种基于 Internet 的分布式计算软件系统时，设计者关心的是协同计算的功能是如何实现的，而不是每一条指令或数据具体是以长度为多少个字节的分组，以及通过哪一条路径传送到对方的。

面对被抽象为边缘部分与核心交换部分的 Internet，网络应用系统设计工程师在设计一种新的网络应用时，只需要考虑如何利用核心交换部分所能够提供的服务，而不必涉及核心交换部分的路由器、交换机等低层设备或通信协议软件的编程问题。他的注意力可以集中到运行在多个端系统之上的网络应用系统功能、工作模型的设计与应用软件编程上，这就使得网络应用系统的设计开发过程变得更加容易和规范。这一点也正体现了网络分层结构的基本思想，也反映出网络技术的成熟。我们将网络应用程序功能、工作模型与协议结构定义为应用程序体系结构（Application Architecture）。图 6-1 所示给出了应用层协议与应用程序体系结构关系的示意图。

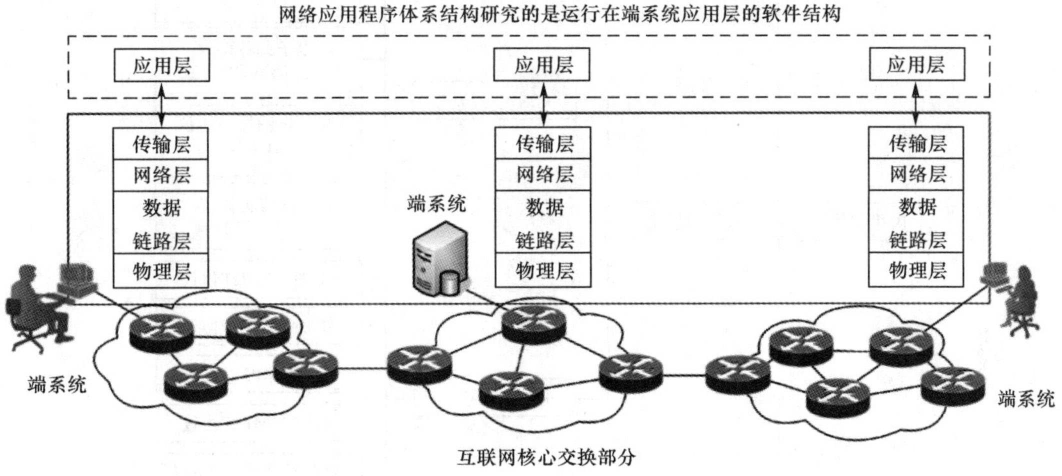

图 6-1　应用层协议与应用程序体系结构关系

6.1.3　应用层协议的基本内容

应用层协议定义了运行在不同端系统上应用程序进程交换的报文格式与交互过程，它主要包括：

（1）交换报文的类型，如请求报文与应答报文。

（2）各种报文格式与包含的字段类型。

（3）对每个字段意义的描述。

（4）进程在什么时间、如何发送报文，以及如何响应。

6.1.4　应用层协议的分类

根据应用层协议在 Internet 中的作用和提供的服务功能，应用层协议可以分为三种基本类型：基础设施类、网络应用类与网络管理类。图 6-2 所示给出了主要应用层协议分类的示意图。

1. 基础设施类

属于基础设施类的应用层协议主要有以下两种：

①支持 Internet 运行的全局基础设施类应用层协议——域名系统（DNS）。

②支持各个网络系统运行的局部基础设施类应用层协议——动态主机配置协议（DHCP）。

2. 网络应用类

网络应用类的协议可以分为两类：基于 C/S 工作模式的应用层协议与基于 P2P 工作模式的应用层协议。

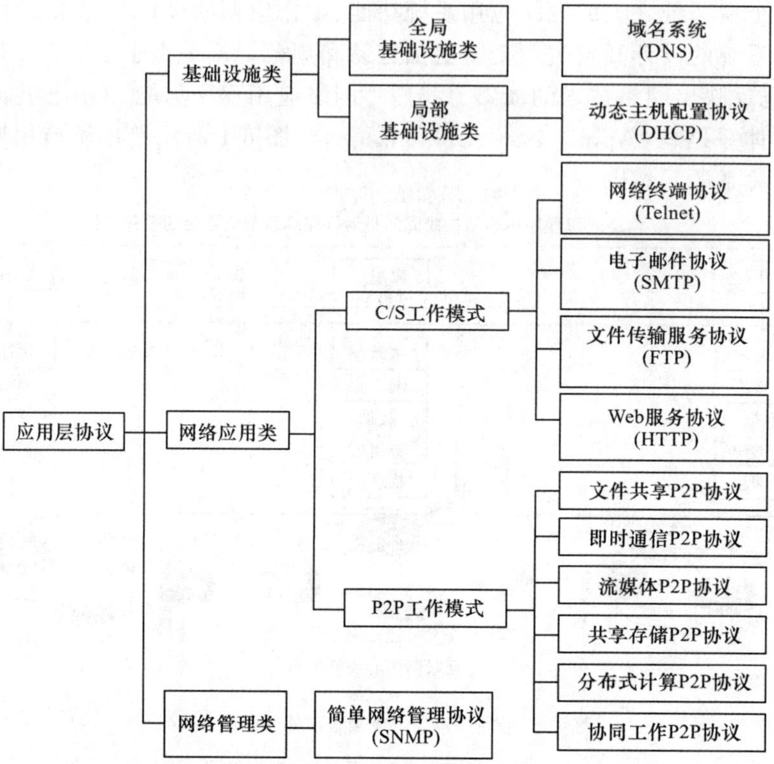

图 6-2　主要应用层协议分类

①基于 C/S 工作模式的应用层协议

基于 C/S 工作模式的应用层协议主要包括：网络终端协议（Telnet）、电子邮件协议（SMTP）、文件传输服务协议（FTP）、Web 服务协议（HTTP）等。

②基于 P2P 工作模式的应用层协议

目前很多 P2P 协议都属于专用应用层协议。P2P 协议基本上分为：文件共享 P2P 协议、即时通信 P2P 协议、流媒体 P2P 协议、共享存储 P2P 协议、分布式计算 P2P 协议、协同工作 P2P 协议等。

3. 网络管理类

网络管理类的协议主要有：简单网络管理协议（SNMP）。

6.2　域名系统（DNS）

6.2.1　域名系统概述

1. 域名系统的基本概念

域名系统是 Internet 使用的命名系统。实际上，人们将主机的名字叫作域名，其原因是

Internet 使用的命名系统定义了很多的域。主机要按照它所属的域来命名，因此就叫作域名。域名是 Internet 中主机按照一定的规则，用自然语言(英文或中文)表示的名字，它与确定的 IP 地址相对应。

例如微软公司的 Web 服务器的 IP 地址是 60.221.217.146，其对应的域名是 www.microsoft.com，不管用户在浏览器中输入的是 60.221.217.146 还是 www.microsoft.com，都可以访问其 Web 网站。

2. DNS 与其他网络应用的关系

在分析 Internet 网络服务与应用层协议之前，首先需要研究域名系统(Domain Name System，DNS)的功能、原理与实现方法。DNS 的作用不同于 Web、E-mail 和 FTP，DNS 不直接与用户打交道，但是所有的 Internet 应用系统都是依赖于 DNS 的支持。DNS 的作用是：将主机域名转换成 IP 地址，使得用户能够方便地访问各种 Internet 资源与服务，它是 Internet 各种应用层协议实现的基础。如图 6-3 所示给出了 DNS 与其他网络应用的关系。实际上，在访问任何一种网络应用服务器，例如浏览一个 Web 网页之前，首先要通过 DNS 服务器解析 Web 服务器的 IP 地址。因此，将 DNS 归于 Internet 基础设施类的服务与协议。

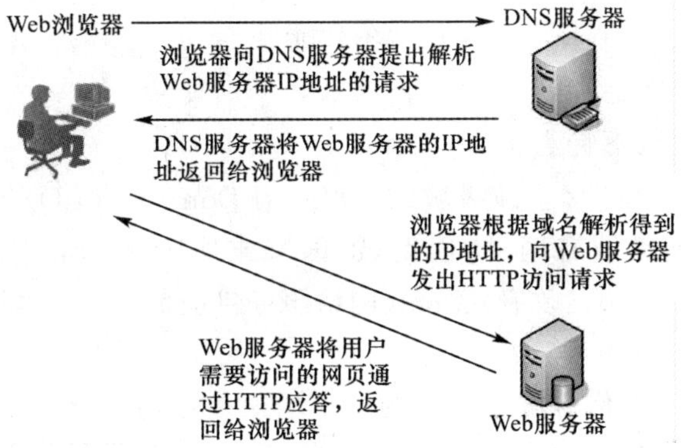

图 6-3 DNS 与其他网络应用的关系

3. 设计需要满足的基本要求

针对接入主机数量急剧增多的情况，人们提出了 DNS 的概念。DNS 的本质是：提出一种分层次、基于域的命名方案，并且通过一个分布式数据库系统，以及维护与查询机制来实现域名服务功能。DNS 需要实现以下三个主要功能：

(1)域名空间：定义一个包括所有可能出现的主机名字的域名空间。

(2)域名注册：保证每台主机域名的唯一性。

(3)域名解析：提供一种有效的域名与 IP 地址转换机制。

因此，DNS 包括域名空间、域名服务器与域名解析程序三个组成部分。

6.2.2 DNS 域名空间

1. DNS 域名空间的基本概念

理解域名空间的基本概念，需要注意以下问题。

(1)DNS 域名空间采用“域”与“子域”的层次结构，DNS 必须有一个大型的、分布式域名数据库，用来存储层次型的域名数据。

(2)域名空间的层次结构可以表示为如图 6-4 所示的树状结构,节点都是根的子孙。域名由一连串可回溯到其祖先的节点名组成。

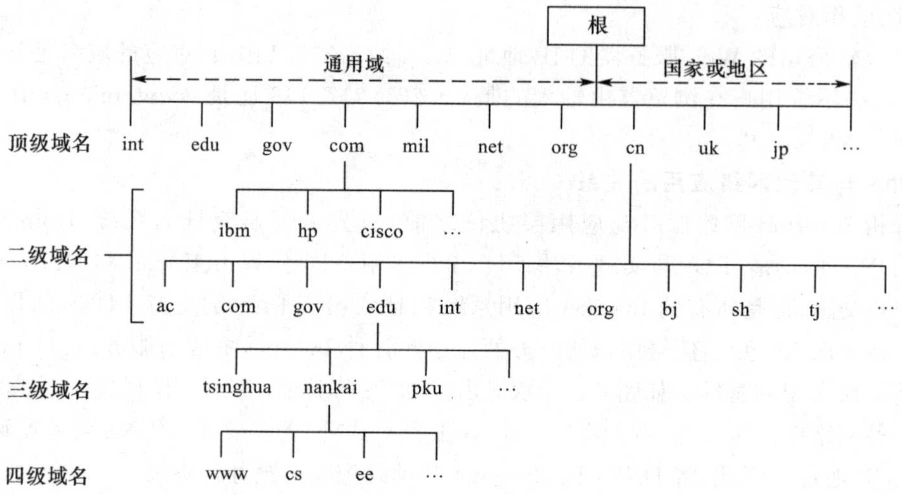

图 6-4　域名空间的层次结构

2. 域名空间结构

域名空间结构具有以下特点:

(1)Internet 被分成 200 多个顶级域(Top Level Domain,TLD)每个顶级域又进一步被划分为若干个子域。顶级域有两种:通用域、国家或地区域。常用的通用域有:. com(商业)、. edu(教育性机构)、. gov(政府)、. net(网络服务供应商)、. org(非营利性机构)、. int(国际性组织)、. mil(军事组织)。

(2)每个域自己控制如何分配它下面的域。国家级域名下注册的二级域名结构由各国自己确定。中国互联网信息中心负责管理我国的顶级域,它将二级域名划分为两类域:类别域名与行政区域域名。行政区域域名有 34 个。例如,bj 代表北京市,sh 代表上海市,tj 代表天津市,he 代表河北省,hl 代表黑龙江省,nm 代表内蒙古自治区,hk 代表香港特别行政区。

(3)为了创建一个新的域,创建者必须得到该新域的上级域管理员的许可。

(4)域名机制遵循的是组织的边界,而不是网络的物理边界。

6.2.3　域名服务器

域名系统是一种命名方法,而实现域名服务的是分布在世界各地的域名服务器体系。域名服务器是一组用来保存域名树结构和对应信息的服务器程序。

1. 区、域与域名服务器

理解域名服务器的工作原理,需要注意以下问题:如果一个单位规模太大了,集中管理的方法带来的问题是域名系统运行效率低,不能够满足用户服务质量要求。最有效的方法是:

(1)根据需要将一个“域”划分成不重叠的多个“区”(Zone)。

(2)每个“区”设置相应的权限域名服务器(Authoritative Name Server),用来保存该区内所有主机的域名与IP地址的映射关系数据。“区”是域名服务器管辖的范围。

(3)“区”和“区”的域名服务器都相互连接,构成支持整个“域”的域名服务器体系。

2. 域名服务器结构与分类

支持Internet运行的域名服务器是按层次来设置的,每一个域名服务器都只对域名空间中的一部分进行管辖,由多个层次结构的域名服务器系统覆盖整个域名空间。根据域名服务器所处的位置和所起的作用,域名服务器可以分为以下四种类型:

(1)根域名服务器(Root Name Server)

根域名服务器对于DNS的整体运行具有极为重要的作用。任何原因造成根域名服务器停止运转,都会导致整个DNS的崩溃。出于安全考虑,目前存在的13个DNS根域名服务器,其专用域为root-server. net。大多数根域名服务器是由一个服务器集群组成。有些根域名服务器是由分布在不同地理位置的多台镜像DNS服务器组成,例如根域名服务器f. root-server. net就是由分布在40多个地方的几十台镜像DNS服务器组成。

(2)顶级域名服务器

顶级域名服务器负责管理在该顶级域名注册的所有二级域名。例如,在中国互联网信息中心管理所有在. cn之下注册的通用域名与行政区域域名。

(3)权限域名服务器

权限域名服务器负责经过授权的一个区的域名管理。

(4)本地域名服务器

本地域名服务器(Local Name Server)也称为默认域名服务器。每一个ISP、一所大学,甚至是一个系都可能有一个或多个本地域名服务器。

为了保证域名服务器系统的可靠性,域名服务器一般需要将域名数据复制到几个域名服务器上,其中一个为主域名服务器(Master Name Server),其他的是从域名服务器(Secondary Name Server)。主域名服务器定期将数据复制到从域名服务器;当主域名服务器出现故障时,从域名服务器继续执行域名解析的任务。

6.2.4 域名解析

1. 域名解析的基本概念

将域名转换为对应的IP地址的过程称为域名解析(Name Resolution),完成该功能的软件称为域名解析器(简称解析器)。在个人计算机Windows操作系统中打开“控制面板”,选择“网络连接”,进入之后再选择TCP/IP与“属性”之后,所看到的DNS地址就是自动获取的本地域名服务器地址。每个本地域名服务器配置一个域名软件。客户在进行查询时,首先向域名服务器发出一个DNS请求(DNS Request)报文。由于DNS名字信息以分布式数据库的形式分散存储在很多个域名服务器中,每个域名服务器都知道根服务器的地址,因此无论经过几步查询,最终总会在域名树中找出正确的解析结果,除非这个域名不存在。

2. 域名解析算法

域名解析可以有两种方法:递归解析(Recursive Resolution)与反复解析(Iterative Resolution)。主机向本地域名服务器查询时,可以选择是采用递归解析,还是采用迭代解析。主机向本地域名服务器查询过程如图6-5所示。

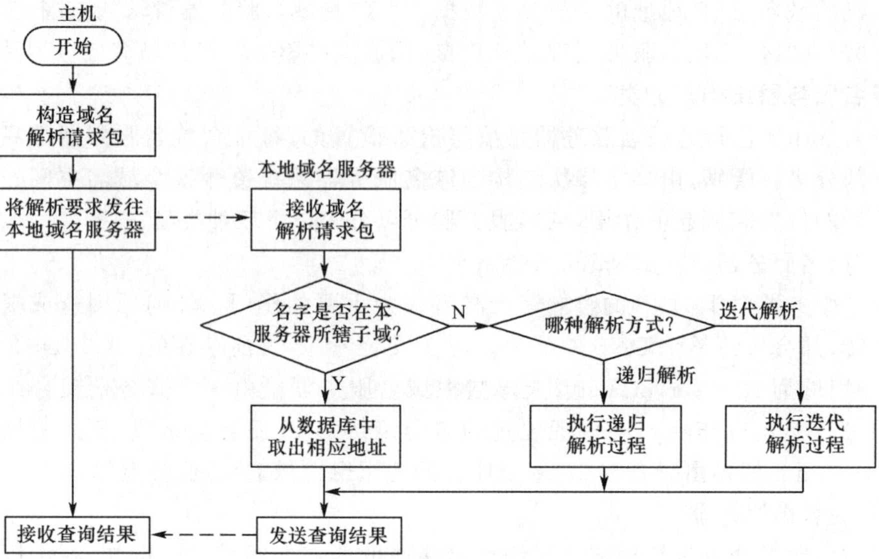

图 6-5　主机向本地域名服务器查询过程

(1)递归解析

在递归解析过程中,如果本地域名服务器没有需要解析的信息,那么本地域名服务器将接管向其他域名服务器请求解析的责任,只将最终结果返回给客户。

(2)迭代解析

迭代解析是指,本地域名服务器如果不能够返回最终的解析结果,那么它只能返回它认为可以解析的域名服务器的 IP 地址,客户端解析程序就向下一个域名服务器发出解析请求,直至最终获得需要的解析结果。

需要注意的是,为了减轻客户在迭代解析过程中的工作负担,实际在软件编程中,人们采用在客户向本地域名服务器提出解析请求之后,仍然由本地域名服务器完成迭代解析的任务,最后再将最终解析结果返回给客户。

6.3　动态主机配置协议(DHCP)

6.3.1　动态主机配置的基本概念

对于 TCP/IP 网络来说,要将一台主机接入 Internet 中必须配置以下参数:

(1)本地网络的默认路由器地址。

(2)主机应该使用的网络掩码。

(3)为主机提供特定服务的服务器地址,例如 DNS、E-mail 服务器。

(4)本地网络的最大传输单元长度值。

(5)IP 分组的生存时间值。

一个局域网中每台接入的主机配置的参数有十多个,只有 IP 地址各不相同,而其他参数应该是相同的。主机参数配置不但需要在组网时进行，在有主机加入和退出时也需要进行。作为一个网络管理员，在管理十几台主机的局域网时，主机配置任务通过手工的方法完成是可行的。但是，如果他管理的局域网接入主机的数量达到几百台，并且经常有主机接入和移动，那么通过手工的方法完成将效率很低且容易出错。同时，对于远程主机、移动设备、无盘工作站和地址共享配置，手工方法是不可能完成的。动态主机配置协议可以为主机自动分配 IP 地址及其他一些重要的参数。动态主机配置协议不但运行效率高，可以减轻网络管理员的工作负担，更重要的是能够支持远程主机、移动设备、无盘工作站的地址共享与配置。

6.3.2 DHCP 的基本内容

随着更多的家庭计算机与移动终端设备接入 ISP，动态主机配置协议显得越来越重要了。任何一台计算机或数字终端设备接入 Internet 都需要配置 DHCP。更多的计算机与数字终端设备一开机就要通过 DHCP 获取 IP 地址与相关的配置信息。

1. DHCP 服务器的主要功能

DHCP 最重要的特点是动态 IP 地址分配与地址租用。DHCP 是基于客户/服务器工作模式的。DHCP 服务器是一个为客户计算机提供动态主机配置服务的网络设备。DHCP 服务器的主要功能如下：

(1)地址储存与管理

DHCP 服务器储存 IP 地址，记录哪些 IP 地址已经被使用，哪些 IP 地址可用。

(2)配置参数的储存和管理

DHCP 服务器储存和维护其他的主机配置参数。

(3)租用管理

DHCP 服务器用租用的方式将 IP 地址动态地分配给主机，并管理 IP 地址的租用期(Lease Period)。DHCP 服务器维护批准租用给主机的 IP 地址信息，以及租用期长度。RFC 1533 规定租用期用 4 个字节的二进制数来表示，单位为秒。

(4)响应客户主机请求

DHCP 服务器响应主机发送的请求分配地址、传送配置参数，以及租用的批准、更新与终止等各种类型的请求。

(5)服务管理

DHCP 服务器允许管理员查看、改变和分析有关地址、租用、参数等，以及与 DHCP 服务器运行相关的信息。

2. DHCP 客户端的主要功能

DHCP 客户端的主要功能如下：

(1)发起配置

DHCP 客户端可以随时向 DHCP 服务器发起获取 IP 地址与配置参数的协商过程。

(2)配置参数管理

DHCP 客户端可以从 DHCP 服务器获取全部或部分配置参数，并维护配置参数。

(3)租用管理

DHCP 客户端可以更新租用期，在无法更新时进行重绑定，在不需要时提前终止租用。

(4)报文重传

DHCP 采用 UDP,DHCP 客户端要负责检测 UDP 报文是否丢失,以及丢失之后的重传。

3. DHCP 客户端与服务器的交互过程

(1)DHCP 交互过程

如图 6-6 所示给出了简化的 DHCP 客户端与服务器的交互过程。

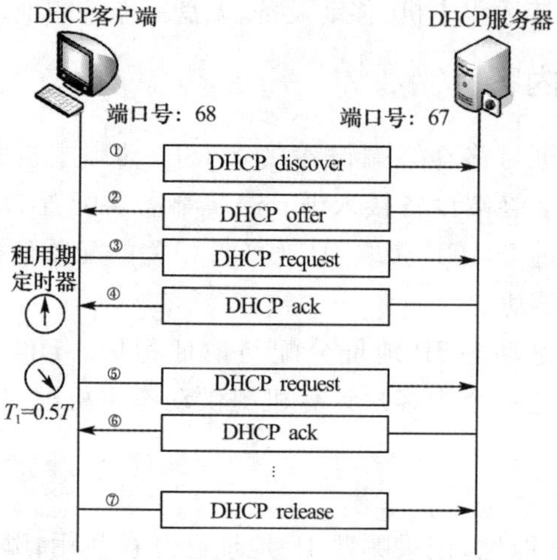

图 6-6 DHCP 客户端与服务器的交互过程

DHCP 客户端与服务器的交互过程如下:

①DHCP 客户端需要按照 DHCP 协议构造一个 IP 租用请求,DHCP discover 请求报文,以广播方式发送出去,客户端进入初始化状态。

②凡是接收到 DHCP 客户端请求报文的 DHCP 服务器都要返回一个 DHCP offer 应答报文。DHCP offer 应答报文中包括分配给 DHCP 客户端的 IP 地址、租用期及其他参数。

③可能收到多个 DHCP offer 应答报文的 DHCP 客户端,从中选择一个 DHCP 服务器,然后向被选择的 DHCP 服务器发送一个 DHCP request 请求报文,作为对它所选择的服务的回应。

④被选择的 DHCP 服务器向 DHCP 客户端发送一个 DHCP ack 应答报文。当 DHCP 客户端接收到 DHCP ack 应答报文之后,客户端才可以使用分配的临时 IP 地址,进入已绑定状态。

(2)举例

如图 6-7 所示是某 DHCP 客户端从 DHCP 服务器获取 IP 地址的报文交互过程及第 4 个报文解析结果。

①报文 1:DHCP 客户在网络层源 IP 地址使用 0.0.0.0,目的 IP 地址使用 255.255.255.255 广播 DHCP discover 报文。

②报文 2:IP 地址为 212.8.2.1 的 DHCP 服务器以广播的方式发送 DHCP offer 应答报文。

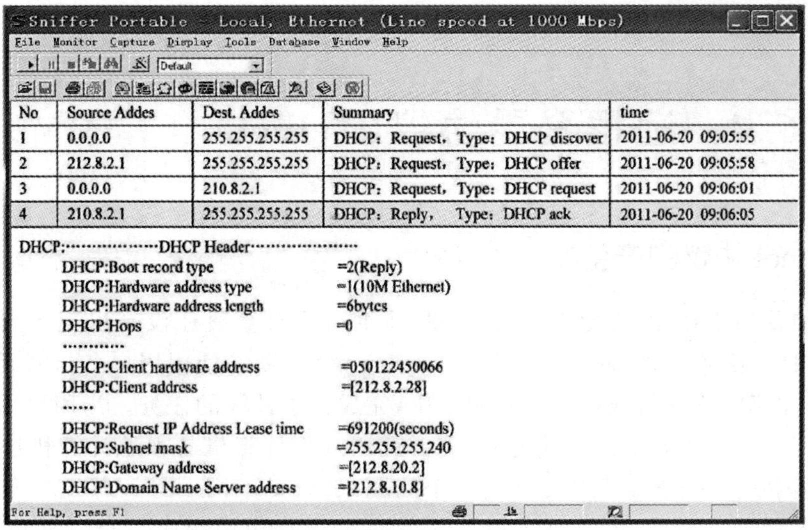

图 6-7　DHCP 客户端从 DHCP 服务器获取 IP 地址

③报文 3:DHCP 客户端向 IP 地址为 210.8.2.1 的 DHCP 服务器发出 DHCP request 报文,请求分配 IP 地址。

④报文 4:DHCP 服务器将 DHCP 客户端获取的 IP 地址与客户的 MAC 地址绑定。

图 6-7 的下部是打开的报文 4 的部分内容。从这些内容中可以看出:

- DHCP 客户获取的 IP 地址是 212.8.2.28。
- 客户 MAC 地址 05-01-22-45-00-66 与 IP 地址 212.8.2.28 形成了绑定的关系。
- IP 地址的租用获准时间为 2011-06-20 09:06:05。
- IP 地址的租用期为 691200s(8 天)。
- 子网掩码为 255.255.255.240。
- 默认网关地址是 212.8.20.2。
- DNS 的地址是 212.8.10.8。

(3)租用管理

同时,DHCP 客户端需要设置两个计时器 T_1 和 T_2。$T_1=0.5T$,$T_2=0.875T$,T 为租用期。当计时器 $T_1=0.5T$ 时,客户端发送一个 DHCP request 请求报文,请求更新租用期。这时可能出现三种情况:

①DHCP 服务器同意更新租用期,它将返回 DHCP ack 应答报文,DHCP 客户端获得了新的租用期,可以重新设置计时器。

②如果 DHCP 服务器不同意更新租用期,它将返回 DHCP nak 应答报文,表示 DHCP 客户端需要重新申请新的 IP 地址。

③如果 DHCP 客户端没有收到 DHCP 服务器的应答报文,那么当 $T_2=0.875T$ 的时间到时,DHCP 客户端必须重新发送一个 DHCP request 请求报文,重新申请新的 IP 地址。

如果 DHCP 客户端准备提前结束服务器提供的租用期,这时 DHCP 客户端只要向 DHCP 服务器发出一个 DHCP release 的释放报文。

6.4 远程登录协议(Telnet)

6.4.1 Telnet 协议的产生

Telnet 协议出现在 20 世纪 60 年代后期,那时个人计算机还没有出现。当时人们在使用大型计算机时,必须通过直接连接到主机的某一个终端,在使用用户名与密码登录成为合法用户之后,才能将软件与数据输入到主机中,完成科学计算的任务。当用户需要使用多台计算机共同完成一个较大的计算任务时,需要调用远程计算机与本地计算机协同工作。当这些大型计算机互联之后,就需要解决一个问题,那就是不同型号计算机之间的差异性问题。Telnet 起源于 1969 年在 ARPANET 演示的第一个应用程序。专门定义 Telnet 协议的 RFC 97 文档是在 1971 年 2 月公布的。作为 Telnet 协议标准的 RFC 854"Telnet 协议规定"最终于 1983 年 5 月完成并公布。

不同型号计算机系统的差异性主要表现在硬件、软件与数据格式上。最基本的问题是:不同计算机系统对终端键盘输入命令的解释不同。例如,有的系统用 return 或 enter 作为行结束标志,有的系统用 ASCII 字符的 CR,而有的系统用 ASCII 字符的 LF。键盘定义的差异给远程登录带来很多问题。在中断一个程序时,有些系统使用~C,而另一些系统使用 Esc 键。发现这个问题之后,各个厂商都分别研究如何解决互操作性的方法,例如 SUN 公司制定的远程登录协议 rlogin,但是该协议是专为 BSDUNIX 系统开发的,它只适用于 UNIX 系统,并不能很好地解决不同类型计算机之间的互操作性问题。

为了解决异构计算机系统互联中存在的问题,人们研究了 Telnet 协议。Telnet 协议引入网络虚拟终端(Network Virtual Terminal,NVT)的概念,它提供一种专门的键盘定义,用来屏蔽不同计算机系统对键盘输入的差异性,同时定义客户与远程服务器之间的交互过程。Telnet 协议的优点就是能解决不同类型的计算机系统之间的互操作问题。远程登录服务是指用户使用 Telnet 命令,使自己的计算机成为远程计算机的一个仿真终端的过程。一旦用户成功地实现远程登录,用户计算机就可以像一台与远程计算机直接相连的本地终端一样工作。因此,Telnet 协议又被称为网络虚拟终端协议、终端仿真协议或者远程终端协议。

6.4.2 Telnet 协议基本工作原理

远程登录服务采用典型的客户/服务器模式。如图 6-8 所示给出了 Telnet 协议的工作原理。用户的实终端(Real Terminal)采用用户终端格式与本地 Telnet 客户端通信;远程计算机采用主机系统内部格式与 Telnet 服务器通信。在 Telnet 客户端进程与 Telnet 服务器进程之间,通过网络虚拟终端标准来进行通信。NVT 是一种统一的数据表示方式,以保证不同硬件、软件与数据格式的终端与主机之间通信的兼容性。

Telnet 客户端进程将用户终端发出的本地数据格式转换成标准的 NVT 格式,再通过网络传输到 Telnet 服务器端。Telnet 服务器将接收到的 NVT 格式数据转换成主机内部

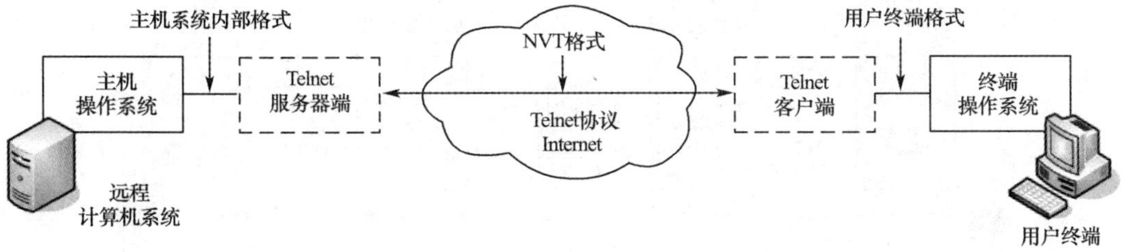

图 6-8 Telnet 协议的工作原理

数据格式，再传输给主机。Internet 上传输的数据都是标准的 NVT 格式。引入网络虚拟终端概念之后，不同的用户终端与服务器端进程将与各种不同的本地终端格式无关。Telnet 客户端与服务器端进程完成用户终端格式、主机系统内部格式与标准 NVT 格式之间的转换。

Telnet 协议已经成为 TCP/IP 集中一个最基本的协议。即使用户从来没有直接调用 Telnet 协议，但是 E-mail、FTP 与 Web 服务都是建立在 TelnetNVT 的基础上的。

6.5 电子邮件(E-mail)

6.5.1 电子邮件的基本概念

对于人类来说，在 Internet 上创建一个熟悉的系统是很自然的事。在日常生活中人们都需要通过邮政系统去收发信件。人们自然也会想在网络上建立一个电子邮件系统。世界上第一个电子邮件系统是在早期大型计算机多用户系统上开发的。在这种系统中，操作人员可以在同一台大型计算机上的多个终端设备之间交换邮件信息。描述电子邮件的第一个文档 RFC 196 是 1971 年出现的。ARPANET 上电子邮件应用一出现，立即受到用户的欢迎，成为最重要的网络应用之一。

Internet 邮件服务最大的优势在于：不管用户使用何种计算机、操作系统、邮件客户端软件或网络硬件，用户之间都可以方便地实现电子邮件的交换。目前，电子邮件仍然是 Internet 上使用最为广泛的网络应用之一。Internet 电子邮件系统已经包含附件、超链接、文本与图片。在多数情况下，电子邮件是以文本为主，同时也能够传输语音与视频。

6.5.2 电子邮件的工作过程

电子邮件系统分为两个部分：邮件服务器端与邮件客户端。在邮件服务器端，包括用来发送邮件的 SMTP 服务器、用来接收邮件的 POP3 服务器或 IMAP 服务器，以及用来存储电子邮件的电子邮箱；在邮件客户端，包括用来发送邮件的 SMTP 代理、用来接收邮件的 POP3 代理，以及为用户提供管理界面的用户接口程序。如图 6-9 所示给出了电子邮件的工作原理。

邮件客户端使用简单邮件传输协议(Simple Mail Transfer Protocol，SMTP)向邮件服务器发送邮件；邮件客户端使用邮局协议(Post Office Protocol，POP)的第 3 版，POP3，或

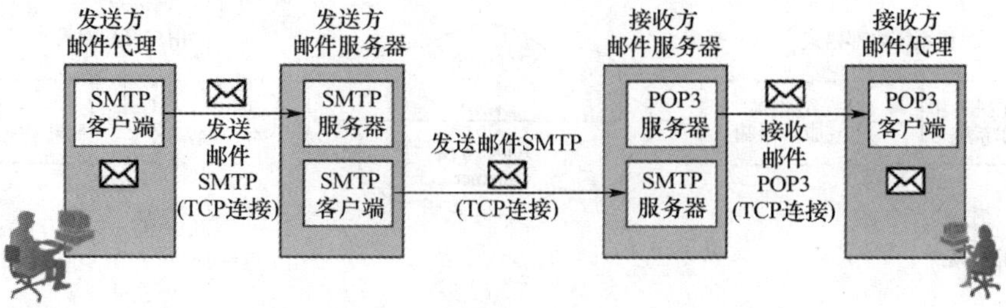

图 6-9 电子邮件的工作原理

交互式邮件存取协议(Interactive Mail Access Protocol,IMAP),从邮件服务器中接收邮件。至于使用哪种协议接收邮件,取决于邮件服务器与邮件客户端支持的协议类型,一般的邮件服务器与客户端应用程序都支持 POP3。最早描述 SMTP 的文档 RFC 788 是 1981 年公布的,POP3 的文档 RFC 1081 是 1988 年公布的。

SMTP 可以将邮件报文封装在邮件对象中。SMTP 的邮件对象是由信封和内容两个部分组成的。信封实际上是一种 SMTP 命令,邮件报文是封装在信封中的邮件内容,报文本身又包括报文头和邮件主体两个部分。

6.6 文件传送协议(FTP)

6.6.1 FTP 模型与测试分析环境

1. 分析的基本方法

从应用层协议的讨论中可以看出,网络应用软件设计、开发的基本方法如下:

(1)根据网络应用功能的要求,设计相应的应用层工作模型与应用层协议。协议工作模型描述了客户端、服务器的基本结构、报文交互过程与软件模块的划分,以及对网络服务质量的要求。根据协议工作模型来选择和确定各层的协议类型。

(2)根据协议工作模型,确定应用层实体的各个模块之间信息交互的时序与内容,设计协议数据单元的结构,并以此作为系统实现与软件编程的依据。

(3)软件开发人员在理解协议模型,读懂协议规定的基础上完成编程任务。

2. 测试分析环境

应用层协议分析需要有一个具体的测试环境和测试工具。如图 6-10 所示给出了 FTP 的分析环境。

为了简化网络结构,我们可以在一个实验室的局域网中模拟 FTP 服务的工作过程。假设在实验室的局域网中连接一个 FTP 服务器、一个 FTP 客户端,同时将一台协议分析器连接到局域网中。协议分析器的作用是监测 FTP 客户端与 FTP 服务器的报文交互过程,记录并对报文进行分析。网络地址与端口号如下:

(1)FTP 服务器:MAC 地址为 00-00-C0-22-A1-01,IP 地址为 201.5.21.1,控制连接端口号为 21,数据连接端口号为 20。

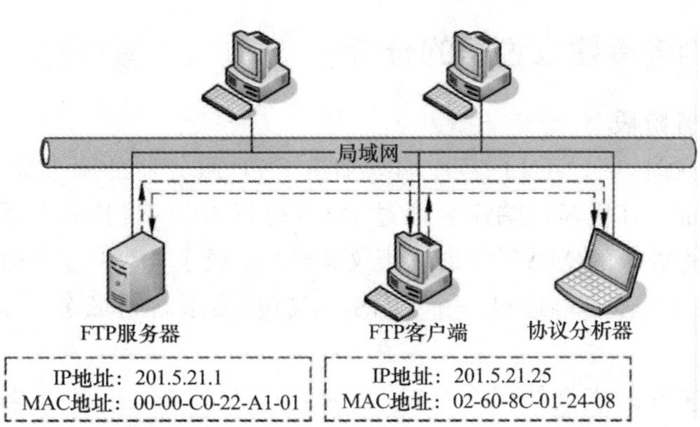

图 6-10　FTP 的分析环境

(2)FTP 客户端：MAC 地址为 02-60-8C-01-24-08，IP 地址为 201.5.21.25，数据连接端口号为 7180，控制连接端口号为 15432。

3. FTP 工作模型

如图 6-11 所示给出了 FTP 工作模型。FTP 的工作经历三个阶段：连接建立、传输数据报文与连接释放。其中，FTP 的连接又分为控制连接与数据连接。

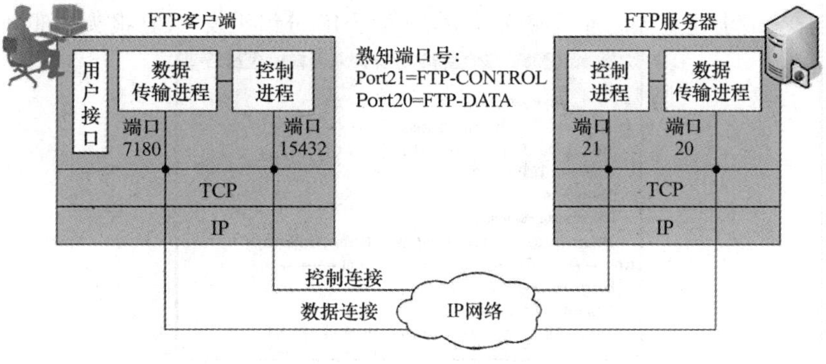

图 6-11　FTP 工作模型

FTP 工作过程主要包括以下内容：

(1)如果 FTP 客户端只知道 FTP 服务器的服务器名，那么首先需要通过 DNS 解析出服务器的 IP 地址；再根据 IP 地址通过 ARP 解析出对应的 MAC 地址。在完成这两步解析之后，可以进入 TCP 连接与 FTP 连接建立阶段。

(2)FTP 客户端发起对 FTP 服务器的连接建立。FTP 客户端将利用 FTP 服务器的熟知端口号，请求建立连接。第一步建立控制连接(Control Connection)，FTP 控制连接的熟知端口号为 21。第二步建立数据连接(Data Connection)。FTP 数据连接的熟知端口号为 20。

(3)在数据传输连接建立之后，FTP 客户端就可以从 FTP 服务器下载或上传文件。

(4)数据传输结束时，首先释放 FTP 数据连接，然后再释放 FTP 控制连接。FTP 控制连接可以提高数据传输的可靠性。

FTP 在传输层使用 TCP，在网络层使用 IP。FTP 适用于对数据传输可靠性要求较高的应用领域。

6.6.2 FTP控制连接建立过程的分析

1. 连接建立准备阶段

在测试环境建立时，假设FTP客户端只知道FTP服务器的服务器名，不知道IP地址，那么在连接建立之前，FTP客户端需要通过DNS协议查找FTP服务器的IP地址，并通过ARP查询与IP地址对应的MAC地址。报文1～4完成了DNS与ARP的执行过程。

(1)报文1是FTP客户端通过一个DNS协议包，要求解析域名为ftp.nk.com.cn服务器的IP地址。

(2)报文2是DNS的查询结果，对应域名为ftp.nk.com.cn服务器的IP地址是201.5.21.1。由于模拟环境中FTP客户端与FTP服务器同在一个局域网之中，DNS解析过程就变得很简单了。

(3)报文3是FTP客户端利用ARP，查询对应IP地址201.5.21.25的MAC地址。

(4)报文4是查询结果，对应IP地址201.5.21.1的MAC地址是00-00-C0-22-A1-01。

2. FTP控制连接建立过程

报文5～7表示FTP客户端与FTP服务器之间TCP控制连接的建立过程。

(1)报文5是FTP客户端向FTP服务器发送的建立控制连接的请求报文。图6-12所示给出了FTP客户端请求建立控制连接报文5中，网络层IP分组头及TCP报头的部分内容。

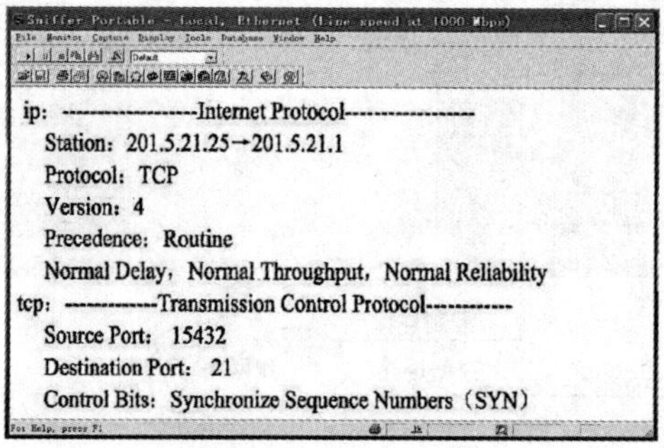

图6-12 建立FTP控制连接的请求报文

IP分组头的Station:201.5.21.25→201.5.21.1，表示报文是从FTP客户端发送到FTP服务器。Protocol:TCP，表示其高层使用的是TCP;Version:4表示IPv4。

TCP报头的Source Port:15432，Destination Port:21，表示FTP客户端希望在端口15432与FTP服务器的端口21建立FTP控制连接。这里的FTP客户端的端口15432是客户端自己分配的。Control Bits:SYN表示FTP客户端请求与FTP服务器建立TCP连接。

(2)报文6是FTP服务器同意与FTP客户端建立TCP连接的应答报文。

(3)报文7是FTP客户端发回的对服务器应答报文的确认报文。

报文5～7完成了FTP客户端与FTP服务器之间TCP控制连接的"三次握手"过程。

6.6.3 FTP用户登录与身份验证过程的分析

FTP在控制连接建立之后，FTP客户端与FTP服务器正式进入FTP会话之前的会话准备阶段。

1. FTP 服务器准备接受新用户的服务请求

(1)报文 8 是服务器向客户端发送的 Service ready for new user 报文,表示服务器已经准备接收新用户的服务请求。

(2)报文 9 是客户端向服务器发送报文 8 的确认报文。

2. FTP 用户登录与身份验证

(1)报文 10 是客户端发送给 FTP 服务器的 FTP User 命令报文,其结构如图 6-13 所示。

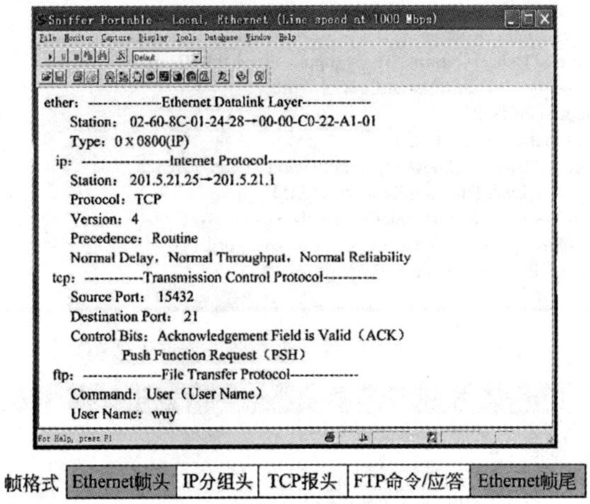

图 6-13 FTP User 命令报文结构

报文 10 和前面的报文画面不同之处是给出了数据链路层的部分内容。在图 6-13 中 Ethernet Datalink Layer 显示的是 Ethernet 帧头的部分内容。由于该包是客户端发送给服务器的,因此 Ethernet 帧头的源 MAC 地址是 02-60-8C-01-24-28,目的 MAC 地址是 00-00-C0-22-A1-01。类型域 Type:0x0800,表示网络层使用的是 IP。IP 分组头的源 IP 地址是 201.5.21.25,目的 IP 地址是 201.5.21.1,其他是常规的标记与参数。

传输层 TCP 报头中的源端口号是 15432,表示是客户端;目的端口号仍然是 FTP 服务器熟知端口号 21;其他是常规的标记与参数。

应用层 FTP 内容:命令 Command:USER(User Name)。FTP 命令的后面接着有 4 B 的 FTP 客户端向 FTP 服务器登录的用户名:wuy。

(2)报文 11 是服务器发送给客户端,对 User 命令用户名确认的应答报文,其结构如图 6-14 所示。

应答报文的 Ethernet 帧头、IP 分组头与 TCP 报头中源与目的的 MAC 地址、IP 地址、端口号与报文 10 类似。在应用层 FTP 服务器发送了应答信息的代码为 331。FTP 里规定代码 331 的意义是:User name okay,need password。它表示登录的用户名 wuy 是合法的,需要用户进一步提供对应该用户名的密码。

(3)报文 12 是客户端发送给服务器,对报文 11 的应答报文。

(4)报文 13 是客户端发送给服务器的带有用户名密码的身份认证报文,其结构如图 6-15 所示。

报文 13 与报文 12 在 Ethernet 帧头、IP 分组头与 TCP 报头等方面基本相同。在应用层 FTP 报文中,用户提供了与用户名 wuy 对应的密码。

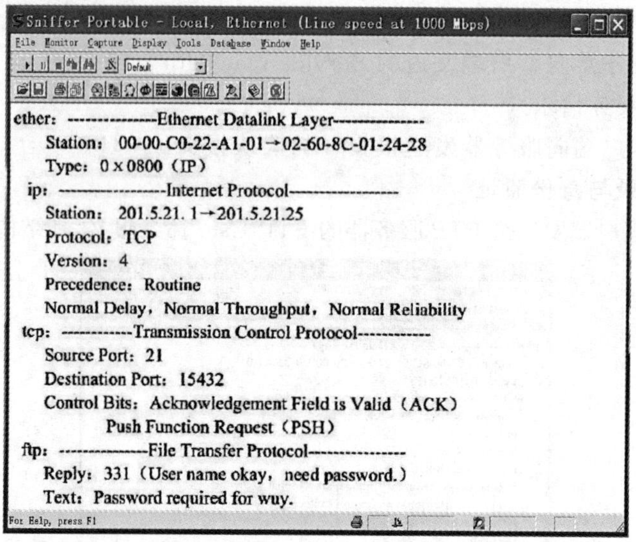

图 6-14　FTP User 命令的应答报文结构

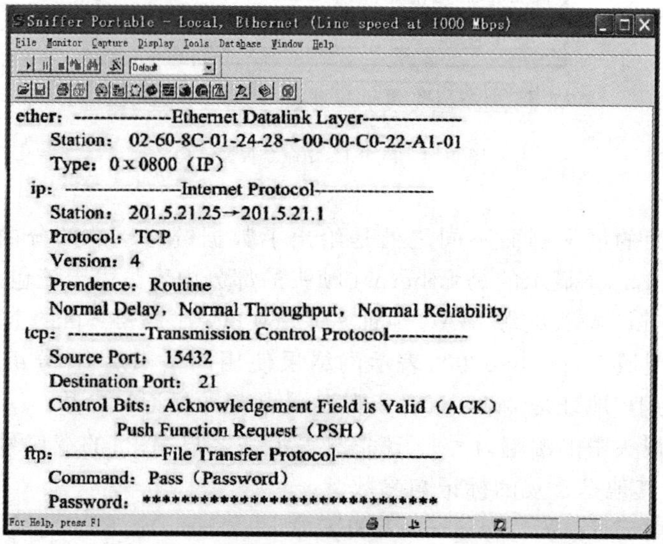

图 6-15　身份认证报文

在 FTP 服务中登录的用户账户内容包括：用户名（User Name）和密码（Password）。需要注意的是，在正常 FTP 的应用中用户名和密码是采用密文传输的，让第三者轻易地获取用户名和密码会对 FTP 的安全构成很大的威胁。

（5）报文 14 是服务器检查并确认用户密码合法后，向客户端发送的应答报文。

（6）报文 15 是客户端接收到服务器的应答报文，再次向服务器发送的确认包。

（7）报文 16 是服务器通知客户“用户登录成功”，表示用户 wuy 登录成功。

（8）报文 17 是客户端向 FTP 服务器发送，表示对收到服务器“登录成功”通知的确认。

图 6-16 所示给出了 FTP 用户登录与身份验证的报文交互过程。到目前为止，FTP 控制连接建立与用户登录身份验证过程全部结束，下一步将进入 FTP 数据连接建立阶段。

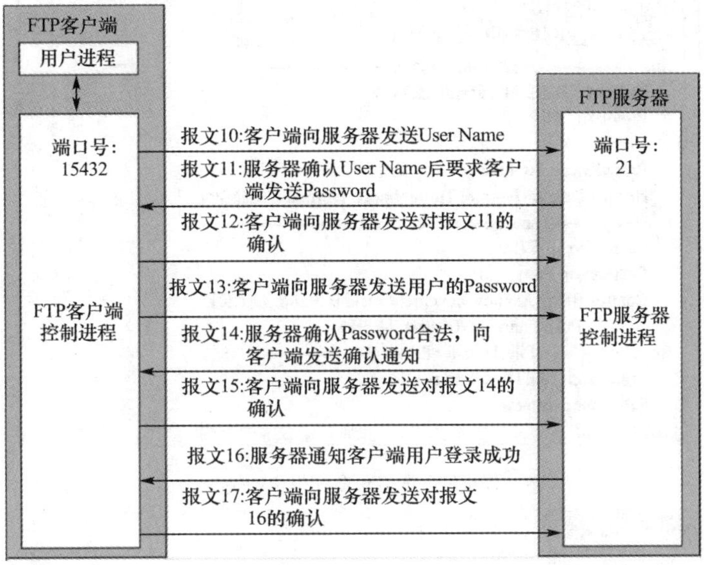

图 6-16 FTP 用户登录与身份验证的报文交互过程

6.6.4 FTP 数据连接建立过程的协议分析

FTP 数据连接建立过程大致可以分为两个阶段：数据连接建立准备、数据连接建立

1. 数据连接建立准备过程

在数据连接正式建立之前，客户端与服务器之间的联系必须通过 FTP 控制连接来进行。报文 18、19 完成数据连接建立准备工作。

(1)报文 18 是客户端发送给服务器的 FTP 命令 Port 报文。FTP 客户端通过 Port 命令报文，向服务器发送它准备建立数据连接的临时端口号。本例选择的端口号为 7180。

(2)报文 19 是服务器发送给客户端的 Port 命令的应答报文。

(3)报文 20 是客户端发送给服务器的 RETR 命令报文 Command：RETR(Retrieve File)，用户要求检索文件的名字 netnews。图 6-17 所示给出了报文 20 的结构。

图 6-18 所示给出了 FTP 数据连接建立准备工作的报文交互过程。

2. 数据连接建立过程

到目前为止，客户端与服务器所有的交互过程都是通过控制连接完成的。报文 21～23 完成数据连接建立工作。实际上，数据连接是由 TCP 完成，为 FTP 的数据传输服务的。在实际上传与下载 FTP 数据时，必须先在 FTP 服务器和 FTP 客户端之间建立一个数据连接。在主动模式下，这个连接由服务器从端口 20 主动连接到客户端的一个临时端口；在被动模式下，服务器打开一个高位端口，并等待客户端连接到这个端口。

(1)服务器使用报文 21，表示同意在服务器端口号与客户端临时端口号之间建立数据连接。

(2)客户端使用报文 22，表示对服务器同意建立数据连接的应答。

(3)服务器使用报文 23，表示对客户端同意建立数据连接应答报文的确认。

图 6-19 给出了 FTP 数据连接建立的“三次握手”过程。

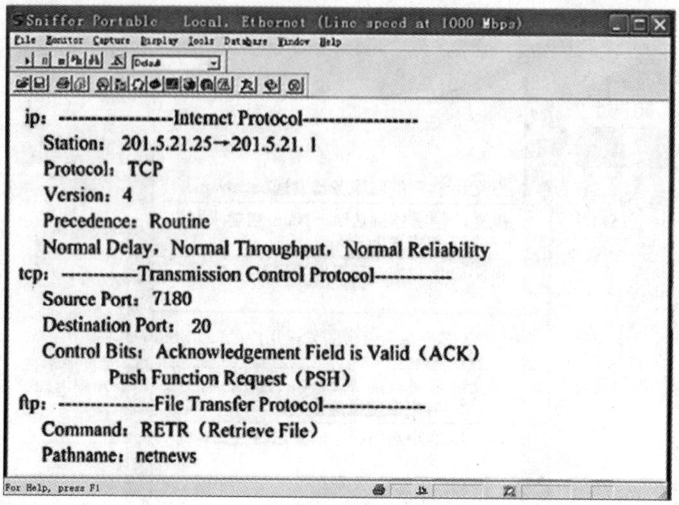

图 6-17　RETR 命令报文的结构

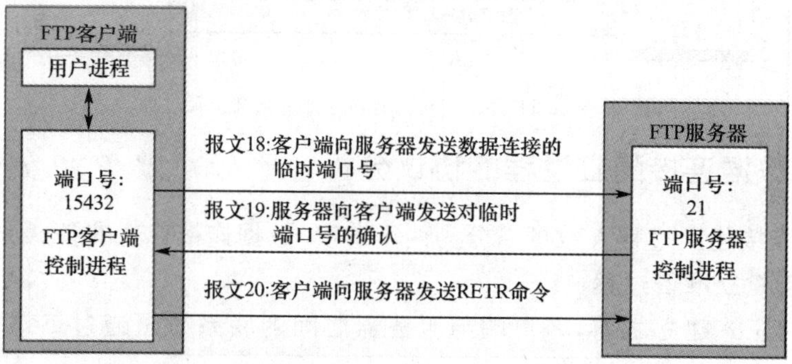

图 6-18　FTP 数据连接建立准备工作的报文交互过程

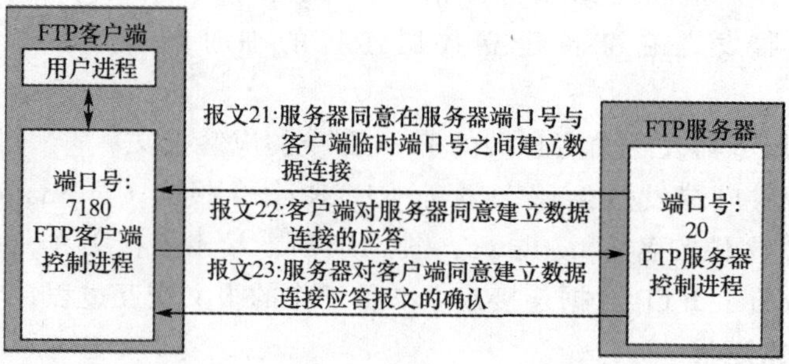

图 6-19　FTP 数据连接建立的“三次握手”过程

6.6.5　FTP 数据传输过程的分析

在报文 21～23 完成数据连接建立准备工作的基础上，报文 24～26 完成数据传输工作。

1. 被检索文件状态报告与确认

(1)被检索文件状态报告

FTP 客户端通过 RETR 报文向 FTP 服务器指出它需要检索的文件名为 netnews。报文 24 是服务器向客户发回检索文件 netnews 的状态信息。图 6-20 所示给出了报文 24 的结构。

带有检索文件的协议数据包 24 的 FTP 协议头中显示了下列内容：

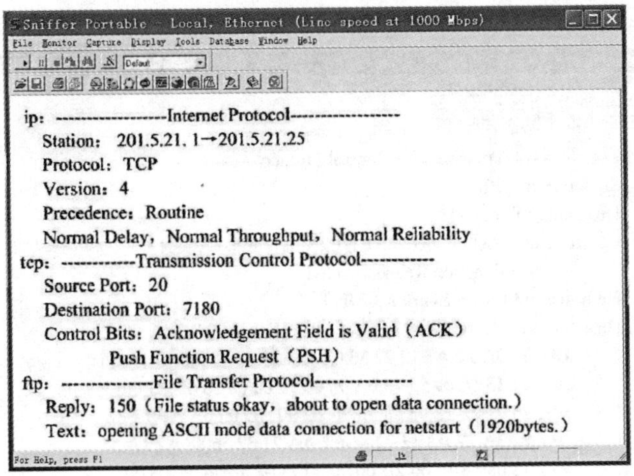

图 6-20　报文 24 的结构

Reply:150(File status okay,about to open data connection.)

Text:opening ASCII mode data connection for netstart (1920bytes.)

(2)报文 25 是对 FTP 服务器发出报文 24 的应答。

2. 检索文件数据的传输

(1)报文 26 是服务器向客户端发送的带有检索文件的第一段报文数据 DATA1。图 6-21 给出了数据报文结构。服务器将被检索的文件分成 4 段传输。

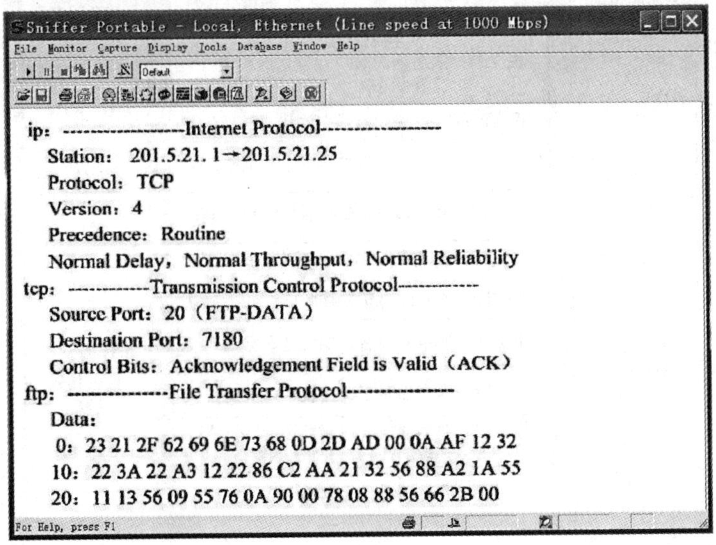

图 6-21　数据报文结构

(2)报文 27 是客户端对报文 26 的应答报文。

(3)报文 28 是服务器发送的 DATA2 数据报文。

(4)报文 29 是客户端对正确接收 DATA2 的报文 28 的确认。

(5)报文 30 是服务器向客户端发送的 DATA3 的数据报文。

(6)报文 31 是客户端对正确接收数据报文 DATA3 的确认。

(7)报文 32 的结构如图 6-22 所示。服务器在发送了最后一个数据段 DATA4 时,将

No more data requested(FIN)置位。FIN 置位表示 FTP Server 请求关闭数据接。

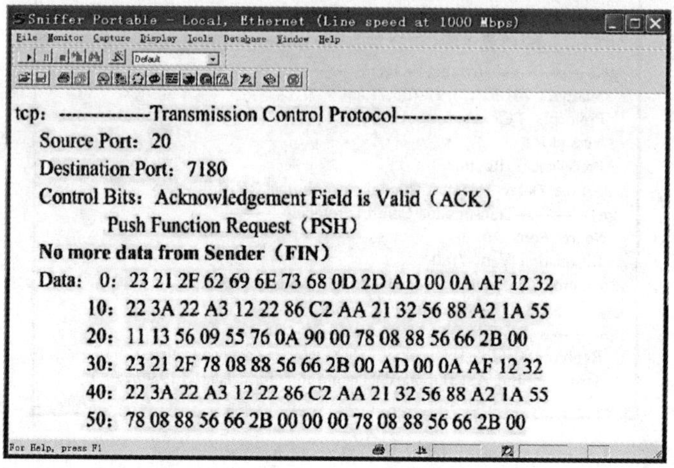

图 6-22　报文 32 的结构

(8)报文 33 是客户端对报文 32 的确认。

图 6-23 给出了数据传输过程的协议报文交互过程示意图。

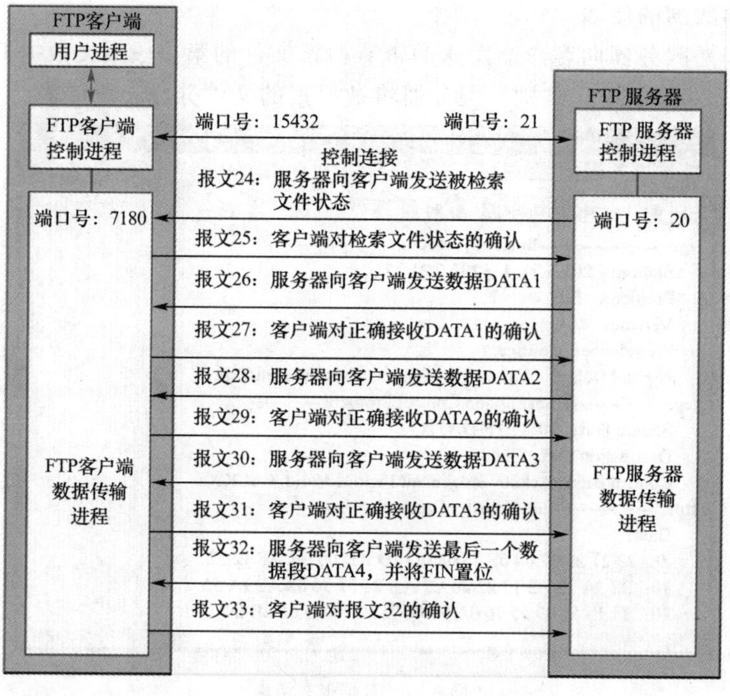

图 6-23　数据传输过程的协议报文交互过程

6.6.6　FTP 用户退出登录过程的分析

当 FTP 服务器在发送了最后一个数据段并请求关闭数据连接之后，FTP 协议在释放数据连接之前，首先是用户退出登录，结束 FTP 服务器与 FTP 客户端的服务关系。这个过程由控制连接，通过报文 34、35 来完成。

(1)FTP 客户端向 FTP 服务器发送 QUIT 命令包(报文 34)，准备退出登录(Logout)，关闭数据传输进程，结束 FTP 会话。图 6-24 所示给出了 FTP 客户端的 QUIT 报文结构。

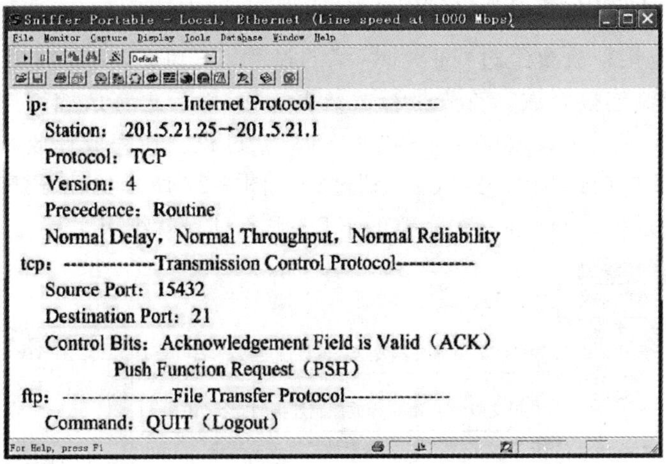

图 6-24　FTP 客户端的 QUIT 报文结构

(2)报文 35 由 FTP 服务器发送给 FTP 客户端，表示对客户端的 QUIT 命令的应答，FTP 服务器准备关闭数据连接。图 6-25 所示给出了 FTP 服务器对 QUIT 命令的应答报文结构。

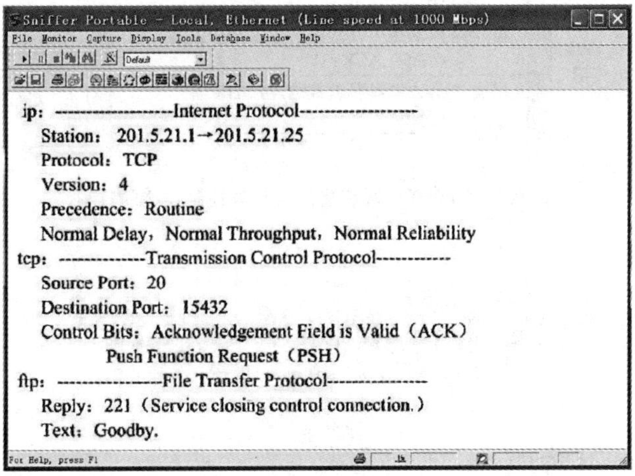

图 6-25　FTP 服务器对 QUIT 命令的应答报文结构

图 6-26 所示给出了 FTP 用户退出登录的报文交换过程。

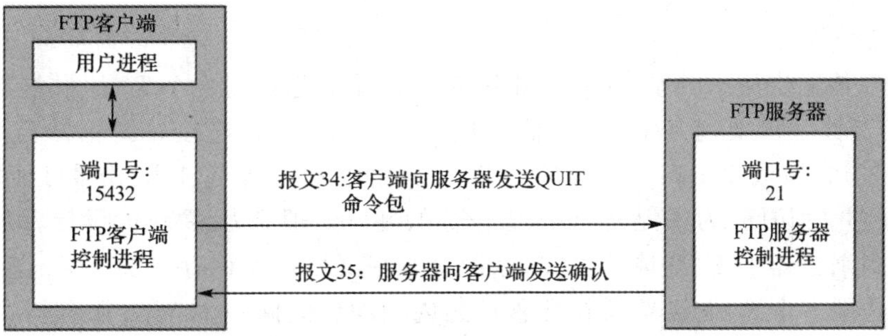

图 6-26　FTP 用户退出登录的报文交换过程

6.6.7 FTP 连接释放过程的分析

标准的 TCP 连接释放要经过“四次握手”的过程。FTP 连接释放也应包括两个阶段：数据连接释放与控制连接释放。首先是释放数据连接，然后再释放控制连接。

报文 36～39 实现了释放数据连接的“四次握手”过程。在完成释放数据连接之后，由报文 40～43 实现释放控制连接的“四次握手”过程。图 6-27 所示给出了 FTP 释放数据连接与释放控制连接的过程。至此，一次完整的 FTP 服务过程就结束了。

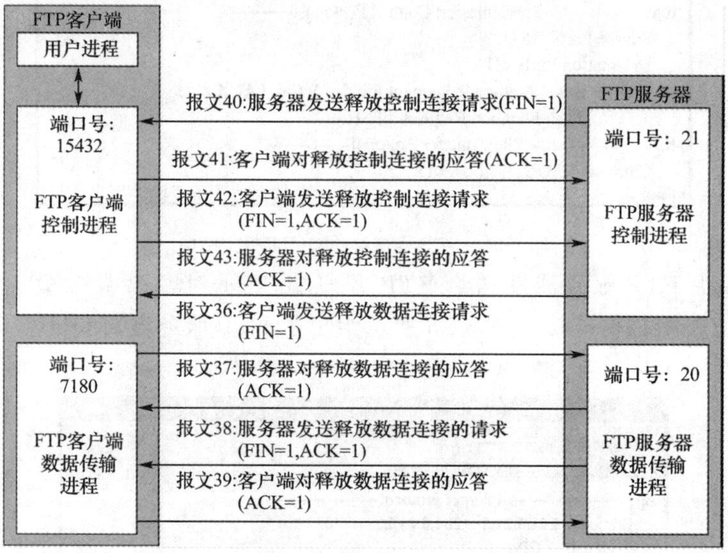

图 6-27 FTP 释放数据连接与释放控制连接的过程

6.7 超文本传输协议(HTTP)

6.7.1 HTTP 的基本特点

HTTP 是 Web 浏览器与服务器交换请求与应答报文的通信协议。研究 Web 服务首先需要了解 HTTP 的一些特性。

1. 无状态协议

HTTP 在传输层使用的是 TCP。如果 Web 浏览器想访问一个 Web 服务器，那么客户端的 Web 浏览器就需要与 Web 服务器之间建立一个 TCP 连接。浏览器与服务器通过 TCP 连接来发送、接收 HTTP 请求与应答报文。由于考虑到 Web 服务器可能同时要处理很多浏览器的并发访问，为了提高 Web 服务器的并发处理能力，协议的设计者规定 Web 服务器在接收到浏览器 HTTP 请求报文，返回应答报文之后不保存有关 Web 浏览器的任何信息。即使是同一个 Web 浏览器在几秒钟之内两次访问同一个 Web 服务器，它也必须分别建立两次 TCP 连接。因此，HTTP 属于一种无状态的协议(Stateless Protocol)。Web 服务器总是打开的，随时准备接收大量的浏览器的服务请求。

2. 非持续连接与持续连接

如果客户端向服务器发出多个服务请求报文,服务器需要对每一个请求报文进行应答,并为每一个应答过程建立一个 TCP 连接的工作方式称为非持续连接(Non Persistent Connection);多个客户端与服务器的请求报文与应答报文都可以通过一个 TCP 连接来完成的工作方式称为持续连接(Persistent Connection)。HTTP 既可以使用非持续连接,也可以使用持续连接。HTTP1.0 默认状态是非持续连接,HTTP1.1 默认状态为持续连接。

Web 页面是由对象组成的。对象(Object)就是文件,例如 HTML 文件、JPEG、GIF 图像文件、Java 程序、语音文件等,它们都可以通过 URL 来寻址。如果一个网页包括一个基本的 HTML 文件和 10 个 JPEG 图像文件,那么这个 Web 页面是由 11 个对象组成的。

在非持续连接中,对每次请求/响应都要建立一次 TCP 连接。如果一个网页包括 10 个对象(Object),并且都保存在同一个服务器中。那么,在非持续连接状态,用户访问该网页要分别为请求的 11 个对象建立 11 个 TCP 连接。非持续连接的缺点是,必须为每个请求对象建立和维护一个新的 TCP 连接。对于每个这样的连接,客户端与服务器端都需要设定缓冲区及其他的一些变量。因此服务器在处理大量客户进程请求时负担很重。图 6-28 所示给出了客户主机(212.1.1.20)通过 HTTP1.0 访问 Web 服务器(119.2.5.25)的过程。

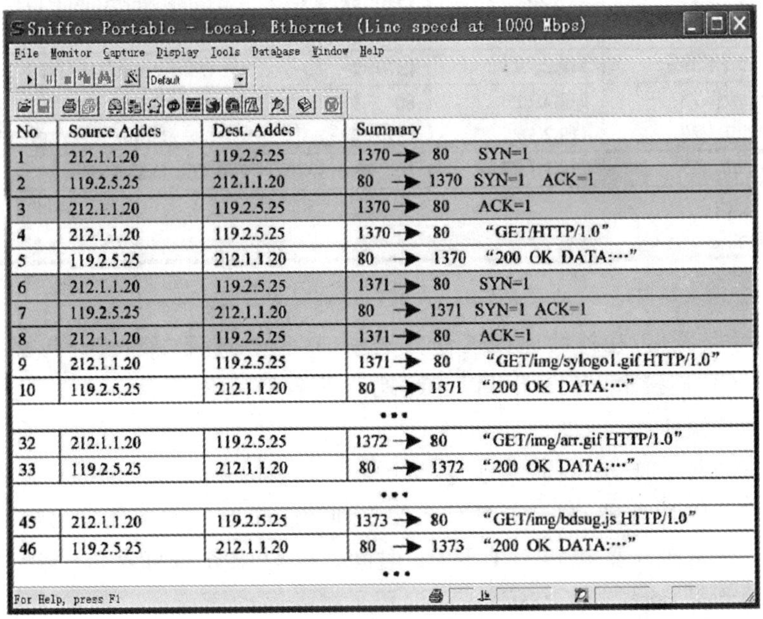

No	Source Addes	Dest. Addes	Summary
1	212.1.1.20	119.2.5.25	1370→ 80 SYN=1
2	119.2.5.25	212.1.1.20	80 → 1370 SYN=1 ACK=1
3	212.1.1.20	119.2.5.25	1370→ 80 ACK=1
4	212.1.1.20	119.2.5.25	1370→ 80 "GET/HTTP/1.0"
5	119.2.5.25	212.1.1.20	80 → 1370 "200 OK DATA:…"
6	212.1.1.20	119.2.5.25	1371→ 80 SYN=1
7	119.2.5.25	212.1.1.20	80 → 1371 SYN=1 ACK=1
8	212.1.1.20	119.2.5.25	1371→ 80 ACK=1
9	212.1.1.20	119.2.5.25	1371→ 80 "GET/img/sylogo1.gif HTTP/1.0"
10	119.2.5.25	212.1.1.20	80 → 1371 "200 OK DATA:…"
			…
32	212.1.1.20	119.2.5.25	1372→ 80 "GET/img/arr.gif HTTP/1.0"
33	119.2.5.25	212.1.1.20	80 → 1372 "200 OK DATA:…"
			…
45	212.1.1.20	119.2.5.25	1373→ 80 "GET/img/bdsug.js HTTP/1.0"
46	119.2.5.25	212.1.1.20	80 → 1373 "200 OK DATA:…"
			…

图 6-28 客户主机通过 HTTP1.0 访问 Web 服务器的过程

在图 6-28 中,报文 1～3 是客户端与 Web 服务器在 IP 地址 212.1.1.20 与 119.2.5.25、端口号 1370 与 80 之间建立 TCP 连接。报文 4 是客户端用 GET/HTTP/1.0 发出读 Web 主页的请求报文。报文 5 是服务器向客户端发送主页的内容。需要注意的是:报文 6～8 是客户端与 Web 服务器在 IP 地址 212.1.1.20 与 119.2.5.25,但是端口号是 1371 与 80 之间建立 TCP 连接。报文 9 是客户端用 GET/HTTP/1.0 发出读 sylogol.gif 图像文件的请求报文。报文 10 是服务器向客户端发送 sylogol.gif 图像文件的内容。之后客户端要请求不同的对象时,要为每一个对象分别建立 TCP 连接。图中出现的端口号 1372 与 80、1373 与 80 的 TCP 连接之后,分别是客户端用于请求读取 arr.gif 与 bdsug.js 文件的。从这个例子可以看出，HTTP1.0 默认状态是非持续连接，它需要为每个请求对象建立和维护一个新的 TCP 连接。当然，在实际的软件编程中，人们通常是采取同时发起多个 TCP 连接的方式，以减少下载一个网页的时间。

在持续连接工作方式中，服务器在发出响应后保持该 TCP 连接，在相同的客户进程端与服务器端之间的后续报文都通过该连接传送。如果一个网页包括一个基本的 HTML 文件和 10 个 JPEG 图像文件，所有请求与应答报文都通过这个连接来传送。图 6-29 所示给出了客户主机(212.1.1.20)通过 HTTP1.1 访问 Web 服务器(119.2.5.25)的过程。

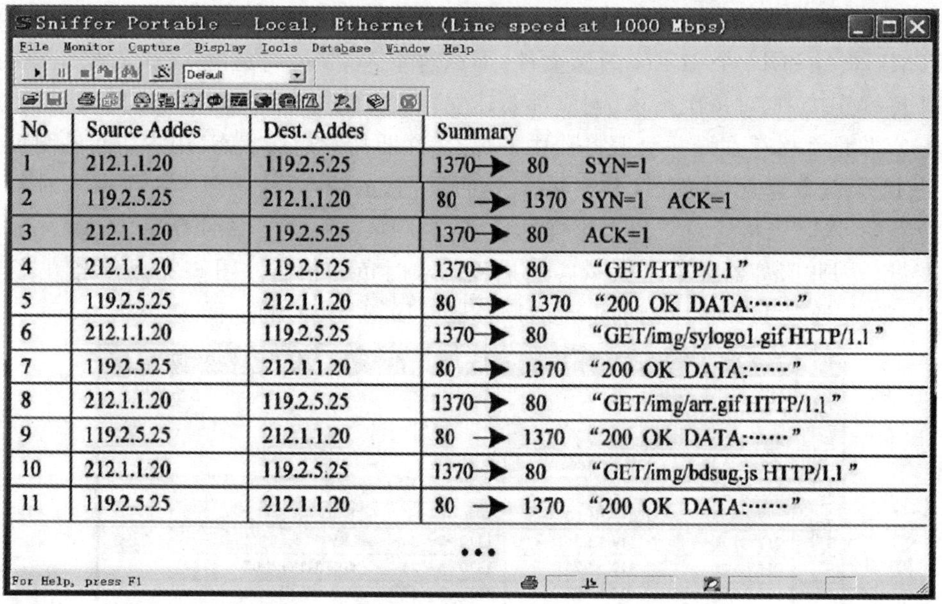

No	Source Addes	Dest. Addes	Summary
1	212.1.1.20	119.2.5.25	1370→ 80 SYN=1
2	119.2.5.25	212.1.1.20	80 → 1370 SYN=1 ACK=1
3	212.1.1.20	119.2.5.25	1370→ 80 ACK=1
4	212.1.1.20	119.2.5.25	1370→ 80 "GET/HTTP/1.1"
5	119.2.5.25	212.1.1.20	80 → 1370 "200 OK DATA:……"
6	212.1.1.20	119.2.5.25	1370→ 80 "GET/img/sylogo1.gif HTTP/1.1"
7	119.2.5.25	212.1.1.20	80 → 1370 "200 OK DATA:……"
8	212.1.1.20	119.2.5.25	1370→ 80 "GET/img/arr.gif HTTP/1.1"
9	119.2.5.25	212.1.1.20	80 → 1370 "200 OK DATA:……"
10	212.1.1.20	119.2.5.25	1370→ 80 "GET/img/bdsug.js HTTP/1.1"
11	119.2.5.25	212.1.1.20	80 → 1370 "200 OK DATA:……"

…

图 6-29　客户主机通过 HTTP1.1 访问 Web 服务器的过程

从图 6-29 可以看出，在持续连接工作方式中，在客户进程端(1370)与服务器端(80)之间建立的一个 TCP 连接上，客户端可以连续地请求多个对象。

3. 非流水线与流水线

持续连接有两种工作方式：非流水线(Without Pipelining)与流水线(Pipelining)。

非流水线方式的特点是，客户端只有在接收到前一个响应时才能发出新的请求。这样，客户端每访问一个对象时要花费 1 个 RTT 时间。这时服务器每发送一个对象之后，要等待下一个请求的到来，连接处于空闲状态，浪费了服务器的资源。

流水线方式的特点是，客户端在没有收到前一个响应时就能够发出新的请求。客户端的请求可以像流水线作业一样，连续地发送到服务器端，服务器端可以连续地发送应答报文。使用流水线方式的客户端访问所有的对象只需花费 1 个 RTT 时间。因此，流水线方式可以减少 TCP 连接的空闲时间，提高下载 Web 文档的效率。HTTP1.1 默认状态是持续连接的流水线工作方式。

6.7.2　HTTP 报文格式

1. HTTP 报文的基本概念

HTTP 是一种使用简单的请求报文与应答报文交互的协议。RFC 2616 文档对 HTTP 请求报文与应答报文做了详细的定义。图 6-30 所示给出了 HTTP 请求与应答的工作过程。

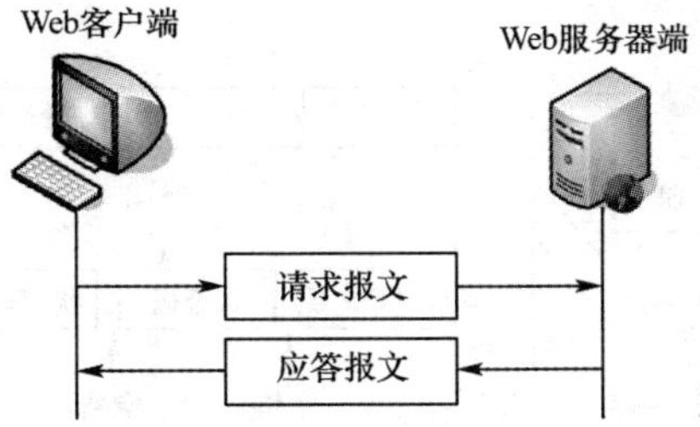

图 6-30　HTTP 请求与应答的工作过程

2. HTTP 请求报文结构

作为 HTTP 客户端的 Web 浏览器向 Web 服务器发送请求报文。请求报文可能包括用户的一些请求,例如请求显示图像与文本信息,下载可执行程序、语音或视频文件等。

Web 浏览器发送请求报文的意图在于查询一个 Web 页面的可用性,并从 Web 服务器中读取该页面。请求报文由四部分组成:请求行(Request Line)、报头(Header)、空白行(Blank Line)和正文(Body)。其中,空白行用 CR 和 LF 表示,表示报头部分的结束。正文部分可以空着,也可以包含要传送到服务器的数据。图 6-31 所示给出了请求报文的发送过程与结构。

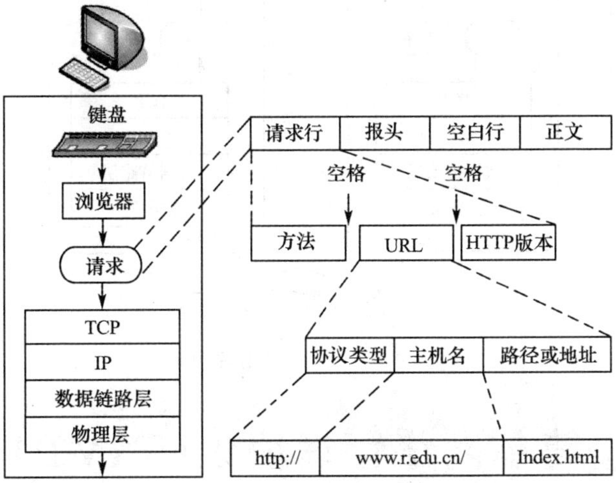

图 6-31　请求报文的发送过程与结构

注:主机名(或域名)www. r. edu. cn 通常指的是该服务器上 www 服务的默认名称,但并非所有服务器都会使用 www 作为子域名。例如,有些服务器可能直接使用 r. edu. cn 作为主机名,而不需要 www 前缀。

请求行是请求报文中的重要组成部分,它包括三个字段:方法、URL 与 HTTP 版本。方法(Method)是面向对象技术中常用的术语。“方法”用于表示浏览器发送给服务器的操作请求,服务器必须按照这些请求来为客户提供服务。

3. HTTP 应答报文结构

图 6-32 所示给出了 HTTP 应答报文结构。应答报文包括四个部分:状态行、报头、空白行、正文。其中,状态行又包括 HTTP 版本、状态码和状态短语三个字段。

总结以上讨论的内容,图 6-33 所示给出了 HTTP 工作原理。

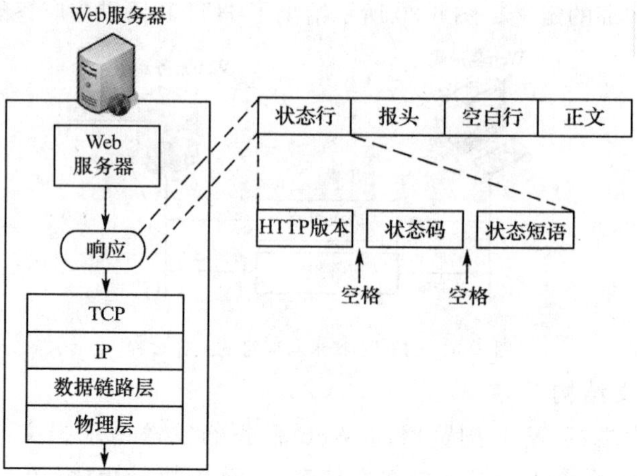

图 6-32　HTTP 应答报文结构

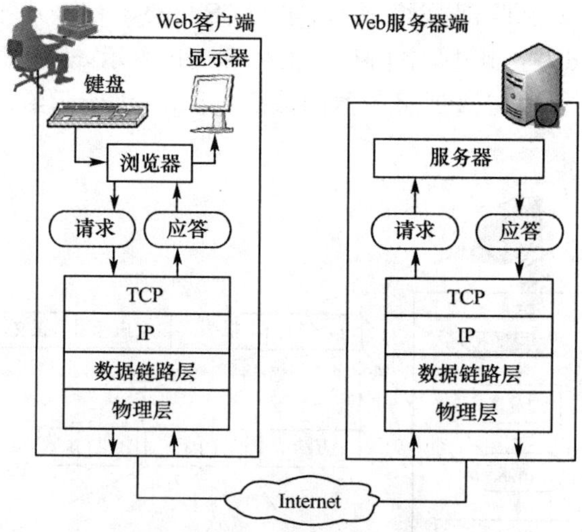

图 6-33　HTTP 工作原理

6.8　简单网络管理协议(SNMP)

6.8.1　网络管理的基本概念

1. 网络管理系统的组成

网络管理(Network Management)的目的是,使网络资源能得到有效的利用,网络出现故障时能及时报告和处理,以保证网络能够正常、高效地运行。网络管理系统通常由五个部分组成:管理进程(Manager)、被管对象(Managed Object)、代理进程(Agent)、管理信息库和网络管理协议。图 6-34 所示给出了网络管理系统结构。

(1)管理进程

管理进程是网络管理的主动实体,它提供网络管理员与被管对象之间的界面,完成网络

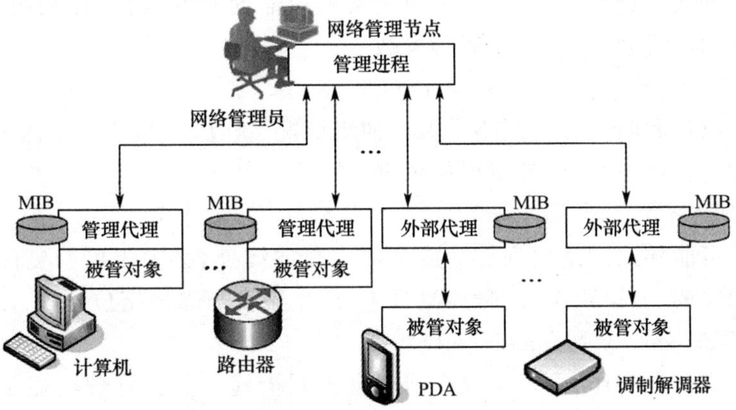

图 6-34　网络管理系统结构

管理员指定的各项管理任务，读取或改变被管对象的网络管理信息。

(2)被管对象

被管对象指网络上的软、硬件设备，例如交换机、路由器、主机与服务器等。

(3)代理进程

代理进程执行管理进程(例如系统配置、数据查询)的命令，向管理进程报告本地出现的异常情况。在 SNMP 网络管理模型中，代理可以分为两种类型：管理代理与外部代理。管理代理是在被管理的设备中加入的执行 SNMP 的程序。外部代理(Proxy Agent)是指在被管对象外部增加的执行 SNMP 的程序或设备。

(4)管理信息库

被管对象的信息都存放在管理信息库(Management Information Base，MIB)中。管理信息库是一个概念上的数据库。本地管理信息库只需要包含与本地设备相关的信息。代理进程可以读取和修改本地 MIB 中的各种变量值。每个代理进程管理自己的本地 MIB，并与管理进程交换网络状态信息。多个本地 MIB 共同构成整个网络的 MIB。

(5)网络管理协议

网络管理协议规定了管理进程与代理进程之间交互的网络管理信息的格式、意义与过程。目前，流行的网络管理协议主要有：TCP/IP 体系的简单网络管理协议(Simple Network Management Protocol，SNMP)与 OSI 参考模型的公共管理信息协议(Common Management Information Protocol，CMIP)。

2. 网络管理功能

按照 ISO 有关文档的规定，网络管理被分为五个部分：配置管理、性能管理、记账管理、故障管理和安全管理。

(1)配置管理(Configuration Management)

配置管理功能是监控网络中各个设备的配置信息，包括网络拓扑结构、各个设备与链路的互联情况、每台设备的硬件和软件配置数据，以及网络资源的分配。

(2)性能管理(Performance Management)

性能管理功能是测量和监控网络运行的状态，监视、收集和统计网络运行性能的数据，发现某个参数的当前值超过管理人员预先设定的阈值，及时通知管理人员。通过对一段时间内收集的数据的统计分析，帮助管理人员了解路由器的 CPU 与内存利用率、各个接口带宽利用率与输入输出吞吐率、响应时间等参数。

(3)记账管理(Accounting Management)

记账管理是测量和收集各种网络资源的使用情况，统计、分析节点发送和接收的流量与使用的时间，为按流量或时间的计费提供依据。

(4)故障管理(Fault Management)

故障是指有可能导致网络出现部分或全部中断或瘫痪，必须予以修复的错误。故障管理功能包括故障检测、差错跟踪、故障检测日志、产生报告与隔离定位。

(5)安全管理(Security Management)

为了保障网络正常工作，必须采取多项安全控制措施。安全管理功能是通过设定若干规则，防止网络遭受有意或无意的破坏，同时限制对敏感资源的未经授权的访问。安全管理包括：建立访问权限和访问控制；建立安全审计，对系统中各种重要操作与违规操作进行记录；当出现安全事件时发出警告和产生安全报告。

3. 网络管理技术发展的过程

理解网络管理的基本概念与 SNMP 时，需要注意以下问题：

(1)网络管理系统体系结构与网络管理协议

全面地理解 SNMP 术语的意义，应该包含 SNMP 体系结构与 SNMP 两部分内容。SNMP 体系结构通常由管理进程(Manager)、被管对象、代理进程(Agent)、管理信息库(MIB)与网络管理协议 5 部分组成。

当一个网络资源不能与管理进程直接交换管理信息时，就需要使用外部代理。例如，集线器、调制解调器、简单的交换机，以及有些便携式设备(如 PDA)不支持复杂的网络管理协议。这时，需要为这类网络设备增加外部代理。外部代理按照 SNMP 与网络管理进程通信，还要与被管理的网络设备通信。一个外部代理应该能够管理多个网络设备。

(2)对协议名称中“简单”的理解

实际上网络管理是一个很困难的问题，它受到网络拓扑、网络规模、网络设备类型、网络状态的动态变化等因素的影响，因此描述网络管理的模型和协议也一定很复杂。网络中任何硬件与软件的增删都要影响到网络管理对象的变化，那么网络管理系统设计一定要考虑到如何将这种对象“添加”的影响减到最小。设计者希望用“简单”的系统结构和协议解决复杂的网络管理问题。“简单”应该理解为协议设计者的设计目标和技术路线。从 SNMP 的基本内容上看，SNMP 的交互过程简单，只规定五种消息对网络进行管理。为了简化和降低通信代价，它在传输层采用简单的 UDP。

图 6-35 所示给出了 SNMP 的工作原理。

1988 年，第一个 TCP/IP 网络管理协议 SNMPv1 公布，立即获得产业界的认可和广泛应用。SNMPv1 在安全上有一定的缺陷。1990 年公布的 RFC 1155～RFC 1157 对 SNMP 进行了修订。针对 SNMP 的安全性问题，1992 年 RFC 1351～RFC 1353 对安全 SNMP(SNMPsec)标准进行了定义。1993—1996 年，对 SNMPv2 进行多次修订。2002 年 12 月，RFC 3410～RFC 3418 定义了 SNMPv3 标准，它的框架结构仍然与 SNMPv1 基本保持一致。

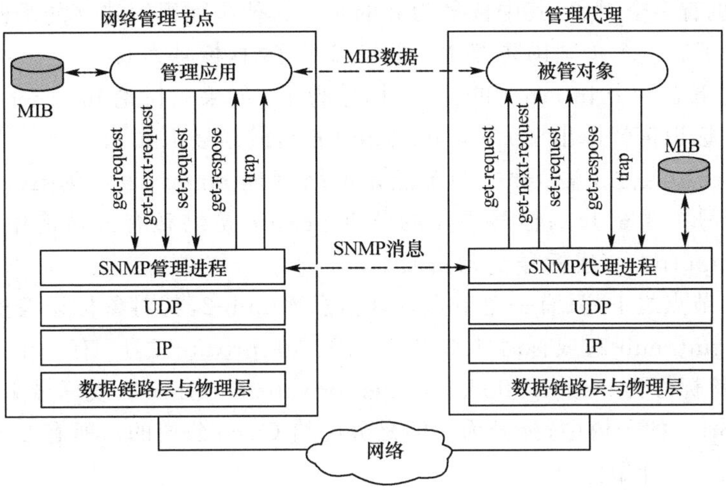

图 6-35 SNMP 的工作原理

6.8.2 SNMP 的基本内容

基于 SNMP 的网络管理主要解决三个问题：管理信息结构（Structure of Management Information，SMI）、管理信息库（MIB）与 SNMP 规则。

1. 管理信息结构

管理信息结构是 SNMP 的重要组成部分。SMI 要解决三个基本问题：被管对象如何命名、存储的被管对象数据有哪些类型、在管理进程与代理进程中传输的数据如何编码。

（1）对象命名树的结构

SMI 规定标识所有的被管对象的对象命名树（Object Naming Tree）方法（图 6-36）。对象命名树没有根，节点标识符用小写英文字母表示。对象命名树的结构如下：

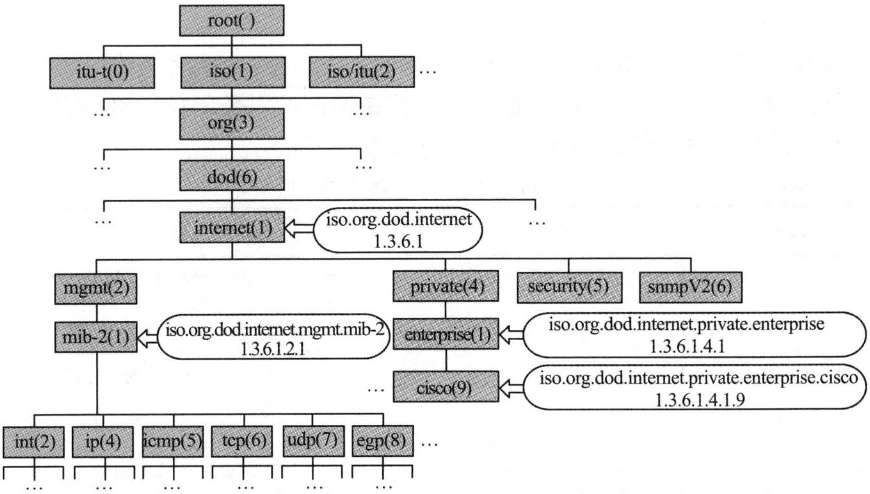

图 6-36 SMI 对象命名方法示意图

①顶级有三个对象：ITU-T 标准、ISO 标准，以及两者联合的标准。ITU-T 的前身是 CCITT，它们都是世界上最主要的标准制定组织，在对象命名树中标识符的标号分别为 0、1、2。

②iso之下也有多个对象，其中标号为3的是为其他国际组织建立的子树，称为org。

③在org之下有一个美国国防部建立的dod的子树，标号为6。

④在dod之下有一个internet的子树，标号为1。如果只讨论internet之下的子树，那么只需要在对象标识符旁标出iso.org.dod.internet，或标号1.3.6.1。

⑤在internet节点之下，标号2的节点是网络管理mgmt，表示为iso.org.dod.internet.mgmt，或标号1.3.6.1.2；标号为4的节点private是供私有公司使用的，表示为iso.org.dod.internet.private，或标号1.3.6.1.4。

⑥在mgmt节点之下，只有一个节点管理信息库mib-2，其对象标识符标号为iso.org.dod.internet.mgmt.mib-2，或标号1.3.6.1.2.1。在private之下，有一个enterprise的子树，其对象标识符标号为iso.org.dod.internet.private.enterprise，或标号1.3.6.1.4.1。

⑦在enterprise的子树中，标号为9的是分配给Cisco公司的。所有Cisco MIB对象都是从1.3.6.1.4.1.9开始。

(2)MIB对象的定位

从以上讨论中可以看出，所有MIB对象都以对象命名树中的两个分支来命名。

①常规MIB对象

常规MIB对象不是由某个厂商特定的，而是按照SNMP标准制定的，这些对象都在mgmt(2)节点之下的mib-2(1)子树(1.3.6.1.2.1)中。

②专用MIB对象

由硬件制造商创建的、用于某个网络管理系统制造商的专用对象位于private(4)之下的enterprise(1)子树(1.3.6.1.4.1)中。

2.管理信息库

最早的RFC 1066对管理信息库做出了定义，它是作为SNMPv1的一部分出现的。后来出现过多个关于MIB的协议。RFC 1213定义了MIB的第二个版本MIBⅡ(图6-36的mib-2)。

常规MIB对象都在mib-2(1)子树(1.3.6.1.2.1)中。最早定义的对象数量比较多，为了用一种逻辑的方式组织这些对象，它们被安排在不同的对象组中。经过几次修订，已经有一部分组不再使用。目前使用的MIB对象组见表6-1。

表6-1　目前使用的MIB对象组

组名	完整的组标识符	包含的主要内容
system/sys	1.3.6.1.2.1.1	与主机或路由器的操作系统相关的对象
interface/int	1.3.6.1.2.1.2	与网络接口相关的对象
ip/ip	1.3.6.1.2.1.4	与IP运行相关的对象
icmp/icmp	1.3.6.1.2.1.5	与ICMP运行相关的对象
tcp/tcp	1.3.6.1.2.1.6	与TCP运行相关的对象
udp/udp	1.3.6.1.2.1.7	与UDP运行相关的对象
egp/egp	1.3.6.1.2.1.8	与EGP运行相关的对象

（1）system 组

system 组是最基本的一个组，包括被管对象的硬件、操作系统、网络管理系统的厂商、节点的物理地址等常用信息。网络管理系统发现新的系统接入网络，首先会访问该组。

（2）interface 组

interface 组包含与系统中接口相关的信息，例如网络接口数量、接口类型、当前接口状态、接口当前速率的估计值、递交高层协议的分组数、丢弃的分组数、输出分组的队列长度等。

（3）ip 组

ip 组包含 IP 中的各种参数信息。ip 组中有以下三个表：

①ipAddrTable：提供分配给节点的 IP 地址。

②ipRouteTable：提供路由选择信息，用于对路由器的配置检测、路由控制。

③ipNetToMediaTable：提供 IP 地址与物理地址之间对应关系的地址转换表。

（4）icmp 组

icmp 组包含所有关于 ICMP 的参数，例如发送或接收的 ICMP 报文的总数，以及出错的、目的地址不可达的、重定向的 ICMP 报文的数量等。

（5）tcp 组

tcp 组包含与 TCP 相关的信息，例如重传时间、支持 TCP 的连接数、接收或发送报文段的数量、重传报文段或出错报文段的数量等。

（6）udp 组

udp 组包含与 UDP 相关的信息，例如递交该 UDP 用户的数据报总数、收到无法递交的数据报的数量、UDP 用户的本地 IP 地址与本地端口号等。

（7）egp 组

egp 组包含与 EGP 实现、操作相关的信息，例如收到正确的 EGP 报文数、错误的 EGP 报文数、相邻网关的 EGP 表、本 EGP 实体连接的自治系统数等。

3. SNMP 的基本操作

SNMP 采用轮询的方式，周期性通过"读""写"操作来实现基本的网络管理功能。网络管理进程通过向代理进程发送 Get 报文检测被管对象状态，使用 Set 报文来改变被管对象状态。除了轮询方式之外，网络管理进程也允许被管对象在重要事件发生时，使用 Trap 报文向网络管理进程报告。SNMPv3 的报文类型见表 6-2。

表 6-2　　SNMPv3 的报文类型

操作类型	说明	SNMPv3 报文
读	使用轮询机制从一个被管对象读取管理信息报文	GetRequest-PDU GetNextRequest-PDU GetBulkRequest-PDU
写	改变一个被管对象的管理信息的报文	SetRequest-PDU
响应	被管对象对请求返回的应答报文	Response-PDU
通知	被管对象向管理进程报告重要事件发生的报文	Trapv2-PDU InformRequest-PDU

图 6-37 所示给出了管理进程执行 Get 操作的过程。管理进程向代理进程发送 Get 报文

来读取被管对象状态信息，被管对象中的代理进程以 Response-PDU 报文向管理进程应答。

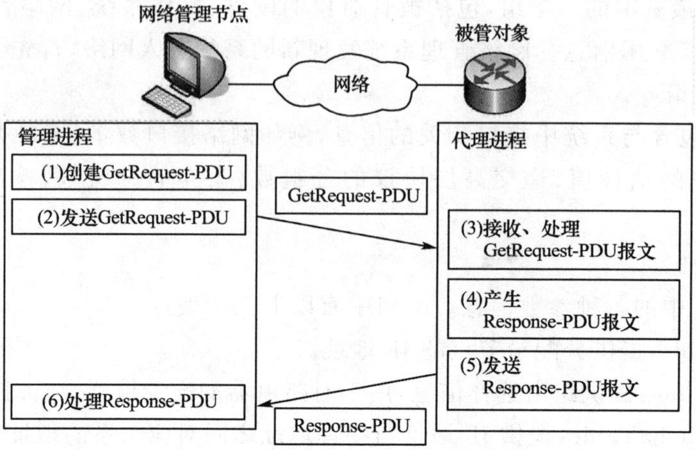

图 6-37　管理进程执行 Get 操作的过程

图 6-38 所示给出了管理进程执行 Set 操作的过程。管理进程向代理进程发送 Set 报文来改变被管对象状态信息，被管对象中的代理进程以 Response-PDU 报文向管理进程应答。从这两个操作可以看出，SNMP 设计充分体现了以简单方法处理复杂问题的原则。

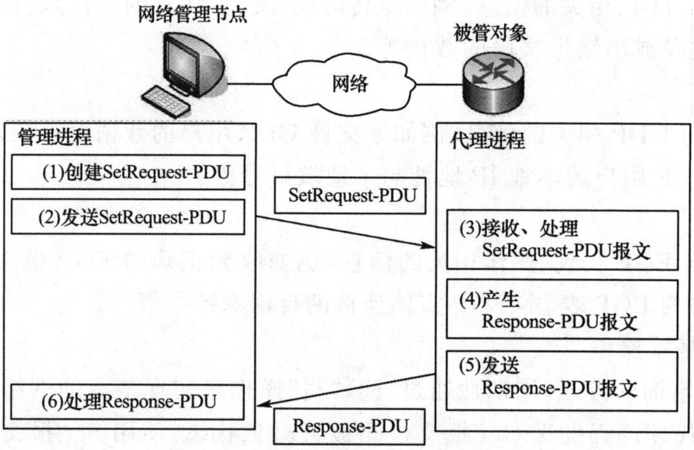

图 6-38　管理进程执行 Set 操作的过程

习题巩固

一、名词解释

应用层；DNS 域名解析；DHCP；远程登录协议；电子邮件；FTP；HTTP；SNMP。

二、单项选择题

1. 远程登录协议、电子邮件协议、文件传送协议依赖(　　)。

A. TCP　　B. UDP　　C. MP　　D. IGMP

2. 在电子邮件程序向邮件服务器中发送邮件时，使用的是简单邮件传送协议，而电子邮件程序从邮件服务器中读取邮件时，可以使用(　　)协议。

A. PPP　B. POP3　C. P-to-P　D. NEWS

3. 主页一般包含以下几种根本元素：Text、Image、Table 与(　　)。

A. NFS　B. IPSec　C. SMTP　D. Hyperlink

4. 标准的 URL 由三部分组成：服务器类型、主机名和路径及(　　)。

A. 客户名　B. 浏览器名　C. 文件名　D. 进程名

5. www 浏览器是由一组客户、一组解释单元与一个(　　)所组成的。

A. 解释器　B. 控制单元　C. 编辑器　D. 过失控制单元

6. FTP 客户端发起对 FTP 服务器的连接建立的第一阶段建(　　)。

A. 传输连接　B. 数据连接　C. 会话连接　D. 控制连接

三、简答题

1. 在 TCP/IP 协议簇中，从高层协议对低层协议的单向依赖关系，应用层协议可以分为哪三种类型？

2. 选择域名效劳器的结构的原则是什么？

3. 如何优化域名系统的性能？

4. E-mail 中的 Internet 报文存取协议(IMAP)与 POP3 的差异主要表现在哪几个方面？

5. 结合 FTP 执行过程的分析，总结自己对网络体系结构中各层协议之间的关系，以及对网络协议的理解。

第 7 章　网络安全

7.1　网络安全概述

随着全球信息基础设施和各个国家信息基础设施的形成，计算机网络已经成为信息化社会发展的重要保障，网络深入到国家的政府、军事、文教、企业等诸多领域，许多重要的政府宏观调控决策、商业经济信息、银行资金转账、股票证券、能源资源数据、科研数据等重要信息都通过网络存储、传输和处理。所以，难免会招致各种主动或被动的人为攻击，如信息泄露、信息窃取、数据篡改和计算机病毒等。同时，通信实体还面临着诸如水灾、火灾、地震和电磁辐射等方面的考验。因此，网络安全越来越引起人们的重视。

7.1.1　网络安全的概念

人们在享受信息化带来的众多好处的同时，也面临着日益突出的信息安全与保密问题。计算机网络信息安全技术经过十多年的快速发展，在信息安全技术的研究上形成了两个完全不同的角度和方向：一个从正面防御考虑，研究加密、鉴别、认证、授权和访问控制等；另一个从反面攻击考虑，研究漏洞扫描评估、入侵检测、紧急响应和防病毒。网络安全从其本质上来讲就是网络上的信息安全。它涉及的领域相当广泛，这是因为在目前的公用通信网络中存在着各种各样的安全漏洞和威胁。下面给出网络安全的一个通用定义。

网络安全就是网络上的信息安全，是指网络系统的硬件、软件及其系统中的数据受到保护，不因偶然的或者恶意的原因而遭到破坏、更改、泄露，系统能连续、可靠、正常地运行，网络服务不中断。

广义来说，凡是涉及网络上信息的保密性、完整性、可用性、真实性和可控性的相关技术和理论都是网络安全所要研究的领域。

网络安全涉及的内容既有技术方面的问题，也有管理方面的问题，两者相互补充，缺一不可。技术方面主要侧重于防范外部非法用户的攻击，管理方面则侧重于内部人为因素的管理。

网络安全要考虑以下几个方面的内容。

1. 网络系统的安全

网络系统的安全主要包括以下几方面的问题：

(1)网络操作系统的安全性。目前流行的服务器操作系统(UNIX、Windows Server 2016/2012/2008/2003、Windows 2000/NT Server 等)以及客户端操作系统(Linux、Windows11/10/7/Vista/XP 等)均存在网络安全漏洞。

(2)来自外部的安全威胁。

(3)来自内部用户的安全威胁。

(4)通信协议软件本身缺乏安全性(如 TCP/IP)。

(5)计算机病毒感染。

(6)应用服务的安全。许多应用服务系统在访问控制及安全通信方面考虑得不周全。

2. 局域网安全

局域网采用广播方式,在同一个广播域中可以侦听到在该局域网上传输的所有信息包,这是一个不安全因素。

3. Internet(互联网)安全

非授权访问、冒充合法用户、破坏数据完整性、干扰系统正常运行、利用网络传播病毒等都是在 Internet 上经常遇到的问题。

4. 数据安全

事实上,无论是 Internet 还是其他专用网络,都必须注意数据的安全性问题,以保护本单位、本部门的信息资源不会受到外来的侵害。

从根本意义上讲,绝对安全的计算机是不存在的,绝对安全的网络也是不可能有的。只有存放在一个无人知晓的密室里,而又不插电的计算机才可以称之为安全。计算机只要投入使用,就或多或少地存在着安全问题,只是程度不同而已。因此,在探讨网络安全的时候,实际上指的是一定程度的网络安全。而到底需要多大的安全性,要依据实际需要及自身能力而定。网络安全性越高,同时也意味着网络的管理越复杂。网络的安全性与网络管理的便利性是一对矛盾。

7.1.2 网络安全模型

典型的网络安全模型如图 7-1 所示。信息需要从一方通过网络传送到另一方。在传送中居主体地位的双方必须合作以便进行信息交换。通过通信协议(如 TCP/IP)在两个主体之间可以建立一条逻辑信息通道。

为防止对手(可能有恶意的其他个人或组织)对信息机密性、可靠性等造成破坏,需要保护传送的信息。保证安全性的所有机制包括以下两部分：

(1)对被传送的信息进行与安全相关的转换。图 7-1 中包含了消息的加密和以消息内容为基础的补充代码。加密消息使对手无法阅读,补充代码可以用来验证发送方的身份。

(2)两个主体共享不希望对手得知的保密信息。例如,使用密钥链接,在发送前对信息进行转换,在接收后再转换回来。

为了实现安全传送,可能需要可信任的第三方。例如,第三方可能会负责向两个主体分发保密信息,而向其他对手保密,或者需要第三方对两个主体间传送信息可靠性的争端进行仲裁。

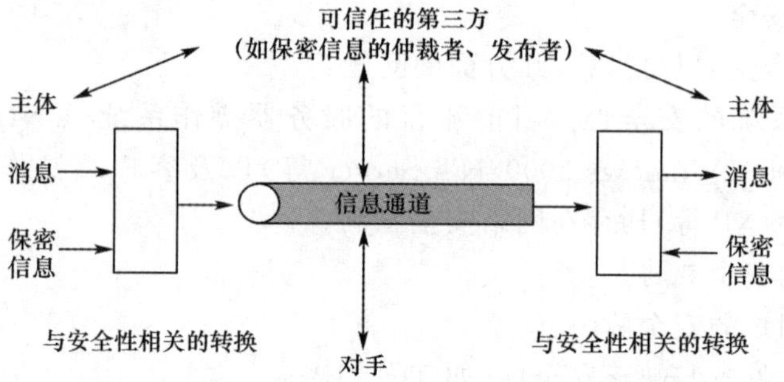

图 7-1　典型的网络安全模型

这种通用模型指出了设计特定安全服务的四个基本任务：

(1)设计执行与安全性相关的转换算法，该算法必须使对手不能对算法进行破解以实现其目的。

(2)生成算法使用的保密信息。

(3)开发分发和共享保密信息的方法。

(4)指定两个主体要使用的通信协议，并利用安全算法和保密信息来实现特定的安全服务。

7.1.3　计算机安全的分级

计算机操作系统的安全级别在美国国防部发表的橘皮书《可信计算机系统评测标准》中，把计算机系统分为四个等级、七个级别，即 D(最低保护等级)、C(自主保护等级)、B(强制保护等级)、A(验证保护等级)四等，细分为 D1、C1、C2、B1、B2、B3、A1 七级。

(1)D1 级：这是计算机安全的最低一级，不要求用户进行登录和密码保护，任何人都可以使用，整个系统是不可信任的，硬件和软件都易被侵袭。

(2)C1 级：又称自主安全保护级，要求硬件有一定的安全级(如计算机带锁)，用户必须通过登录认证方可使用系统，并建立了访问许可权限机制。

(3)C2 级：又称受控存取保护级。比 C1 级增加了几个特性，包括：引进了受控访问环境，进一步限制了用户执行某些系统指令；授权分级使系统管理员给用户分组，授予他们访问某些程序和分级目录的权限；采用系统审计，跟踪记录所有安全事件及系统管理员的工作。

(4)B1 级：又称标记安全保护级。对网络上每个对象都实施保护；支持多级安全，对网络、应用程序工作站实施不同的安全策略；对象必须在访问控制之下，不允许拥有者自己改变所属资源的权限。

(5)B2 级：又称结构化保护级。对网络和计算机系统中的所有对象都加以定义，并贴一个标签；为工作站、终端等设备分配不同的安全级别；按最小特权原则取消权力无限大的特权用户。

(6)B3 级：又称安全域级。要求用户工作站或终端必须通过可信任的途径链接到网络系统内部的主机上；采用硬件来保护系统的数据存储区；根据最小特权原则，增加了系统安全员，将系统管理员、系统操作员和系统安全员的职责分离，使人为因素对计算机安全的威胁降至最小。

(7)A1级：又称验证设计级。这是计算机安全级中最高的一级，包括以上各级别的所有措施，并附加了一个安全系统的受监视设计；合格的个体必须经过分析并通过这一设计；所有构成系统的部件来源都必须有安全保证；这一级还规定了将安全计算机系统运送到现场安装所必须遵守的程序。

在网络的具体设计过程中，应根据网络总体规划中提出的各项技术规范、设备类型、性能要求及经费预算等综合考虑来确定一个比较合理、性能较高的网络安全级别，从而实现网络的安全性和可靠性。

7.1.4 网络安全的重要性

在信息社会中，信息具有与能源、物源同等的价值，在某些时候甚至具有更高的价值。具有价值的信息必然存在安全性问题，对于企业更是如此。例如，在竞争激烈的市场经济驱动下，每个企业对于原料配额、生产技术、经营决策等信息，在特定的地点和业务范围内都具有保密的要求，一旦这些机密被泄露，不仅会给企业还会给国家造成严重的经济损失。

经济社会的发展要求各用户之间的通信和资源共享，需要将一批计算机联成网络，这样就隐含着很大的风险，包含了极大的脆弱性和复杂性，特别是当今最大的网络——国际互联网(Internet)，很容易遭到别有用心者的恶意攻击和破坏。随着国民经济信息化程度的提高，有关大量情报和商务信息都高度集中地存放在计算机中，随着网络应用范围的扩大，信息泄露问题也变得日益严重，因此，计算机网络的安全性问题就越来越重要。

7.1.5 计算机网络安全现状

互联网具有的开放性、交互性和分散性特征使人类所憧憬的信息共享、开放、灵活和快速等需求得到满足。网络环境为信息共享、信息交流、信息服务创造了理想空间，网络技术的迅速发展和广泛应用，为人类社会的进步提供了巨大推动力。正是由于互联网的上述特性，产生了许多安全问题：

(1)黑客(Hacker)。这是指在Internet上有一批熟悉网络技术的人，经常利用网络上现存的一些漏洞，设法进入他人的计算机系统。有些人只是好奇，而有些人是存在不良动机侵入他人系统，他们偷窥机密信息，或将其计算机系统破坏，这部分人就被称为“黑客”。尽管人们在计算机技术上做出了种种努力，但这种攻击却愈演愈烈。从单一地利用计算机病毒破坏和用黑客手段进行入侵攻击转变为使用恶意代码与黑客攻击手段结合，使得这种攻击具有传播速度惊人、受害面巨大和穿透深度广的特点，往往一次攻击就会给受害者带来严重的破坏和损失。

(2)信息泄露、信息污染、信息不易受控。例如，资源未授权侵用、未授权信息流出现、系统拒绝信息流和系统否认等，这些都是信息安全的技术难点。

(3)在网络环境中，一些组织或个人出于某种特殊目的，进行信息泄密、信息破坏、信息侵权和意识形态的信息渗透，甚至通过网络进行政治颠覆等活动，使国家利益、社会公共利益和各类主体的合法权益受到威胁。

(4)网络运用的趋势是全社会广泛参与，随之而来的是控制权分散的管理问题。由于人们利益、目标、价值观的分歧，信息资源的保护和管理出现脱节和真空，信息安全问题变得广泛而复杂。

(5)随着社会重要基础设施的高度信息化,社会的“命脉”和核心控制系统有可能面临恶意攻击而导致损坏和瘫痪,包括国防通信设施、动力控制网、金融系统和政府网站等。

近年来,人们的网络安全意识逐步提高,很多企业根据核心数据库和系统运营的需要,逐步部署了防火墙、防病毒和入侵监测系统等安全产品,并配备了相应的安全策略。虽然有了这些措施,但并不能解决一切问题。我国网络安全问题日益突出,其主要表现为以下几个方面:

(1)安全事件不能及时、准确发现

网络设备、安全设备、系统每天生成的日志可能有上万甚至几十万条,这样人工地对多个安全系统的大量日志进行实时审计、分析流于形式,再加上误报(如网络入侵检测系统、互联网协议群)、漏报(如未知病毒、未知网络攻击、未知系统攻击)等问题,造成不能及时、准确地发现安全事件。

(2)安全事件不能准确定位

信息安全系统通常是由防火墙、入侵检测、漏洞扫描、安全审计、防病毒、流量监控等产品组成的,但是由于安全产品来自不同的厂商,没有统一的标准,所以安全产品之间无法进行信息交流,于是形成许多安全孤岛和安全盲区。由于事件孤立,相互之间无法形成很好的集成关联,因而一个事件的出现不能关联到真实问题。

如入侵监测系统事件报警,就须关联同一时间防火墙报警、被攻击的服务器安全日志报警等,从而了解是真实报警还是误报;如是未知病毒的攻击,则分为两类,即网络病毒、主机病毒。网络病毒大都表现为流量异常,主机病毒大都表现为中央处理器异常、内存异常、磁盘空间异常、文件的属性和大小改变等。要发现这个问题,需要关联流量监控(针对网络病毒)、关联服务器运行状态监控(针对主机病毒)、关联完整性检测(针对主机病毒)。为了预防网络病毒大规模暴发,则必须在病毒暴发前快速发现中毒机器并切断源头。例如,服务器的攻击,可能是安全事件遭病毒感染;分布式拒绝服务(Distributed Denial of Service, DDoS)攻击,可能是服务器 CPU 超负荷、端口某服务流量太大、访问量太大等,必须将多种因素结合起来才能更好地分析,快速知道真实问题点并及时恢复正常。

DDoS 是一种基于 DoS 的特殊形式的拒绝服务攻击,是一种分布、协作的大规模攻击方式,主要瞄准比较大的站点,像商业公司、搜索引擎和政府部门的站点。DDoS 攻击是利用一批受控制的机器向一台机器发起攻击,这样来势凶猛的攻击令人难以防备,因此具有较大的破坏性。

(3)无法做集中的事件自动统计

如某台服务器的安全情况报表、所有机房发生攻击事件的频率报表、网络中利用次数最多的攻击方式报表、发生攻击事件的网段报表、服务器性能利用率最低的服务器列表等,需要管理员人为地对这些事件做统计记录,生成报告,从而耗费大量人力。

(4)缺乏有效的事件处理查询

没有对事件处理的整个过程做跟踪记录,信息部门主管不了解哪些管理员对该事件进行了处理,处理过程和结果也没有做记录,使得处理的知识经验不能得到共享,导致下次再发生类似事件时处理效率低下。

(5)缺乏专业的安全技能

网络管理员发现问题后,往往因为安全知识的不足导致事件迟迟不能被处理,从而影响网络的安全性、延误网络的正常使用。

7.2 密码学

7.2.1 密码学简介

密码学研究的是如何保证信息系统的安全。它以认识密码变换的本质、研究密码保密与破译的基本规律为对象，主要以可靠的数学方法和理论为基础，为解决网络安全中的机密性、数据完整性、认证和身份识别、信息的可控性，以及不可抵赖性等提供理论基础。

经典密码学主要包括两个既对立又统一的分支，即密码编码学和密码分析学。研究密码变化的规律并用于编制密码以保护信息安全的科学，称为密码编码学；研究密码变化的规律并用之于破译密码以获取信息情报的科学，称为密码分析学，也叫密码破译学。前者是实现对信息保密的，后者是实现对信息反保密的，密码编码和密码分析是矛和盾的关系。俗话说“魔高一尺，道高一丈”，两者的对立促进了密码学的飞速发展。现代密码学除了包括密码编码学和密码分析学两个主要学科外，还包括近几十年才形成的新分支，即密码密钥学。它是密码的核心部分，密钥管理包括密码的产生、分配、存储、保护、销毁等环节，在保密系统中至关重要。上述三个分支学科构成了现代密码学的主要学科体系。

密码系统通常从以下三个独立的方面进行分类：

(1)按将明文转换成密文的操作类型可分为置换密码和易位密码。

所有加密算法都是建立在两个通用原则之上的，即置换和易位。置换是将明文的每个元素（比特、字母、比特或字母的组合）映射成其他元素。易位是对明文的元素进行重新布置。没有信息丢失是其基本要求（也就是说，所有操作都是可逆的）。大多数系统（产品系统）都涉及多级置换和易位。

(2)按明文的处理方法可分为分组密码和序列密码。

分组密码或称为块密码(Block Cipher)一次处理一块输入元素，每个输入块生成一个输出块。序列密码或称为流密码(Stream Cipher)对输入元素进行连续处理，每次生成一个输出块。

(3)按密钥的使用个数可分为对称密码体制和非对称密码体制。

如果发送方使用的加密密钥和接收方使用的解密密钥相同，或者从其中一个密钥易于得出另一个密钥，这样的系统就叫作对称的、单密钥或常规加密系统。如果发送方使用的加密密钥和接收方使用的解密密钥不相同，从其中一个密钥难以推出另一个密钥，这样的系统就叫作不对称的、双密钥或公钥加密系统。

7.2.2 密码体制及其安全性

在密码学中，有一个五元组（明文，密文，密钥，加密算法，解密算法），对应的加密方案称为密码体制。

(1)明文：作为加密输入的原始信息，即消息的原始形式，通常用 m 或 p 表示。所有可能明文的有限集称为明文控件，通常用 M 或 P 来表示。

(2)密文：明文经加密变换后的结果，即消息被加密处理后的形式，通常用 c 表示。所有可能密文的有限集称为密文空间，通常用 C 来表示。

(3)密钥：参与密码变换的参数，通常用 k 表示。一切可能的密钥构成的有限集称为密钥空间，通常用 K 表示。

(4)加密算法：将明文变换为密文的变换函数，相应的变换过程称为加密，即编码的过程。通常用 E 表示，明文 p 通过加密算法 E 和密钥 K 生成密文 c，即 $c=E_k(p)$。

(5)解密算法：将密文恢复为明文的变换函数，相应的变换过程称为解密，即解码的过程。通常用 D 表示，对密文 c 解密后得到明文 p，即 $p=D_k(c)$。

对于有实用意义的密码体制而言，总是要求满足 $p=D_k(E_k(p))$。即用加密算法得到的密文总是能用一定的解密算法恢复出原始的明文，而密文消息的获取同时依赖于初始明文和密钥的值，加密与解密过程如图 7-2 所示。

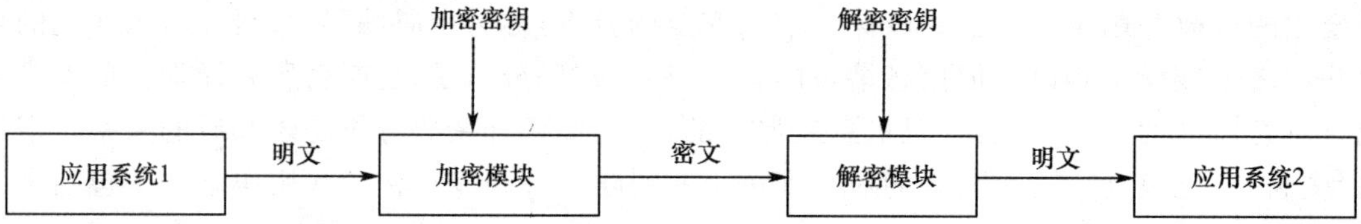

图 7-2　加密与解密过程

一个密码体制的安全性涉及以下两方面的因素：

(1)所使用的密码算法的保密强度。密码算法的保密强度取决于密码设计水平、破译技术等。密码系统所使用的密码算法的保密强度是该系统安全性的技术保证。

(2)密码算法之外的不安全因素。即使密码算法能够达到实际不可破译，攻击者仍有可能通过其他非技术手段(如用金钱收买密钥管理人员)攻破一个密码系统。这些不安全因素来自管理或使用中的漏洞。

实际使用中，根据 Kerckhoffs 假设，一个密码系统的安全性应该不依赖于对密码算法的保密，而依赖于对密钥的保密。一个实用的密码系统还应该易于实现和使用。

7.2.3　密码体制的攻击类型

对于密码分析，破译者已知的东西只有两样，即加密算法、待破译的密文。设计一个密码算法的目的是在实际中解决某些安全问题，因而要求其保密强度在 Kerckhoffs 假设下至少达到实际安全性的要求。在此假设下，根据密码分析者破译时已具备的条件，把对密码系统的常见攻击分为五种基本类型。

加密消息的破译类型见表 7-1。这些破译是以分析人员所知的信息总量为基础的。在一些情况下，分析人员可能根本就不知道加密算法，这种情况下，最可能的破译就是用暴力攻击(或称为穷举攻击)来尝试各种可能的密钥。如果密钥空间很大，这种方法就行不通了，因此，必须依赖于对密文本身的分析，通常会对它使用各种统计测试。唯密文攻击是最困难的，因为破译者可以利用的信息最少。但是，在很多情况下，分析者能够捕获一些或更多的明文信息及其密文，或者分析者已经知道信息中明文信息出现的格式。例如，PostScript 格式中的文件总是以同样的方式开始，或者电子资金的转账存在着标准化的报头或标题等。这些都是已知明文的示例，拥有了这些知识，分析者就能够在已知明文传送方式的基础上推导出密钥。与已知明文的攻击方式密切相关的是词语攻击方式。如果分析者面对的是一般平铺直叙的加密消息，则他几乎不能知道消息的内容是什么。但是，如果分析者拥有一些非常特殊的信息，就有可能知道消息中其他部分的内容。上述攻击的强度是递增的。

表 7-1　加密消息的破译类型

破译类型	密码分析人员已得到的内容
唯密文	加密算法、要解密的密文
已知明文	加密算法、要解密的密文、使用保密密钥生成的一个或多个明文-密文对
选择明文	加密算法、要解密的密文、密码分析人员选择的明文消息，以及使用保密密钥生成的对应的密文对
选择密文	加密算法、要解密的密文、密码分析人员选择的密文，以及使用保密密钥生成的对应的解密明文
选择文本	加密算法、要解密的密文、密码分析人员选择的明文消息，以及使用保密密钥生成的对应的密文对、密码分析人员选择的密文，以及使用保密密钥生成的对应的解密明文

一个密码体制是安全的，通常是指在前三种攻击下的安全性，即攻击者一般容易具备进行前三种攻击的条件。

7.2.4 密钥管理

密钥是加密运算和解密运算的关键，也是密码系统的关键。密码系统的安全取决于密钥的安全，而不是密钥算法或保密装置本身的安全。即使公开了密码体制，或者丢失了密码设备，同一型号的加密设备也仍然可以继续使用；密钥一旦丢失或出错，就会被非法用户窃取信息。将密钥泄露给他人意味着加密文档还不如使用明文，因此密钥管理在计算机的安全保密系统的设计中极为重要。密钥管理综合了密钥的产生、分发、存储、组织、使用、销毁等一系列技术问题，同时也对行政管理和人员素质提出了要求。

1. 密钥的分类和作用

在同一密码系统中，为保证信息和系统安全，常常需要多种密钥，每种密钥担负相应的任务。下面介绍几种常用的密钥：

(1)初级密钥。把保护数据(加密和解密)的密钥叫作初级密钥(K)，初级密钥又叫作数据加密(数据解密)密钥。当初级密钥直接用于提供通信安全时，叫作初级通信密钥(KC)。在通信会话期间用于保护数据的初级通信密钥叫会话密钥，当初级密钥用于直接提供文件安全时，叫作初级文件密钥(KF)。

(2)钥加密钥。对密钥进行保护的密钥称为钥加密钥，把保护初级密钥的密钥叫作二级密钥(KN)，同样可以分为二级通信密钥(KNC)和二级文件密钥(KNF)。

(3)主机密钥。一个大型的网络系统可能有上千个节点或端用户，若要实现全网互通，每个节点就要保存用于与其他节点或端用户进行通信的二级密钥和初级密钥，这些密钥要形成一张表保存在节点(或端节点的保密装置)内，若以明文的形式保存，有可能会被窃取。为保证它的安全，通常还需要有一个密钥对密钥表进行加密保护，此密钥称为主机密钥或主控密钥。

(4)其他密钥。在一个系统中,除了上述密钥外,还可能有通播密钥、共享密钥等,它们也有各自的用途。

2. 密钥长度

密钥长度一般是以二进制位(bit,比特)为单位,也有以字节(Byte)为单位的,密钥的长度对密钥的强度有直接的影响。密钥的长度涉及两个问题:多长的密钥才适合保密通信的要求;密钥系统对于对称/非对称密钥长度的匹配问题。

(1)密钥长度的要求

密钥长度的要求与信息安全需要的环境有关,不同信息安全需要对于对称/非对称密钥尺度的要求不同。由于计算机技术和密码学的发展,密钥长度已经有了很大的变化,如对称密钥的长度已经修改为128～192比特。

(2)对称/非对称密钥长度的匹配

无论是使用对称密钥算法还是公开密钥算法设计的系统,都应该对密钥长度有具体的要求,以防止穷举等攻击的破译。穷举攻击是指用所有可能的密钥空间中的密钥值破译加密信息。因此,如果同时使用64比特的对称密钥算法和384比特的公开密钥算法是没有什么安全意义的,如果希望使用的对称算法的密钥长度是128比特,那么使用的公开算法的密钥长度至少应为2 304比特。

为什么不用更长一些的密钥呢?当然可以,但必须为密钥变长所需计算时间付出代价。通常,需要使密钥足够长,而计算所需的时间足够短。诚然,对称密钥和公开密钥就密钥长度的比较而言,使用对称密钥的算法在实现上比公开密钥的算法要快很多,而且密钥长度也要短。但是,公钥技术具有更大的实际使用效果。一般而言,应该选择比对称密钥算法更安全的公开密钥长度,因为公开密钥算法通常持续时间长,而且可保护更多的信息。

3. 密钥的产生技术

(1)密钥的随机性要求

密钥是数据保密的关键,应有足够的方法来产生密钥。作为密钥的一个基本要求是要具有良好的随机性。

在普通的非密码应用场合,人们只要求所产生出来的随机数呈现平衡的、等概率的分布,而不要求它的不可预测性。而在密码技术中,特别是在密钥产生技术中,不可预测性成了随机性的一个最基本要求,因为那些虽然能经受随机统计检验但很容易预测的序列肯定是容易被攻破的。

(2)产生密钥

现代通信技术中需要产生大量的密钥,以分配给系统中的各个节点和实体,但现有产生密钥的方式很难适应大量密钥需求的现状,因此实现密钥产生的自动化,不仅可以减轻人工产生密钥的工作负担,还可以消除人为因素引起的泄密。

①密钥产生的硬件技术

噪声源技术是密钥产生的常用方法,因为噪声源的功能就是产生二进制的随机序列或与之对应的随机数,它是密钥产生设备的核心部件。噪声源的另一个功能是在物理层加密的环境下进行信息填充,使网络能够防止流量分析。噪声源技术还被用于某些身份验证技术中,如在对等实体中,为防止口令被窃取常常使用随机应答技术,这时的提问与应答都是由噪声控制的。

噪声源的随机性不强，就会给破译带来线索，某些破译方法还特别依赖于加密者使用简单的或容易猜出的密钥。

噪声源输出的随机数序列按照产生的方法可以分为以下几种：

• 伪随机序列。伪随机序列也称为伪码，是具有近似随机序列（噪声）的性质，而又能按一定规律（周期）产生和复制的序列，因为真正的随机序列是只能产生而不能复制的，所以称其是“伪”随机序列。通常用数学方法和少量的种子密钥来产生。伪随机序列一般都有良好的、能经受理论检验的随机统计特性。常用的伪随机序列有 m 序列、M 序列和 R-S 序列。

• 物理随机序列。这是用热噪声等方法产生的随机序列。实际的物理噪声往往要受到温度、电源、电路特性等因素的制约，其统计特性常常带有一定的偏向性。

• 准随机序列。这是用数学方法和物理方法相结合产生的随机序列，它可以克服两者的缺点。

②密钥产生的软件技术

X9.17（X9.17-1985）是金融机构密钥管理标准，由 ANSI（美国国家标准局）标准定义的一种产生密钥的方法，X9.17 密钥产生的过程如图 7-3 所示。

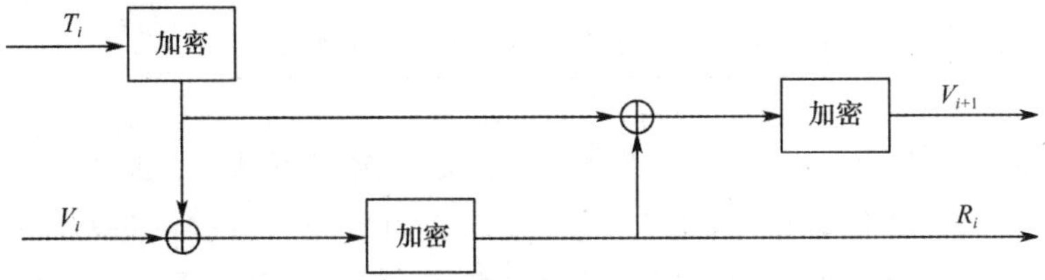

图 7-3　X9.17 密钥产生的过程

X9.17 标准产生密钥的算法是三重 DES，该算法的目的并不是产生容易记忆的密钥，而是在系统中产生一个会话密钥或是伪随机数。其过程如下：

假设 $E_k(x)$ 表示用密钥 k 对比特串 x 进行的三重 DES 加密，k 是为密钥发生器保留的一个特殊密钥。V_0 是一个秘密的 64 位种子，T 是一个时间标记。欲产生的随机密钥 R 可以通过下面的两个算式来计算，即

$$R_i = E_k(E_k(T_i) \oplus V_i)$$

$$V_{i+1} = E_k(E_k(T_i) \oplus R_i)$$

对于 128 比特或 192 比特密钥，可以通过上述方法生成几个 64 比特的密钥后串接起来。

③针对不同密钥类型的产生方法

• 主机主密钥的产生。这类密钥通常要用如掷硬币、骰子、从随机数表中选数等随机方式产生，以保证密钥的随机性，避免可预测性。而任何机器和算法所产生的密钥都有被预测的危险，主机主密钥是控制产生其他加密密钥的密钥，而且长时间保持不变，因此它的安全性是至关重要的。

• 加密密钥的产生。加密密钥可以由机器自动产生，也可以由密钥操作员选定。加密密钥构成的密钥表存储在主机中的辅助存储器中，只有密钥产生器才能对此表进行增加、修改、删除和更换密钥，其副本则以秘密方式送给相应的终端或主机。一个有 n 个终端用户的通信网，若要求任一对用户之间彼此能进行保密通信，则需要 $n(n-1)/2$ 个密钥加密密

钥。当 n 较大时，难免有一个或数个被对手掌握。因此密钥产生算法应当能够保证其他用户的密钥加密密钥仍有足够的安全性。可用随机比特产生器(如噪声二极管振荡器等)或伪随机数产生器生成这类密钥，也可用主密钥控制下的某种算法来产生。

• 会话密钥的产生。会话密钥可在密钥加密密钥作用下通过某种加密算法动态地产生，如用初始密钥控制一非线性移位寄存器或用密钥加密密钥控制 DES 算法产生。初始密钥可用产生密钥加密密钥或主机主密钥的方法生成。

4. 密钥的组织结构

一个密钥系统可能有若干种不同的组成部分，按照它们之间的控制关系，可以将各个部分划分为一级密钥、二级密钥……n 级密钥，组成一个 n 级密钥系统，如图 7-4 所示。

K_1	密钥协议 1	K_1
K_2	密钥协议 2	K_2
⋮	⋮	⋮
K_{n-1}	密钥协议 $n-1$	K_{n-1}
K_n	⋮	K_n
密文	⋮	明文

图 7-4　n 级密钥系统机构

其中，一级密钥用算法 f_1 保护二级密钥，二级密钥用算法 f_2 保护三级密钥，依此类推，直到最后的 n 级密钥用算法 f_n 保护明文数据。随着加密过程的进行，各层密钥的内容动态变化，而这种变化的规则由相应层次的密钥协议控制。其中每一层密钥又可以划分为若干种不同功能的成分，有的成分必须以密文的方式存在，有的则允许以明文的方式存在。

以上结构的基本思想就是使用密钥来保护密钥。f_i 层用密钥 K_i 保护，f_{i+1} 层用密钥 K_{i+1} 保护，同时它本身还受到 f_{i-1} 层密钥 K_{i-1} 的保护。

最底层的密钥 K_n 也叫作工作密钥，用于直接加、解密数据，而所有上层的密钥均叫作密钥加密密钥。为保证密钥的安全，一般情况下工作密钥平时并不放在加密装置里保存，而是在需要进行加、解密时由上层的密钥临时产生，使用完毕就立即清除。

最高层的密钥 K_1 也叫作主密钥。一般来说，主密钥是整个密钥管理系统中最核心、最重要的部分，应采用最保险的手段严格保护。

多层密钥体制的优点如下：

(1)安全性大大提高，主要体现在即使下层的密钥被破译也不会影响到上层密钥的安全。

(2)为密钥管理自动化带来了方便。

5. 密钥分发

密钥分发技术中最成熟的方案是采用密钥分发中心(Key Distribution Center，KDC)，这是当今密钥管理的一个主流。其基本思想如下：

(1)每个节点或用户只需保管与 KDC 之间使用的密钥加密密钥，这样的密钥配置实现了以 KDC 为中心的星型通信网。

(2)当两个用户需要相互通信时，只需向密钥分发中心申请，密钥分发中心就把加密过的工作密钥分别发送给主叫用户和被叫用户，这样对于每个用户来说就不需要保存大量的密钥了，而且真正用于加密明文的工作密钥是一报一换的，可以做到随用随申请随清除。

(3)为保证 KDC 的工作正常，还应考虑非法的第三者不能插入伪造的服务而取代 KDC，这种验证身份的工作也是 KDC 的工作。

KDC 分发的密钥主要以对称加密的对称密钥和非对称加密的公钥为主。

(1)对称密钥的分发

对称密钥密码体制的主要特点是加、解密双方在加、解密过程中要使用完全相同的一个密钥。对称密钥密码体制存在的最主要问题是，由于加、解密双方都要使用相同的密钥，因此在发送、接收数据之前必须完成密钥的分发。所以，密钥的分发便成了该加密体系中的最薄弱、也是风险最大的环节。

由于公钥加密的安全性高，所以对称密钥密码体制多采用公钥加密的方法。发送方用接收方的公钥将要传递的密钥加密，接收方用自己的私钥解密传递过来的密钥，而其他人由于没有接收方的私钥，所以不可能得到传递的密钥，这样对称密钥密码体制的密钥在传递过程中被破解的可能性大大降低。用一个实例来说明对称密钥密码体制的密钥分发存在的问题。例如，设有 n 方参与通信，若 n 方都采用同一个对称密钥，这样密钥管理和传递容易，可是一旦密钥被破解，整个体系就会崩溃。若采用不同的对称密钥则需 $n(n-1)$个密钥，密钥数与参与通信人数的平方数成正比，假设在某机构中有 100 个人，如果任何两个人之间要用不同的密钥，则总共需要 4 950 个密钥，而且每个人应记住 99 个密钥。如果机构的人数是 1 000 人、10 000 人或更多，管理密钥将非常复杂。

为能在 Internet 上提供一个实用的解决方案，Kerberos 建立了一个安全的、可信任的密钥分发中心(KDC)，每个用户只要知道一个和 KDC 进行会话的密钥就可以了，而不需要知道成百上千个不同的密钥。

假设用户甲想要和用户乙进行秘密通信，则甲先和 KDC 通信，用只有用户甲和 KDC 知道的密钥进行加密，用户甲告诉 KDC 他想和用户乙进行通信，KDC 会为用户甲和用户乙之间的会话随机选择一个对话密钥，并生成一个标签，这个标签用 KDC 和用户乙之间的密钥进行加密，并在用户甲启动和用户乙对话时，把这个标签交给用户乙。这个标签的作用是让用户甲确信和他交谈的是用户乙，而不是冒充者。因为这个标签是由只有用户乙和 KDC 知道的密钥进行加密的，所以即使冒充者得到用户甲发出的标签也不可能进行解密，只有用户乙收到后才能够进行解密，从而确定了与用户甲对话的人就是用户乙。

当 KDC 生成标签和随机会话密码后，就会把它们用只有用户甲和 KDC 知道的密钥进行加密，然后把标签和会话密钥传给用户甲，加密的结果可以确保只有用户甲能得到这个信息，只有用户甲能利用这个会话密钥和用户乙进行通话。同理，KDC 会把会话密码用只有 KDC 和用户乙知道的密钥加密，并把会话密钥给用户乙，对称密钥的分发如图 7-5 所示。

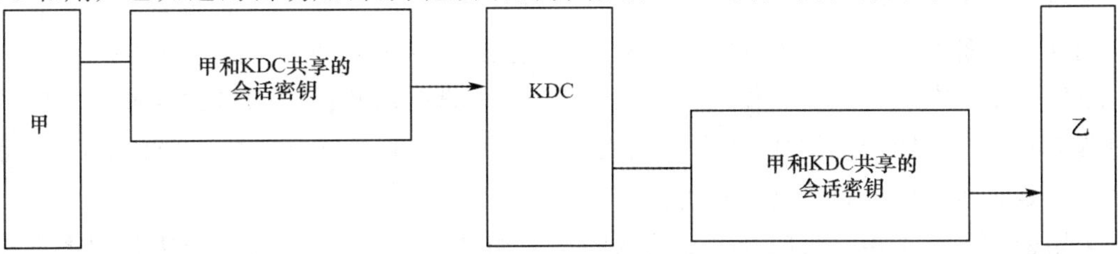

图 7-5　对称密钥的分发

用户甲会启动一个和用户乙的会话，并用得到的会话密钥加密自己和用户乙的会话，还要把KDC传给他的标签传给用户乙以确定用户乙的身份，然后用户甲和用户乙之间就可以用会话密钥进行安全会话了，为了保证安全，这个会话密钥是一次性的，这样黑客就更难进行破解了。同时由于密钥是一次性由系统自动产生的，则用户不必记那么多密钥了，方便了人们的通信。

(2)公钥的分发

非对称密钥密码体制，即公开密钥密码体制，能够验证信息发送人与接收人的真实身份，对所发出/接收信息在事后具有不可抵赖性，能够保障数据的完整性。这里有一个前提就是要保证公钥和公钥持有人之间的对应关系。因为任何人都可以通过多种不同的方式公布自己的公钥，如个人主页、电子邮件和其他一些公用服务器等，由于其他人无法确认他所公布的公钥是否就是他自己的，所以也就无法认可他的数字签名。

如果得到了一个虚假的公钥，比如说想传给A一个文件，于是开始查找A的公钥，但是这时B从中捣乱，他用自己的公钥替换了A的公钥，让A错误地认为B的公钥就是A的公钥，导致最终使用B的公钥加密文件，A无法打开文件，而B可以打开文件，这样B实现了对保密信息的窃取行为。因此就算是采用非对称密码技术，仍旧无法完全保证保密性，那么如何才能准确地得到别人的公钥呢？这时就需要一个仲裁机构，或者说是一个权威的机构，它能准确无误地提供他人的公钥，这就是证书颁发机构(Certification Authority，CA)。

这实际上也是应用公钥技术的关键，即如何确认某个人真正拥有公钥(及对应的私钥)。为确保用户的身份及其所持有密钥的正确匹配，公开密钥系统需要一个值得信赖而且独立的第三方机构充当认证中心，来确认公钥拥有人的真正身份。认证中心发放一个被称为“公钥证书”的身份证明，公钥证书通常简称为证书，是一种数字签名的声明，它将公钥的值绑定到持有对应私钥的个人、设备或服务的标识上。像公安局对身份证盖章一样，认证中心利用本身的私钥为数字证书加上数字签名，任何想发放自己公钥的用户，可以去认证中心申请自己的证书。认证中心在核实真实身份后，颁发包含用户公钥的数字证书。其他用户只要能验证证书是真实的，并且信任颁发证书的认证中心，就可以确认用户的钥。有了大家信任的认证中心，用户才能放心、方便地使用公钥技术带来的安全服务。

6. 密钥保护

密钥保护技术涉及密钥的传送、注入、存储、使用、更换、销毁等多个方面，以下简要讨论密钥保护中的几个基本问题。

(1)密钥的注入

加密设备里的最高层密钥(主密钥或一级密钥)通常都需要以人工的方式装入。把密钥装入到加密设备经常采用的方式有键盘输入、软盘输入、专用的密钥注入设备(密钥枪)输入等。密钥除了正在进行加密操作的情况以外，应当一律以加密保护的形式存放。密钥的注入过程应有一个封闭的工作环境，所有接近密钥注入工作的人员应当是绝对安全的，不存在可被窃听装置接收的电磁或其他辐射。

采用密钥枪或密钥软盘应与键盘输入的口令相结合，只有在输入了合法的加密操作口令后才能激活密钥枪或软盘里的密钥信息，应建立一定的接口规范。

在密钥注入过程完成后，不允许存在任何可能导出密钥的残留信息，比如应将内存中使用过的存储区清零。当使用密钥注入设备用于远距离传递密钥时，注入设备本身应设计成封闭式的物理、逻辑单元。

(2)密钥的存储

在密钥注入以后，所有存储在加密设备里的密钥都应以加密的形式存放，而对这些密钥解密的操作口令应该由密码操作人员掌握。这样即使装有密钥的加密设备被破译者拿到也可以保证密钥系统的安全。

①加密设备应有一定的物理保护措施。最重要的密钥信息应采用掉电保护措施，使得在任何情况下只要一拆开加密设备，这部分密钥就自动丢失。

②如果采用软件加密的形式，应有一定的软件保护措施。

③重要的加密设备应有紧急情况下清除密钥的设计。

④在可能的情况下，应有对加密设备进行非法使用的审计设计，把非法口令输入等事件的产生时间记录下来。

⑤高级的专用加密装置应做到无论通过直观的、电子的或其他方法(X射线、电子显微镜)都不可能从密码设备中读出信息。

⑥对当前使用的密钥应有密钥的合法性验证措施，以防止被篡改。

(3)密钥的有效期

密钥不能无限期地使用，密钥的使用时间越长，泄露的机会就越大。不同的密钥应有不同的有效期，如电话就是把通话时间作为密钥有效期，当再次通话时就启动新的密钥。密钥加密密钥无须频繁更换，因为它们只是偶尔进行密钥交换。而用来加密保存数据文件的加密密钥不能经常更换，因为文件可以加密储藏在磁盘上数月或数年。公开密钥应用中私人密钥的有效期是根据应用的不同而变化的，用于数字签名和身份识别的私人密钥必须持续数年甚至终身。

(4)密钥的更换

一旦密钥有效期到，必须清除原密钥存储区，或者用随机产生的噪声重写。但为了保证加密设备能连续工作，也可以设计成新密钥生效后，旧密钥还继续保持一段时间，以防止在更换密钥期间不能解密。

密钥更换可以采用批密钥的方式，即一次性注入多个密钥，在更换密钥时可按照一个密钥生效，另一个密钥废除的形式进行，替代的次序可采用密钥的序号。如果批密钥的生效与废除是顺序的话，那么序数低于正在使用的密钥的所有密钥都已过期，相应的存储区应清零。当为了跳过一个密钥而使用强制的密钥更换时，由于被跳过的密钥不再使用，也应进行清零。

(5)密钥的销毁

在密钥定期更换之后，旧密钥就必须销毁。旧密钥是有价值的，即使不再使用，有了它们，攻击者就能读到由它加密的一些旧消息。要安全地销毁存储在磁盘上的密钥，应多次对磁盘存储的实际位置进行写覆盖或将磁盘切碎，用一个特殊的删除程序查看所有磁盘，寻找在未用存储区上的密钥副本，并将它们删除。

7.3 常见加密技术

7.3.1 对称加密算法

基于密钥数量不同，常见的加密技术可以分为两类，即对称加密算法和非对称加密算法。对称加密（私钥加密）算法使用单个密钥对数据进行加密或解密。这类算法的代表是在计算机网络系统中广泛使用的数据加密标准（Data Encryption Standard，DES）算法。目前经常使用的一些对称加密算法有数据加密标准（DES）、三重 DES（3DES）和国际数据加密算法（International Data Encryption Algorithm，IDEA）。

1. 对称加密算法框图

对称加密算法又称为传统密码算法、秘密密钥算法或单密钥算法。对称加密算法的加密密钥能够从解密密钥中推算出来，反过来也成立。在大多数对称算法中，加密与解密密钥是相同的，它要求发送者和接收者在安全信道之前商定一个密钥。对称加密算法的安全性依赖于密钥，其框图如图 7-6 所示。

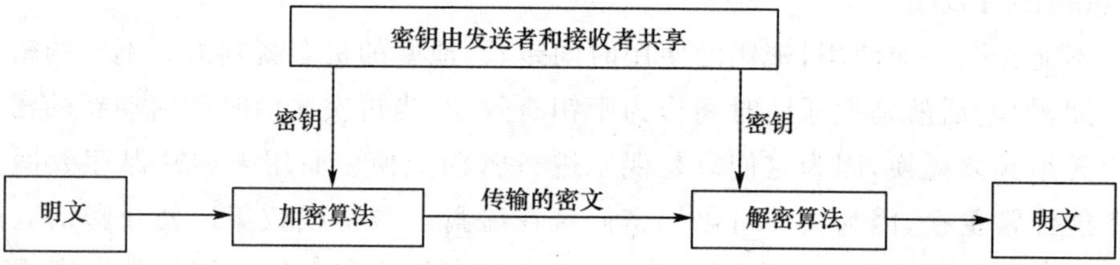

图 7-6　对称加密算法框图

2. 对称密钥算法加密的要求

(1)需要强大的加密算法。即使对手知道了算法并能访问一些或更多的密文，也不能破译密文或得出密钥。

(2)发送方和接收方必须用安全的方式来获得保密密钥的副本，必须保证密钥的安全。如果有人发现了密钥，并知道了算法，则使用此密钥的所有通信便都是可读取的。

常规机密的安全性取决于密钥的保密性，而不是算法的保密性。也就是说，即使知道了密文和加密及解密算法的知识，解密消息也是不可能的。

3. 常用的对称密钥加密算法

(1)数据加密标准(DES)

最常用的加密方案是美国国家标准和技术局（NIST）在 1977 年采用的数据加密标准，它是联邦信息处理第 46 号标准（FIPSPUB46）。DES 算法是分组密码的典型，是第一个被公开的标准加密算法，也是迄今为止世界上应用最广泛的一种分组加密算法。DES 主要采用替换和移位的方法加密，它用 56 比特密钥对 64 比特二进制数据块进行加密，每次加密可对 64 比特数据进行 16 轮编码，经一系列替换和移位后，输入的 64 比特原始数据转换成完全不同的 64 比特输出数据。DES 是一种对二进制数据进行加密的算法，其中明文分组长为 64 比特，密钥长为 64 比特，有效密钥长为 56 比特。使用 56 比特的密钥对 64 比特的二进制数据分组进行加密，并对 64 比特的数据分组进行 16 轮编码。在每轮编码时，一个 48 比特的“轮”密钥值由 56 比特的完整密钥推导出来。再经过 16 轮的迭代、乘积变换、压缩变换等，输出 64 比特的密文。DES 算法的安全性完全依赖于密钥。

DES 的运算可描述为以下三步：

①对输入分组进行固定的“初始置换”IP，可以将这个初始置换写为$(L_0, R_0) \leftarrow \mathrm{IP}(\mathrm{InputBlock})$。

这里 L_0 和 R_0 都是 32 比特的分组。注意到 IP 是固定的函数（也就是说，输入密钥不是它的参数），是公开的，因此这个初始置换的密码意义不大。

②将下面的运算迭代 16 轮（$i=1,2,\cdots,16$），即

$$L_i \leftarrow R_{i-1}$$

$$R_i - L_{i-1} \oplus f(R_{i-1}, k_i)$$

这里 k_i 为“轮密钥”，它是 56 比特输入密钥的一个 48 比特的子串；f 为“S 盒函数”（S 表示代换），是一个代换密码。这个运算的特点是交换两半分组，就是说，一轮的左半分组输入是上一轮的右半分组输出。交换运算是一个简单的换位密码，目的是获得很大程度的“信息扩散”。DES 的这一步是代换密码和换位密码的结合。

③将 16 轮迭代后得到的结果(L_{16}, R_{16})输入到 IP 的逆置换来消除初始置换的影响，这一步的输出就是 DES 算法的输出，将最后一步写为

$$\mathrm{OutputBlock} \leftarrow \mathrm{IP}^{-1}(R_{16}, L_{16})$$

须特别注意 IP^{-1} 的输入：在输入 IP^{-1} 以前，16 轮迭代输出的两个半分组又进行了一次交换。加密和解密算法都用这 3 个步骤，仅有的不同就是如果加密算法中使用的轮密钥是 $k_1, k_2, \cdots, k_{16}$，那么解密算法中使用的轮密钥就应当是 $k_{16}, k_{15}, \cdots, k_1$，这种排列轮密钥的方法称为“密钥表”，记为$(k'_1, k'_2, \cdots, k'_{16}) = (k_{16}, k_{15}, \cdots, k_1)$。

（2）国际数据加密算法

国际数据加密算法（International Data Encryption，Algorithm，IDEA）是由瑞士的两位科学家于 1990 年联合提出的，它的明文和密文都是 64 比特，但密钥长为 128 比特。IDEA 是作为迭代的分组密码实现的，使用 128 比特的密钥和 8 个循环。这比 DES 提供了更多的安全性，但是在选择用于 IDEA 的密钥时，应该排除那些被称为“弱密钥”的密钥。DES 只有 4 个弱密钥和 12 个次弱密钥，而 IDEA 中的弱密钥数相当可观，有 2^{51} 个。但是，如果密钥的总数非常大，达到 2^{128} 个，那么仍有 2^{77} 个密钥可供选择。IDEA 被认为是极为安全的。使用 128 比特的密钥，暴力攻击时需要进行的测试次数与 DES 相比会明显增大，甚至允许对弱密钥测试。

解密密钥必须和加密密钥相同是对称密钥算法的一个弱点，这就产生了如何安全地分发密钥的问题。传统上是由一个中心密钥生成设备产生一个相同的密钥对，并由人工信使将其传送到各自的目的地。对于一个拥有许多部门的组织来说，这种分发传送方式是不能令人满意的，尤其是出于安全方面的考虑需要经常更换密钥时更是如此。此外，两个完全陌生的人要想秘密通信，就必须通过实际会面来商定密钥，否则别无他法。1976 年，Diffie 和 Hellman 提出了一种全新的加密思想——公钥加密算法，很好地解决了这个问题。

7.3.2 非对称加密算法

非对称加密算法也称公钥加密算法，它的特点是使用了两个密钥，一个密钥公开，一个密钥保密，只有两者搭配使用才能完成加密和解密的全过程。公钥加密最初是由 Diffie 和 Hellman 在 1976 年提出的，这是几千年来文字加密的第一次真正革命性的进步。公钥是建立在数学函数基础上，而不是建立在位方式的操作上。更重要的是，公钥加密是不对称的，与只使用一种密钥的对称常规加密相比，它涉及公钥和私钥的使用。这两种密钥的使用已经对机密性、密钥的分发和身份验证领域产生了深远的影响。公钥加密算法可用于数据完整性、数据保密性、发送者不可否认和发送者认证等方面。

1. 非对称加密算法框图

非对称加密算法中，每个加密者有公钥（PK）和相对应的私钥（SK）。在具体算法中，给定 PK 来计算 SK 在计算上是不可行的。公钥定义了加密变换 E，私钥定义了相应的解密变换 D。该算法的最大优点是提供可信公钥比在对称加密算法中安全分发秘密密钥通常要容易。非对称加密算法包含两个实体，即发送方 A 和接收方 B，其加密过程包含以下步骤：

（1）产生一对用于加密和解密的密钥，如图 7-7 所示的非对称加密算法框图中产生接收方 B 的一对密钥（PK，SK），其中 PK 是公开的，SK 是保密的。

（2）接收方公开加密密钥 PK，保密存储 SK。

（3）发送方向 B 发送消息，则使用 B 的公钥加密消息 m，记作 $c=E_{PK}(m)$，其中 c 是密文，E 是加密变换。

（4）接收方收到密文 c 后，使用自己的私钥解密，记作 $m=E_{PK}(c)$，其中 D 是解密变换。

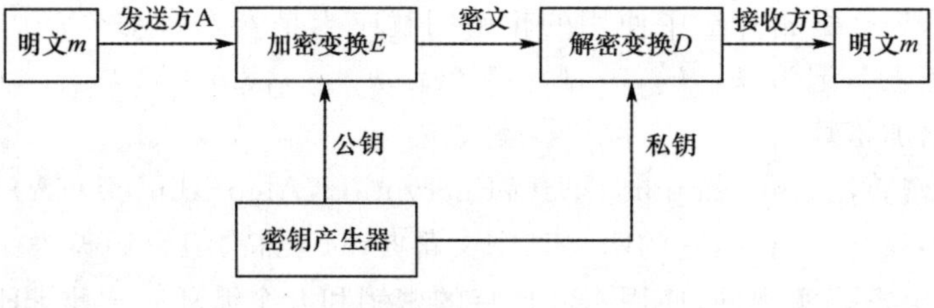

图 7-7 非对称加密算法框图

2. RSA

RSA 是 1978 年由 R. Rivest、A. Shamir 和 L. Adleman 共同提出，以发明者的名字命名。RSA 算法基于数论的整数因子分解问题的困难性构造得出，是第一个公钥密码的实际实现。在 RSA 算法中使用两个密钥，密钥生成中的整数 e 和 d 分别称为加密指数和解密指数，n 称为模数。RSA 算法如下：

密钥生成算法：为了生成用户的基本参数，用户 Alice 执行以下步骤。

（1）随机选择两个素数 p 和 q，满足 $|p|\approx|q|$，计算 $n=pq$ 和 $\varphi(n)=(p-1)(q-1)$。

（2）随机选择整数 $1<e<\varphi(n)$，满足 $\gcd(e,\varphi(n))=1$，并使用扩展的欧几里得算法计算满足的唯一整数 d 满足 $ed(\bmod\varphi(n)\equiv1)$。

（3）公开她的公钥 (n,e)，安全地销毁 p、q 和 $\varphi(n)$，并保留 d 作为她的私钥。

加密算法：加密时，首先将明文比特串分组，使得每个分组 m 对应的十进制数在区间

[0,$n-1$],即分组长度小于 $\log_2 n$,对每个明文分组 m 计算 $c=m^e \bmod n$,并将密文 c 发送给接收者。为了秘密地将 $m(m<n)$ 发送给 Alice,发送者 Bob 生成密文 c 为

$$c \leftarrow m^e \bmod n$$

解密算法:为了解密密文 c,Alice 计算为

$$m \leftarrow c^e \bmod n$$

假设取 $p=3$、$q=11$,则计算出 $n=33$ 和 $\varphi(n)=20$。由于 7 和 20 没有公因子,因此可取 $d=7$;解方程 $7e(\text{mod}20)=1$ 可以得到 $e=3$。由此公开密钥为(3,33),私人密钥为(7,33)。假设要加密的明文为 $m=4$,则 $c=m^e(\text{mod } n)=4^3(\text{mod}33)=31$,于是对应的密文为 $c=31$。接收方收到密文后进行解密,计算 $m=c^d(\text{mod } n)=31^7(\text{mod}33)=4$,恢复出原文。

应该指出,与对称密码体制如 DES 相比,虽然 RSA 算法具有安全方便的特点,但它的运行速度太慢,因此,RSA 体制很少用于数据加密,而多用在数字签名、密钥管理和认证等方面,数据的加密仍使用秘密密钥算法。

3. ElGamal 算法

1985 年,ElGamal 基于离散对数困难问题构造了 ElGamal 公钥体制,其中密文不仅依赖于待加密的明文,而且依赖于用户选择的随机参数,即使加密相同的明文,得到的密文也是不同的。由于这种加密算法的非确实性,又称其为概率加密体制。在确定性加密算法中,如果破译者对某些关键信息感兴趣,则他可事先将这些信息加密后存储起来,一旦以后截获密文,就可以直接在存储的密文中进行查找,从而求得相应的明文。概率加密体制弥补了这种不足,提高了安全性。

与既能作公钥加密又能作数字签名的 RSA 不同,ElGamal 签名体制是在 1985 年仅为数字签名而构造的签名体制。NIST 采用修改后的 ElGamal 签名体制作为数字签名体制标准。破译 ElGamal 签名体制等价于求解离散对数问题。

此外,背包公钥体制是 1978 年由 Merkle 和 Hellman 提出的。背包算法的思路是假定某人拥有大量的物品,重量各不相同。此人通过秘密地选择一部分物品并将它们放到背包中来加密消息。背包中的物品总重量是公开的,所有可能的物品也是公开的,但背包中的物品却是保密的。附加一定的限制条件,给出重量,而要列出可能的物品,在计算上是不可实现的。这就是公钥算法的基本思想。大多数公钥密码体制都会涉及高次幂运算,不仅加密速度慢,而且会占用大量的存储空间。背包问题是熟知的不可计算问题,背包体制以其加密、解密速度快而引人注目。但是,大多数一次背包体制均被破译了,因此很少有人使用它。目前许多商业产品采用的公钥算法还有 Diffie-Hellman 密钥交换、数据签名标准和椭圆曲线密码等。

7.4 数字签名

在传统商务活动中,为保证交易的安全与真实,一份书面合同或公文要由当事人或其负责人签字、盖章,以便让交易双方识别是谁签的合同,保证签字或盖章的人认可合同的内容,在法律上才能承认这份合同的有效性。而在电子商务的虚拟世界中,合同或文件是以电子

文件的形式表现和传递的，在电子文件上，传统的手写签名和盖章是无法进行的，这就必须依靠技术手段来替代。

7.4.1 电子签名

电子签名不是书面签名的数字化，而是现代认证技术的泛称，美国《统一电子交易法》规定，“电子签名”泛指“与电子记录相连的或在逻辑上相连的电子声音、符号或程序，而该电子声音、符号或程序是某人为签署电子记录而签订或采用的”。从上述定义来看，凡是能在电子商务中起到证明当事人的身份、证明当事人对文件内容认可的电子技术手段，都可称为电子签名，它是电子商务安全的重要保障手段。

目前，可以通过多种技术手段实现电子签名，在确认了签署者的确切身份后，人们可以用多种不同的方法签署一份电子记录，方法有手写签名或图章的模式识别、以生物特征统计学为基础的识别标识，以及一个让收件人能识别发件人身份的密码代号、密码或个人识别码，基于公钥基础设施（Public Key Infrastructure，PKI）的公钥密码技术的数字签名等。

1. 手写签名或图章的模式识别

将手写签名或图章作为图像，扫描转换后在数据库中加以存储，当对此人进行验证时，扫描输入并将原数据库中对应图像调出，用模式识别的数学计算方法进行比对，以确认该签名或图章的真伪。这种方法由于需要大容量数据库存储以及每次手写签名和盖印都有差异，因此不适用于在 Internet 上传输。

2. 生物识别技术

生物识别技术是利用人体生物特征进行身份认证的一种技术，生物特征是一个人与他人不同的唯一表征，它是可以测量、自动识别和验证的。生物识别系统对生物特征进行取样，提取其唯一的特征进行数字化处理，转换成数字代码，并进一步将这些代码组成特征模板存于数据库中。人们同识别系统交互进行身份认证时，识别系统获取其特征并与数据库中的特征模板进行比对，以确定是否匹配，从而确认或否认此人。以上身份识别方法适用于面对面场合，不适用远程网络认证及大规模人群认证。

3. 密码、密码代号或个人识别码

传统的对称密钥加、解密的身份识别和签名方法，甲方需要乙方签署一份电子文件，甲方可产生一个随机码传送给乙方，乙方用双方事先约定好的对称密钥加密该随机码和电子文件回送给甲方，甲方用同样的对称密钥解密后得到电文并核对随机码，如随机码核对正确，甲方即可认为该电文来自乙方。它适用于远程网络传输，但对称密钥管理困难，不适合大规模人群认证。

实现电子签名的技术手段有很多种，但目前比较成熟的、使用方便且具有可操作性的、在世界先进国家和我国普遍使用的电子签名技术，还是基于 PKI 的数字签名技术。由于保持技术中立性是制定法律的一个基本原则，目前还没有任何理由说明公钥密码理论是电子签名的唯一技术，因此有必要规定一个更一般化的概念以适应今后技术的发展。

在对称密钥加、解密认证中，在实际应用方面经常采用的是 ID＋PIN（身份唯一标识＋口令），即发送方用对称密钥加密 ID 和 PIN 发给接收方，接收方解密后与后台存放的 ID 和口令进行比对，达到认证的目的。人们在日常生活中使用的银行卡就是用的这种认证方法。它适用于远程网络传输，但对称密钥管理困难，不适用于电子签名。

7.4.2 认证机构(CA)

认证机构是 PKI 的核心执行机构，是 PKI 的主要组成部分，一般简称为 CA，在业界通常把它称为认证中心，它是具有权威性、可信任性和公正性的第三方机构。认证机构的建设要根据国家市场准入政策由国家主管部门批准，具有权威性；CA 本身的建设应具备条件，采用的密码算法及技术保障是高度安全的，具有可信任性；CA 是不参与交易双方利益的第三方机构，具有公正性。CA 在《电子签名法》中被称为"电子认证服务提供者"。

CA 的组成主要有证书签发服务器，负责证书的签发和管理，包括证书归档、撤销和更新等；密钥管理中心，用硬件加密机产生公/私密钥对，提供 CA 证书的签发；目录服务器负责证书和证书撤销列表(Certificate Revocation List，CRL)的发布和查询。

CA 的组成如图 7-8 所示。它是一个层次结构，第一级是根 CA(Root CA)，负责总政策；第二级是政策 CA(PCA)，负责制定具体认证策略；第三级为操作 CA(OCA)，是证书签发、发布和管理的机构。

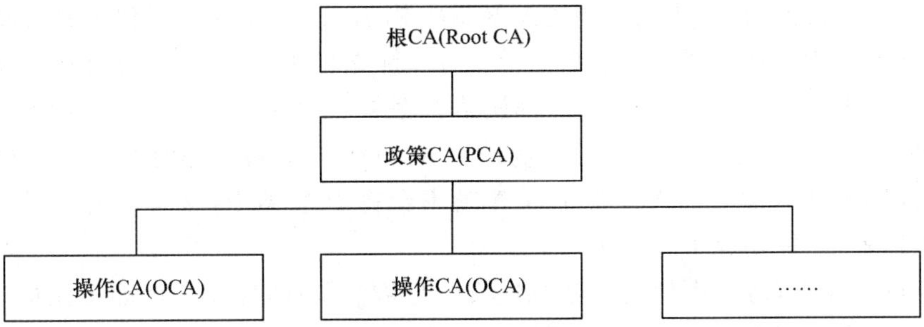

图 7-8 CA 的组成

注册机构(Registration Authority，RA)是认证中心的组成部分，是数字证书的申请、注册、审批、校对和管理机构。证书申请、注册机构也称为层次结构，RA 为注册总中心，负责证书申请、注册汇总；LRA 为远程本地受理点，负责用户证书申请和审查，只有那些经过身份信用审查合格的用户才可以接受其证书的申请，批准向其签发证书，这是保障证书使用的安全基础。

7.4.3 数字签名概述

数字签名在 ISO7498-2 标准中定义为"附加在数据单元上的一些数据，或是对数据单元所做的密码变换，这种数据和变换允许数据单元的接收者用以确认数据单元来源和数据单元的完整性，并保护数据，防止被人(如接收者)进行伪造"。美国电子签名标准(DSS，FIPS186-2)对数字签名作了以下解释："利用一套规则和一个参数对数据计算所得的结果，用此结果能够确认签名者的身份和数据的完整性"。数字签名必须保证以下三点：

(1)接收者能够核实发送者对报文的签名。

(2)发送者事后不能抵赖对报文的签名。

(3)接收者不能伪造对报文的签名。

可以用多种方法来实现数字签名，以下介绍其中的几种。

1. 使用秘密密钥算法的数字签名

这种方式需要 CA 的参与，每个用户事先选择好一个与 CA 共享的密钥并亲手交到 CA 办公室，以保证只有用户和 CA 知道这个密钥。此外，CA 还有一个对所有用户都保密的密钥 K_{CA}，使用 CA 进行数字签名如图 7-9 所示。

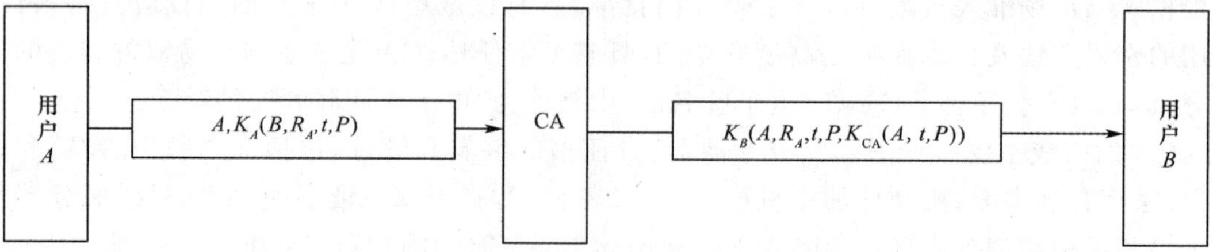

图 7-9　使用 CA 进行数字签名

当用户 A 想向用户 B 发送一个签名的报文 P 时，他向 CA 发出 $K_A(B,R_A,t,P)$，其中 RA 为报文的随机编号，t 为时间戳；CA 将其解密后重新组织成一个新的密文 $K_B(A,R_A,t,P,K_{CA}(A,t,P))$ 发给 B，因为只有 CA 知道密钥 K_{CA}，因此其他任何人都无法产生和解开密文 $K_{CA}(A,t,P)$；B 用密钥 K_B 解开密文后，首先将 $K_{CA}(A,t,P)$ 放在一个安全的地方，然后阅读和执行 P。当过后 A 试图否认给 B 发过报文 P 时，B 可以出示 $K_{CA}(A,t,P)$ 来证明 A 确实发过 P，因为 B 自己无法伪造出 $K_{CA}(A,t,P)$，它是由 CA 发来的，而 CA 是可以信赖的，如果 A 不曾给 CA 发过 P，CA 就不会将 P 发给 B，这只要用密钥 K_{CA} 对 $K_{CA}(A,t,P)$ 进行解密，一切就可真相大白。

为避免重复攻击，协议中使用了随机报文编号 R_A 和时间戳 t。B 能记住最近收到的所有报文编号，如果和其中的某个编号相同，则 P 就被当成一个复制品而丢弃，另外 B 也根据时间戳 t 丢弃一些非常老的报文，以防止攻击者经过很长一段时间后再用老报文来重复攻击。

2. 使用公开密钥算法的数字签名

使用公开密钥算法的数字签名其加密算法和解密算法除了要满足 $D(E(P))=P$ 外，还必须满足 $E(D(P))=P$。数字签名的过程如图 7-10 所示，当用户 A 想向用户 B 发送签名的报文 P 时，他向 B 发送 $E_B(D_A(P))$，由于 A 知道自己的私人密钥 D_A 和 B 的公开密钥 E_B，因而这是可能的；B 收到密文后，先用私人密钥 D_B 解开密文，将 $D_A(P)$ 复制一份放到安全的地方，然后用 A 的公开密钥 E_A 将 $D_A(P)$ 解开，取出 P，如图 7-10 所示。

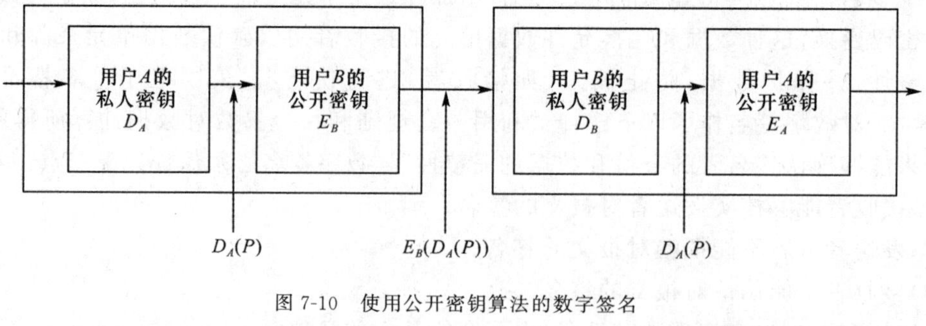

图 7-10　使用公开密钥算法的数字签名

当 A 过后试图否认给 B 发过 P 时，B 可以出示 $D_A(P)$ 作为证据，因为 B 没有 A 的私人密钥 D_A，除非 A 确实发过 $D_A(P)$，否则 B 是不会有这样一份密文的，只要用 A 的公开

密钥 E_A 解开 $D_A(P)$，就可以知道 B 说的是真话。

3. 使用报文摘要的数字签名

以上的签名方法将认证和保密两种截然不同的功能混在了一起，有些报文只需要签名而不需要保密。为此有人提出一个新的方案，使用一个单向 Hash 函数，将任意长的明文转换成一个固定长度的数据串，然后仅对该数据串进行加密。这样的 Hash 函数通常称为报文摘要(Message Digests，MD)，它必须满足以下三个条件：①给定 P 就很容易计算出 MD(P)；②只给出 MD(P)，很难计算出 P；③无法生成两个具有相同报文摘要的报文。

为满足第三个条件，MD(P)至少达到 128 比特，实际上有很多函数符合以上三个条件。考虑一个例子，CA 解开密文后，首先计算出 MD(P)，然后着手组织一个新的密文，在新的密文中它不是发送 $K_{CA}(A,t,P)$，而是发送 $K_{CA}(A,t,\text{MD}(P))$，而 B 解开密文后将 $K_{CA}(A,t,\text{MD}(P))$ 保存起来。如果发生纠纷，B 可以出示 P 和 $K_{CA}(A,t,\text{MD}(P))$ 作为证据。因为 $K_{CA}(A,t,\text{MD}(P))$ 是由 CA 送来的，B 无法伪造，当 CA 用 K_{CA} 解开密文取出 MD(P)后，可将 Hash 函数作用于 B 提供的明文 P，然后判断报文摘要是否和 MD(P)相同。因为条件③保证了不可能伪造出另一个报文使得其报文摘要同 MD(P)一样，因此只要两个报文摘要相同，就证明了 B 确实收到了 P。

在公开密钥密码系统中，使用报文摘要进行数字签名的过程如图 7-11 所示。首先用户 A 对明文 P 计算出 MD(P)，然后用私人密钥对 MD(P)进行加密，连同明文 P 一起发送给用户 B；B 将 $D_A(\text{MD}(P))$ 复制一份放于安全的地方，然后用 A 的公开密钥解开密文取出 MD(P)，为防止途中有人更换报文 P，B 对 P 进行报文摘要，如结果与 MD(P)相同，则将 P 接收下来。当 A 试图否认发送过 P 时，B 可以出示 P 和 $D_A(\text{MD}(P))$ 来证明自己确实收到过 P。

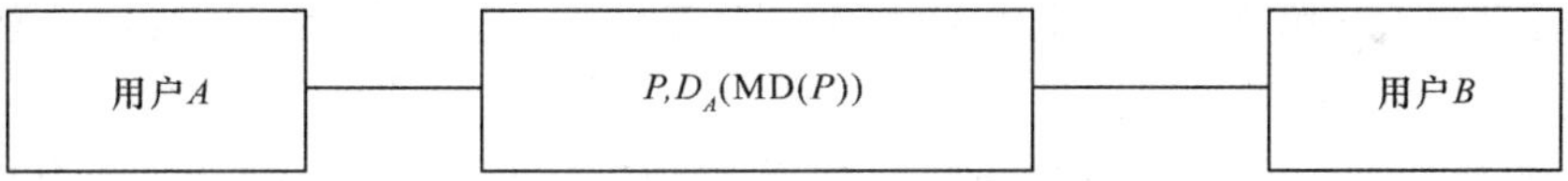

图 7-11 使用报文摘要进行数字签名

以上就是实现数字签名的方法，在这几种方法中，使用公开密钥的数字签名应用最广，通常说的数字签名就是指使用公开密钥的数字签名。

7.4.4 公钥基础设施

1. 公钥基础设施概述

使用数字签名的前提就是要保证公钥和公钥持有人之间的对应关系，即如何确认某个人是否真正拥有公钥(及对应的私钥)。为解决这个问题，世界各国对其进行了多年的研究，初步形成了一套完整的 Internet 安全解决方案，即目前被广泛采用的公钥基础设施(Public Key Infrastructure，PKI)技术，该技术采用证书管理公钥，通过第三方的可信任机构——认证中心，把用户的公钥和其他标识信息(如名称、E-mail、身份证号等)捆绑在一起，在 Internet 上验证用户的身份。目前，通用的办法是采用基于 PKI 结构结合数字证书，通过把要传输的数字信息进行加密，保证信息传输的保密性、完整性，签名保证身份的真实性和抗抵赖性。

PKI 是一个利用非对称密码算法(公开密钥算法)原理和技术实现并提供网络安全服务

的通用安全基础设施，它遵循标准的公钥加密技术，为电子商务、电子政务、网上银行和网上证券业，提供一整套安全保证的基础平台。PKI 这种遵循标准的密钥管理平台，能够为所有网上应用提供加、解密和数字签名等安全服务所需要的密钥和证书管理。

2. 与 PKI 相关的标准

PKI 的核心执行机构是认证机构，其核心元素是数字证书。与 PKI 相关的标准包括以下内容：

(1)X. 209(1988)ASN. 1 基本编码规则的规范

ASN. 1 用于描述网络上传输信息的格式。它包含两个部分：第一部分(ISO8824/ITU X. 208)描述信息内的数据、数据类型及序列格式，也就是数据的语法；第二部分(ISO8825/ITU X. 209)描述如何将各部分数据组成消息，也就是数据的基本编码规则。ASN. 1 原来是作为 X. 409 的一部分而开发的，后来独立地成为一个标准。这两个协议除了在 PKI 体系中被应用外，还被广泛应用于通信和计算机等其他领域。

(2)X. 500(1993)信息技术(开放系统互联)的概念、模型及服务简述

X. 500 是一套已经被国际标准化组织(ISO)接受的目录服务系统标准，它定义了一个机构如何在全局范围内共享其名字和与之相关的对象。X. 500 是层次性的，其中的管理性域(机构、分支、部门和工作组)可以提供这些域内的用户和资源信息。在 PKI 体系中，X. 500 被用来唯一标识一个实体，该实体可以是机构、组织、个人或一台服务器。X. 500 被认为是实现目录服务的最佳途径，但 X. 500 的实现需要较大的投资，并且比其他方式速度慢；而其优势则在于具有信息模型、多功能和开放性。

(3)X. 509(1993)信息技术(开放系统互联)的鉴别框架

X. 509 是由国际电信联盟(ITU-T)制定的数字证书标准。在 X. 500 确保用户名称唯一性的基础上，X. 509 为 X. 500 用户名称提供通信实体的鉴别机制，并规定实体鉴别过程中广泛适用的证书语法和数据接口。

X. 509 证书由用户公共密钥和用户标识符组成，此外还包括版本号、证书序列号、CA 标识符、签名算法标识、签发者名称以及证书有效期等信息。这一标准的最新版本是 X. 509 v3。

7.5 防火墙技术

随着 Internet 的日益普及，越来越多的企事业单位开始通过互联网发展业务和提供服务。然而，在互联网为企事业单位提供方便的同时，由于其自身的开放性，也带来了潜在的安全威胁。目前，黑客对网络的攻击方法已经有几千种，而且大多数具有严重的威胁性。全世界现有 20 多万个黑客网站。每当一种新的网络攻击手段出现，一周之内便可通过互联网传遍全世界。在不断扩大的计算机网络空间中，几乎到处都有黑客的身影，无处不遭受黑客的攻击。

这些安全威胁极大地损害了人们对互联网的信心，从而影响了 Internet 发挥更大作用。因为没有有效的安全保护，很多企事业单位放缓了将部分业务或服务转移到网上的步伐，极

大地降低了工作效率。因此,如何能够为本组织的网络提供尽可能强大的安全防护就成了各企事业单位关注的焦点。在这种情况下,防火墙进入了人们的视野。

7.5.1 防火墙概述

1. 防火墙的概念

如果一个网络连接到 Internet,其内部用户就可以访问外部世界并与之通信,同时,外部世界也可以访问该网络并与之交互。为保证系统安全,就需要在该网络和 Internet 之间插入一个中介系统,竖起一道安全屏障,以阻挡来自外部网络对本网络的威胁和入侵,这种中介系统叫作"防火墙"或"防火墙系统"。

防火墙是指设置在不同网络(如企业内部网和公共网)或网络安全域之间的一系列部件的组合,它是不同网络或网络安全域之间信息的唯一出入口,能根据企业的安全策略控制(允许、拒绝、监测)出入网络的信息流,且其本身具有较强的抗攻击能力,是提供信息安全服务、实现网络和信息安全的基础设施。

从实现方式来看,防火墙可以分为硬件防火墙和软件防火墙两类。硬件防火墙是通过硬件和软件的结合来达到隔离内、外部网络的目的;软件防火墙则通过纯软件的方式来实现。

从逻辑上来看,防火墙是一个分离器、一个限制器,也是一个分析器。它能有效地监控内部网络和 Internet 之间的任何活动,保障内部网络的安全。防火墙如图 7-12 所示。

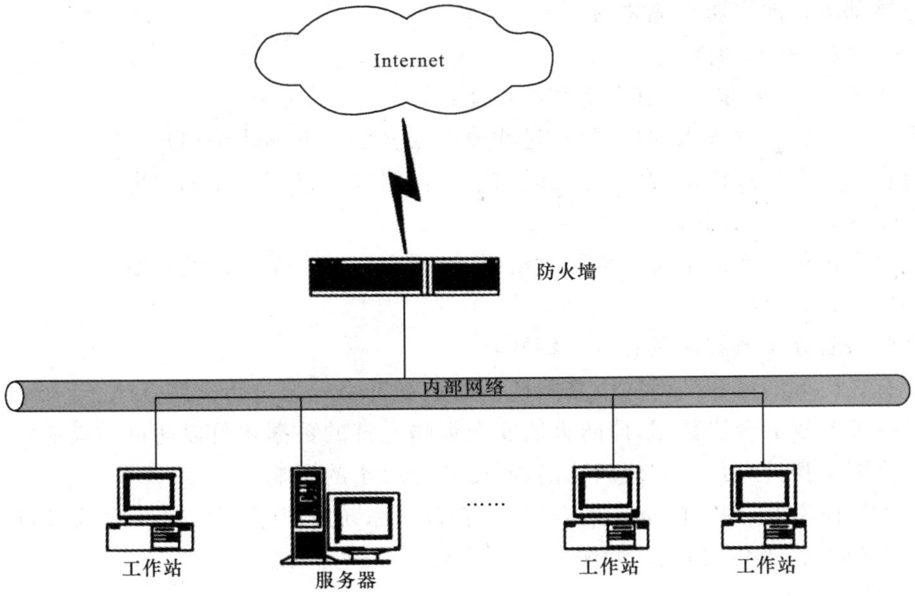

图 7-12 防火墙

以下是几个有关防火墙的常用概念:

①外部网络(外网):防火墙之外的网络,一般为 Internet,默认为风险区域。

②内部网络(内网):防火墙之内的网络,一般为局域网,默认为安全区域。

③包过滤:也称为数据包过滤,是依据系统事先设定好的过滤规则,检查数据流中的每个数据包,根据数据包的源地址、目标地址以及端口等信息来确定是否允许数据包通过。

④代理服务器：代表内部网络用户向外部网络中的服务器进行连接请求的程序。

⑤状态检测技术：这是第三代网络安全技术。状态检测模块在不影响网络安全正常工作的前提下，采用抽取相关数据的方法对网络通信的各个层次实行检测，并作为安全决策的依据。

⑥虚拟专用网(VPN)：一种在公用网络中配置的专用网络。

⑦漏洞：系统中的安全缺陷。漏洞可以导致入侵者获取信息并导致不正确的访问。

⑧数据驱动攻击：入侵者把一些具有破坏性的数据藏匿在普通数据中传送到 Internet 主机上，当这些数据被激活时就会发生数据驱动攻击。例如，修改主机中与安全有关的文件，留下更容易进入系统的后门程序等。

⑨IP 地址欺骗：突破防火墙系统最常用的方法是 IP 地址欺骗，它同时也是其他一系列攻击方法的基础。入侵者利用伪造的 IP 地址发送虚假的数据包，乔装成来自内部网的数据，这种类型的攻击非常危险。

2. 防火墙的作用

防火墙能够隔离风险区域与安全区域，但不会妨碍人们对风险区域的访问。防火墙的作用是监控进出网络的信息，仅让安全的、符合规则的信息进入内部网络，为用户提供一个安全的网络环境。

防火墙是加强网络安全非常流行的方法。在 Internet 上超过 1/3 的 Web 网站都是用某种形式的防火墙加以保护的，这是对黑客防范最严密、安全性最强的一种方式。任何关键性的服务器都应该放在防火墙之后。

(1)防火墙的基本功能

从总体上看，防火墙应具有以下基本功能：

①限制未授权用户进入内部网络，过滤掉不安全的服务和非法用户。

②防止入侵者接近内部网络的防御设施，对网络攻击进行检测和报警。

③限制内部用户访问特殊站点。

④记录通过防火墙的信息内容和活动，为监视 Internet 安全提供方便。

(2)防火墙的特性

一个好的防火墙系统应具有以下特性：

①所有在内部网络和外部网络之间传输的数据都必须通过防火墙。

②只有被授权的合法数据，即防火墙安全策略允许的数据才可以通过防火墙。

③防火墙本身具有预防入侵的功能，不受各种攻击的影响。

④人机界面良好，用户配置使用方便、易管理。系统管理员可以对防火墙进行设置，对 Internet 的访问者、被访问者、访问协议以及访问方式进行控制。

(3)病毒防火墙与防火墙的区别

“病毒防火墙”是与防火墙不同范畴的软件，但由于有着“防火墙”的名字，容易引起混淆。实际上，这两种产品之间存在本质区别。

①“病毒防火墙”其实应该称为“病毒实时检测和清除系统”，是反病毒软件的一种工作模式。当它运行时，会把病毒监控程序驻留在内存中，随时检查系统中是否有病毒；一旦发现有携带病毒的文件，就会马上激活杀毒模块。

可以看出，病毒防火墙不是对进出网络的病毒进行监控，而是对所有的系统应用程序进行监控，由此来保障用户系统的“无毒”环境。

②防火墙并不监控全部的系统应用程序，它只对存在网络访问的那部分应用程序进行监控。利用防火墙，可以有效地管理用户系统的网络应用，同时保护系统不被各种非法的网络攻击所伤害。

可以看出，病毒防火墙是一种反病毒软件，主要功能是查杀本地病毒、木马。防火墙的主要功能是预防黑客入侵，防止木马盗取机密信息。两者具有不同的功能，在安装反病毒软件的同时应该安装防火墙。

3. 防火墙的优、缺点

(1)优点

防火墙是加强网络安全的一种有效手段，它具有以下优点：

①防火墙能强化安全策略。Internet 上每天都有上百万人在浏览信息，不可避免地会有一些恶意用户试图攻击别人，防火墙充当了防止攻击现象发生的“警察”，它执行系统规定的安全策略，仅允许符合规则的信息通过。

②防火墙能有效地记录 Internet 上的活动。因为所有进出内部网络的信息都必须通过防火墙，所以防火墙能记录被保护的内部网络和不安全的外部网络之间发生的各种事件。

③防火墙是一个安全策略的检查站。所有进出内部网络的信息都必须通过防火墙，防火墙便成为一个安全检查站，把可疑的访问拒之门外。

(2)缺点

防火墙并不是万能的，安装了防火墙的系统仍然存在着安全隐患。以下是防火墙的一些缺点：

①不能防范恶意内部用户。防火墙可以禁止内部用户经过网络发送机密信息，但用户可以将数据复制到磁盘上带出去。如果入侵者已经进入防火墙内部，防火墙同样无能为力。内部用户可以不经过防火墙窃取数据、破坏硬件和软件，这类攻击占了全部攻击的 50% 以上。

②不能防范不通过防火墙的连接。防火墙能够有效地防范通过它传输的信息，却不能防范不通过它传输的信息。例如，如果站点允许对防火墙后面的内部系统进行拨号访问，那么防火墙绝对没有办法阻止入侵者进行拨号入侵。

③不能防范全部的威胁。防火墙被用来防范已知的威胁，性能良好的防火墙设计方案可以防范某些新的威胁，但没有一个防火墙能自动防御所有新的威胁。

④防火墙不能防范病毒。防火墙不能防范从网络上传染来的病毒，也不能消除计算机已存在的病毒。无论防火墙多么安全，用户都需要一套防毒软件来防范病毒。

4. 防火墙的分类

防火墙的分类方式有很多种。根据受保护的对象，可以分为网络防火墙和单机防火墙；根据防火墙主要部分的形态，可以分为软件防火墙和硬件防火墙；根据防火墙使用的对象，可以分为企业级防火墙和个人防火墙；根据防火墙检查数据包的位置，可以分为包过滤防火墙、应用代理防火墙和状态检测防火墙。

(1)网络防火墙和单机防火墙

网络防火墙是指用来保护某个网络安全的防火墙，目前的防火墙大都是网络防火墙。单机防火墙主要是为了保护单独主机而设计的防火墙。

一般说来，为了保护网络中的主机安全，人们大多选用网络防火墙。但对于网络中一些重要的主机，也需要给它们加装单机防火墙。

(2)软件防火墙和硬件防火墙

软件防火墙是指防火墙的所有组件都为软件，不需要专用的硬件设备，Check Point 公司的 Firewall-1 就是这样一种防火墙。而硬件防火墙则需要专用的硬件设备，目前国内的防火墙基本上属于这一类型。

(3)企业级防火墙和个人防火墙

企业级防火墙主要为企业上网服务。它能够进行复合分层保护，支持大规模本地和远程管理，同时和 VPN 相结合，从而扩展了安全联网基础设施，并且可以应用于大规模网络。这类防火墙提供了强大、灵活的认证功能，允许企业配置它们，对现有的数据库进行安全传送，并且充分利用网络带宽，提供负载均衡的能力。

而个人防火墙主要是防护个人的主机，一般就是前面所述的单机防火墙。其功能一般较简单。

(4)包过滤防火墙、应用代理防火墙和状态检测防火墙

这种分类方法是最主要、最基本的一种分类方法。其分类依据是防火墙检查点的位置。

①包过滤防火墙是在网络层对数据包进行选择，选择的依据是系统内设置的访问控制表(Access Control Table，ACT)。通过检查数据流中每个数据包的源地址、目的地址、所用的端口号、协议状态等因素或它们的组合，来确定是否允许该数据包通过。这种防火墙逻辑简单，价格便宜，易于安装和使用，网络性能和透明性好。然而，非法访问一旦突破防火墙，即可对主机上的软件和配置漏洞进行攻击；同时，数据包的源地址、目的地址以及 IP 的端口号都在数据包的头部，很有可能被窃听或假冒。

②应用代理防火墙是内网与外网的隔离点，能够监视和隔绝应用层通信流，同时也常结合包过滤器功能。应用代理防火墙工作在 OSI 模型的最高层，掌握着应用系统中可用作安全决策的全部信息。此类防火墙的安全性比包过滤防火墙高，但它的效率则相对较低。

③状态检测防火墙把包过滤的快速性和应用代理的安全性很好地结合在一起，目前已经是防火墙最流行的检测方式。

状态检测防火墙试图跟踪通过防火墙的网络连接和包，这样防火墙就可以使用一组附加的标准，以确定允许或拒绝通信。状态检测防火墙是在使用了基本包过滤防火墙的通信基础上应用一些技术来做到这点的。

状态检测防火墙不仅跟踪包中包含的信息，还能够记录有用的信息以帮助识别包，如已有的网络连接、数据的传出请求等。

状态检测防火墙可截断所有传入的通信，而允许所有传出的通信。因为防火墙跟踪内部出去的请求，所有按要求传入的数据被允许通过，直到连接被关闭为止。只有未被请求的传入通信被截断。

7.5.2 防火墙技术

随着防火墙技术的不断发展，目前应用的防火墙技术主要有包过滤技术、应用代理技术和状态检测技术等。

1. 包过滤技术

(1)包过滤技术简介

包过滤(Packet Filtering)技术依据系统事先设定好的过滤规则,检查数据流中的每个包,根据包头信息来确定是否允许数据包通过,并拒绝发送可疑的数据包。

使用包过滤技术的防火墙叫作包过滤防火墙(Packet Filtering Firewall),因为它工作在网络层,又叫作网络层防火墙(Network Level Firewall)。

包过滤技术的依据是分包传输技术。网络上的数据都是以包为单位进行传输的,数据被分割成一定大小的包,每个包分为包头和数据两部分,包头中含有源地址和目的地址等信息。路由器从包头中读取目的地址并选择一条物理线路发送出去,当所有的包抵达后会在目的地重新组装还原。

包过滤防火墙一般由屏蔽路由器(Screening Router,也称为过滤路由器)来实现,这种路由器在普通路由器的基础上加入IP过滤功能,是防火墙最基本的构件,包过滤防火墙工作原理如图7-13所示。

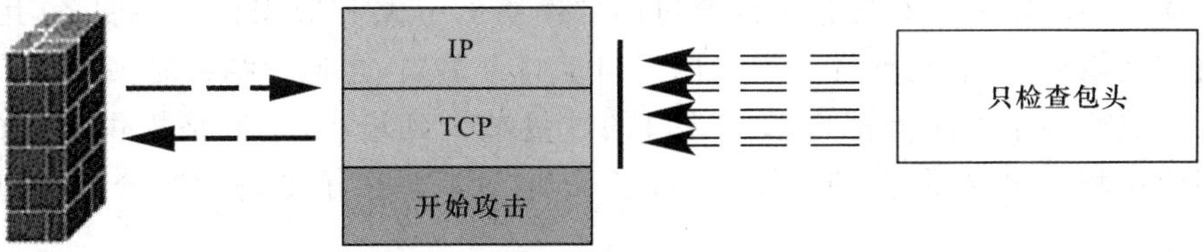

图7-13 包过滤防火墙工作原理

包过滤防火墙读取包头信息,与信息过滤规则比较,顺序检查规则表中每一条规则,直至发现包中的信息与某条规则相符。如果有一条规则不允许发送某个包,路由器就将它丢弃;如果有一条规则允许发送某个包,路由器就将它发送;如果没有任何一条规则能符合,路由器就会使用默认规则,一般情况下,默认规则就是禁止该包通过。

屏蔽路由器是一种价格较高的硬件设备。如果网络不大,可以由一台PC装上相应的软件(如Karl Bridge、Draw Bridge)来实现包过滤功能。

(2)包过滤防火墙的优点

包过滤防火墙具有明显的优点:

①一个屏蔽路由器能保护整个网络。一个恰当配置的屏蔽路由器连接内部网络与外部网络,进行数据包过滤,就可以取得较好的网络安全效果。

②包过滤对用户透明。包过滤不要求任何客户机配置,当屏蔽路由器决定让数据包通过时,它与普通路由器没什么区别,用户感觉不到它的存在。较强的透明度是包过滤的一大优势。

③屏蔽路由器速度快、效率高。屏蔽路由器只检查包头信息,一般不查看数据部分,而且某些核心部分是由专用硬件实现的,故其转发速度快、效率较高,通常作为网络安全的第一道防线。

(3)包过滤防火墙的缺点

①屏蔽路由器的缺点也是很明显的,通常它不保存用户的使用记录,这样就不能从访问记录中发现黑客的攻击记录。

②配置烦琐也是包过滤防火墙的一个缺点。没有一定的经验,是不可能将过滤规则配

置得完美的。有些时候，因为配置错误，防火墙根本就不起作用。

③包过滤不能在用户级别上进行过滤，只能认为内部用户是可信任的、外部用户是可疑的。

④单纯由屏蔽路由器构成的防火墙并不十分安全，一旦屏蔽路由器被攻陷就会对整个网络产生威胁。

(4)包过滤防火墙的发展阶段

①第一代：静态包过滤防火墙。第一代包过滤防火墙与路由器同时出现，实现了根据数据包头信息的静态包过滤，这是防火墙的初级产品。静态包过滤防火墙对所接收的每个数据包审查包头信息，以便确定其是否与某一条包过滤规则匹配，然后做出允许或者拒绝通过的决定。

②第二代：动态包过滤(Dynamic Packet Filter)防火墙。此类防火墙采用动态设置包过滤规则的方法，避免了静态包过滤所存在的问题。动态包过滤只有在用户的请求下才打开端口，并且在服务完毕之后关闭端口，从而降低受到与开放端口相关的攻击的可能性。防火墙可以动态地决定哪些数据包可以通过内部网络的链路和应用程序层服务，用户可以配置相应的访问策略，只有在允许范围之内才自动打开端口，当通信结束时关闭端口。

这种方法在两个方向上都将暴露端口的数量减少到最小，给网络提供更高的安全性。对于许多应用程序协议而言，如媒体流，动态 IP 包过滤提供了处理动态分配端口的最安全方法。

③第三代：全状态检测(Full State Inspection)防火墙。第三代包过滤类防火墙采用状态检测技术，在包过滤的同时检查数据包之间的关联性，检查数据包中动态变化的状态码。它有一个监测引擎，能够抽取有关数据，从而对网络通信的各层实施监测，并动态地保存状态信息作为以后执行安全策略的参考。在用户访问请求到达网关的操作系统前，状态监视器要抽取有关数据进行分析，结合网络配置和安全规定做出接纳、拒绝、身份认证、报警或给该通信加密等操作。

状态检测防火墙保留状态连接表，并将进出网络的数据当成一个个会话，利用状态表跟踪每一个会话状态。状态监测对每一个包的检查不仅根据规则表，更考虑了数据包是否符合会话所处的状态，因此提供了完整的对传输层的控制能力。

状态检测技术在大大提高安全防范能力的同时也改进了流量处理速度，使防火墙性能大幅度提升，因而能应用在各类网络环境中，尤其是在一些规则复杂的大型网络上。

④第四代：深度包检测(Deep Packet Inspection)防火墙。状态检测防火墙的安全性得到一定程度的提高，但是在对付 DDoS 攻击、实现应用层内容过滤、病毒过滤等方面的表现还不能尽如人意。

面对新形势下的蠕虫病毒、DDoS 攻击、垃圾邮件泛滥等严重威胁，最新一代包过滤防火墙采用了深度包检测技术。深度包检测技术融合入侵检测和攻击防范两方面功能，不仅能深入检查信息包，查出恶意行为，还可以根据特征检测和内容过滤，来寻找已知的攻击，同时能阻止异常的访问。深度包检测引擎以基于指纹匹配、启发式技术、异常检测以及统计学分析等技术来决定如何处理数据包。深度包检测防火墙能阻止 DDoS 攻击、病毒传播问题和高级应用入侵问题。

2. 应用代理技术

(1)代理服务器简介

代理服务器(Proxy Server)是指代表内网用户向外网服务器进行连接请求的服务程序。代理服务器运行在两个网络之间,它对于客户机来说像是一台真正的服务器,而对于外网的服务器来说它又是一台客户机。

代理服务器的基本工作过程:当客户机需要使用外网服务器上的数据时,首先将请求发给代理服务器,代理服务器再根据这一请求向服务器索取数据,然后再由代理服务器将数据传输给客户机。

同理,代理服务器在外部网络向内部网络申请服务时也发挥了中间转接的作用,代理防火墙工作原理如图 7-14 所示。

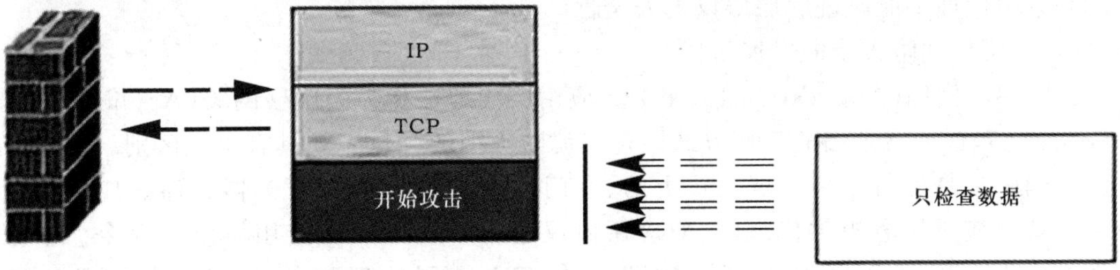

图 7-14 代理防火墙工作原理

内网只接受代理服务器提出的服务请求,拒绝外网的直接请求。当外网向内网的某个节点申请某种服务(如 FTP、Telnet、WWW 等)时,先由代理服务器接收,然后代理服务器根据其服务类型、服务内容、被服务对象等决定是否接受此项服务。如果接受,就由代理服务器向内网转发这项请求,并把结果反馈给申请者。

可以看出,由于外部网络与内部网络之间没有直接的数据通道,外部的恶意入侵也就很难伤害到内网。

代理服务器通常拥有高速缓存,缓存中存有用户经常访问站点的内容,在下一个用户要访问同样的站点时,服务器就不必重复读取同样的内容,既节约了时间也节约了网络资源。

(2)应用代理的优点

①应用代理易于配置。代理因为是一个软件,所以比过滤路由器容易配置。如果代理实现得好,可以对配置协议要求较低,从而避免了配置错误。

②应用代理能生成各项记录。因代理在应用层检查各项数据,所以可以按一定准则,让代理生成各项日志、记录。这些日志、记录对于流量分析、安全检验是十分重要和宝贵的。

③应用代理能灵活、完全地控制进出信息。通过采取一定的措施,按照一定的规则,可以借助代理实现一整套的安全策略,控制进出信息。

④应用代理能过滤数据内容。可以把一些过滤规则应用于代理,让它在应用层实现过滤功能。

(3)应用代理的缺点

①应用代理速度比路由器慢。路由器只是简单查看包头信息,不做详细分析、记录;而代理工作于应用层,要检查数据包的内容,按特定的应用协议对数据包内容进行审查、扫描,

并转发请求或响应，故其速度比路由器慢。

②应用代理对用户不透明。许多代理要求客户端做相应改动或定制，因而增加了不透明度。为内部网络的每一台主机安装和配置特定的客户端软件既耗费时间又容易出错。

③对于每项服务，应用代理可能要求不同的服务器。因此可能需要为每项协议设置一个不同的代理服务器，挑选、安装和配置所有这些不同的服务器是一项繁重的工作。

④应用代理服务通常要求对客户端或过程进行限制。除了一些为代理而设的服务外代理服务器要求对客户端或过程进行限制，每一种限制都有不足之处，人们无法按他们自己的步骤工作。由于这些限制，代理应用就不能像非代理应用那样灵活运用。

⑤应用代理服务受协议弱点的限制。每个应用层协议，都或多或少存在一些安全问题，对于一个代理服务器来说，要彻底避免这些安全隐患几乎是不可能的，除非关掉这些服务。

⑥应用代理不能改进底层协议的安全性。

(4)应用代理防火墙的发展阶段

①应用层代理(Application Proxy)。应用层代理也称为应用层网关(Application Level Gateway)，这种防火墙的工作方式同包过滤防火墙的工作方式具有本质区别。

代理服务是运行在防火墙主机上的、专门的应用程序或者服务器程序。应用层代理为某个特定应用服务提供代理，它对应用协议进行解析并解释应用协议的命令。根据其处理协议的功能可分为 FTP 网关型防火墙、Telnet 网关型防火墙、WWW 网关型防火墙等。

②电路层代理(Circuit Proxy)。另一种类型的代理技术称为电路层网关(Circuit Gateway)，也称为电路级代理服务器。在电路层网关中，包被提交到用户应用层处理。电路层网关用来在两个通信的终点之间转换包。

在电路层网关中，可能要安装特殊的客户机软件，用户需要一个可变接口来相互作用或改变他们的工作习惯。

电路层代理适用于多个协议，但无法解释应用协议，需要通过其他方式来获得信息。所以，电路级代理服务器通常要求修改用户程序。其中，套接字服务器(Sockets Server)就是电路级代理服务器。套接字是一种网络应用层的国际标准。当内网客户机需要与外网交互信息时，在防火墙上的套接字服务器检查客户的 User ID、IP 源地址和 IP 目的地址，经过确认后，套接字服务器才与外部的服务器建立连接。对用户来说，内网与外网的信息交换是透明的，感觉不到防火墙的存在，那是因为 Internet 用户不需要登录到防火墙上。但是客户端的应用软件必须支持 Socket API，内部网络用户访问外部网所使用的 IP 地址也都是防火墙的 IP 地址。

③自适应代理(Adaptive Proxy)。应用层代理的主要问题是速度慢，支持的并发连接数有限。因此，NAI 公司在 1998 年又推出了具有“自适应代理”特性的防火墙。

自适应代理不仅能维护系统安全，还能够动态“适应”传送中的分组流量。它能够根据具体需求，定义防火墙策略，而不会牺牲速度或安全性。如果对安全要求较高，则最初的安全检查仍在应用层进行，保证实现传统代理防火墙的最大安全性。而一旦代理明确了会话的所有细节，其后的数据包就可以直接经过速度更快的网络层。

自适应代理可以和安全脆弱性扫描器、病毒安全扫描器和入侵检测系统之间实现更加灵活的集成。作为自适应安全计划的一部分，自适应代理将允许经过正确验证的设备在安全传感器和扫描器发现重要的网络威胁时，根据防火墙管理员事先确定的安全策略，自动"适应"防火墙级别。

3. 状态检测技术

（1）状态检测技术简介

状态检测（State Inspection）是由 CheckPoint 公司于 1993 年提出的，它是防火墙技术的一项突破性变革，把包过滤的快速性和代理的安全性很好地结合在了一起，目前已经是防火墙最流行的检测方式。状态检测技术克服了以上两种技术的缺点，引入了 OSI 全 7 层监测能力，同时又能保持客户/服务器的体系结构，也即对用户访问是透明的。

与包过滤防火墙相比，状态检测防火墙判断的依据也是源 IP 地址、目的 IP 地址、源端口、目的端口和通信协议等。与包过滤防火墙不同的是，状态检测防火墙是基于会话信息做出决策的，而不是包的信息；状态检测防火墙验证进来的数据包时，判断当前数据包是否符合先前允许的会话，并在状态表中保存这些信息。状态检测防火墙还能阻止基于异常 TCP 的网络层的攻击行为。网络设备，比如路由器，会将数据包分解成更小的数据帧，因此，状态检测设备通常需要将 IP 数据帧按其原来顺序组装成完整的数据包。状态检测防火墙工作原理如图 7-15 所示。

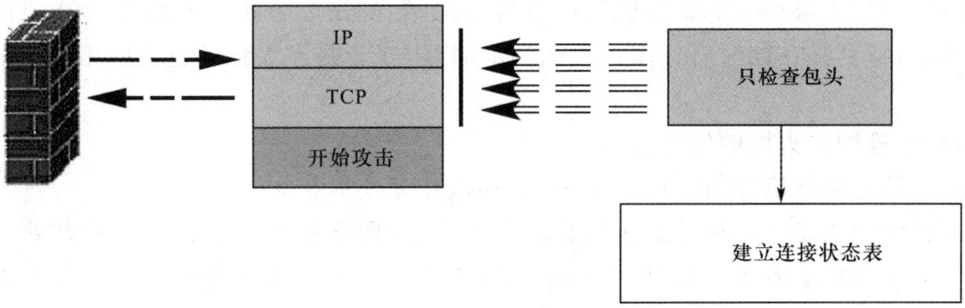

图 7-15　状态检测防火墙工作原理

状态检测的基本思想是对所有网络数据建立"连接"的概念，既然是连接，必然有一定的顺序，通信两边的连接状态也是按一定顺序进行变化的，就像打电话，一定要先拨号，对方的电话才能振铃。防火墙的状态检测就是事先确定好连接的合法过程模式，如果数据过程符合这个模式，则说明数据是合法正确的；否则就是非法数据，应该被丢弃。

以下以面向连接的 TCP 为例来作具体说明。

TCP 是一个标准的面向连接的协议，在真正通信前必须按一定协议先建立连接，连接建立好后才能通信，通信结束后释放连接。连接建立过程称为三次握手，发起方先发送带有 SYN 标志的数据包到目的方，如果目的方端口是允许连接的，就会回应一个带 SYN 和 ACK 的标志，发起方收到后再发送一个只带 ACK 标志的数据包到目的方，目的方收到后就可认为连接已经正确建立；在正常断开时，一方会发送带 FIN 标志的数据包到对方，表示本方已经不会再发送数据了，但还可以接收数据，对方接收后还可以发数据，发完后也会发送带 FIN 标志的数据包，双方进入断开状态，经过一段时间后连接彻底删除。如有异常情况则会发送 RST 标志的包来执行异常断开，不论是在连接开始，还是通信或断开过程。

由此可见，TCP 的连接过程是一个有序过程，新连接一定是通过 SYN 包来开始的，如果防火墙里没有相关连接信息，就收到非 SYN 包，那该包一定是非法的，可以将其扔掉；数据通信过程是有方向性的，一定是发起方发送 SYN，接收方发送 SYN ACK，不是此方向的数据就是非法的，由此状态检测可以实现 A 可以访问 B 而 B 却不能访问 A 的效果。一个连接可以用协议、源地址、目的地址、源端口、目的端口等五元组来唯一确定。

(2)状态检测防火墙的优点

①检查 IP 包每个字段的能力，并遵从基于包中信息的过滤规则。

②识别带有欺骗性的源 IP 地址包。

③状态检测防火墙是两个网络之间访问的唯一来源。因为所有的通信必须通过防火墙，绕过是困难的。

④基于应用程序信息验证一个包的状态。例如，基于一个已经建立的 FTP 连接，允许返回的 FTP 包通过。

⑤基于应用程序信息验证一个包的状态。例如，允许一个先前认证过的连接继续与被授予的服务通信。

⑥记录通过的每个包的详细信息。防火墙用来确定包状态的所有信息都可以被记录，包括应用程序对包的请求、连接的持续时间、内部和外部系统所做的连接请求等。

(3)状态检测防火墙的缺点

状态检测防火墙唯一的缺点就是所有这些记录、测试和分析工作可能会造成网络连接的某种迟滞，特别是在同时有许多连接激活的时候，或者是有大量的过滤网络通信的规则存在时。

(4)状态检测防火墙的发展阶段

①状态检测防火墙(State Inspection Firewall)

状态检测防火墙又称为动态包过滤防火墙，它在网络层由一个检查引擎截获数据包并抽取出与应用层状态有关的信息，并以此作为依据决定对该数据包是接受还是拒绝。检查引擎能自动生成动态的状态信息表，并对后续的数据包进行检查，一旦发现任何连接的参数有意外变化，该连接就被中止。

状态检测防火墙克服了包过滤防火墙和应用代理服务器的局限性，能够根据协议、端口及源地址、目的地址的具体情况决定是否允许数据包通过。针对每个安全策略允许的请求，状态检测防火墙启动相应的进程，可以快速地确认符合授权流通标准的数据包，这使得运行非常快速。

②深度检测防火墙(Deep Inspection Firewall)

深度检测防火墙将状态检测和应用防火墙技术结合在一起，以处理应用程序的流量，保护目标系统免受各种复杂的攻击。由于结合了状态检测的所有功能，因此深度检测防火墙能够对数据流量迅速完成网络层级别的分析，并做出访问控制决策；对于允许的数据流，根据应用层级别的信息，对负载做出进一步的决策。

状态检测技术在大力提高安全防范能力的同时也改进了流量处理速度。状态检测技术采用一系列优化技术，使防火墙性能大幅度提升，能应用在各类网络环境中，尤其是在一些规则复杂的大型网络上。深度检测技术对数据包头或有效载荷所封装的内容进行分析，从而引导、过滤和记录基于 IP 的应用程序和 Web 服务通信流量，其工作并不受协议种类和应用程序类型的限制。采用深度检测技术，企业网络可以获得性能上的大幅度提升而无须购买昂贵的服务器或是其他安全产品。

现在使用的防火墙多是几种技术的集成,即复合型防火墙。复合型防火墙是指综合了状态检测与透明代理的新一代防火墙,它基于 ASIC 架构,把防病毒、内容过滤整合到防火墙里,其中还包括 VPN、IDS 功能,多单元融为一体,是一种新的突破,体现了网络与信息安全的新思路。它在网络边界实施 OSI 第 7 层的内容扫描,实现了实时在网络边缘部署病毒防护、内容过滤等应用层服务措施。

复合型防火墙工作原理如图 7-16 所示。

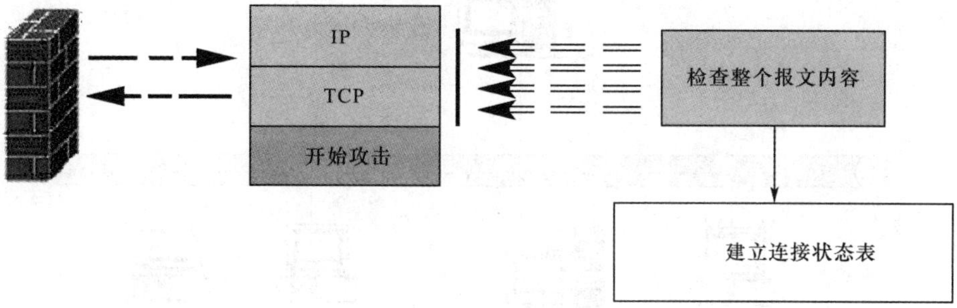

图 7-16 复合型防火墙工作原理

7.5.3 防火墙的体系结构

最简单的防火墙是一台屏蔽路由器(Screening Router),此类防火墙一旦屏蔽路由器被攻陷,就会对整个网络安全产生威胁,所以一般不会使用这种结构。实际上防火墙的体系结构多种多样,目前使用的防火墙大都采用以下几种体系结构。

- 双重宿主主机结构。
- 屏蔽主机结构。
- 屏蔽子网结构。

1. 双重宿主主机结构

双重宿主主机(Dual-Homed Host)又称堡垒主机(Bastion Host),是一台至少配有两个网络接口的主机,它可以充当与这些接口相连的网络之间的路由器,在网络之间发送数据包。一般情况下双宿主机的路由功能是被禁止的,因而能够隔离内部网络与外部网络之间的直接通信,从而起到保护内部网络的作用。

双重宿主主机结构如图 7-17 所示,一般是用一台装有两块网卡的堡垒主机做防火墙。两块网卡各自与内部网络和外部网络相连。堡垒主机上运行着防火墙软件,可以转发应用程序、提供服务等。

双重宿主主机结构防火墙的最大特点是 IP 层的通信是被阻止的,两个网络之间的通信可通过应用层数据共享或应用层代理服务来完成。代理服务能够为用户提供更为方便的访问手段,也可以通过共享应用层数据来访问外网。双重宿主主机用两种方式来提供服务,一种是用户直接登录到双重宿主主机上来提供服务,另一种是在双重宿主主机上运行代理服务器。

第一种方式需要在双重宿主主机上开立许多账号,这是很危险的,原因如下:

①用户账号的存在会给入侵者提供相对容易的入侵通道,每一个账号通常有一个可重复使用的口令(通常用的口令,和一次性口令相对),这样很容易被入侵者破解。

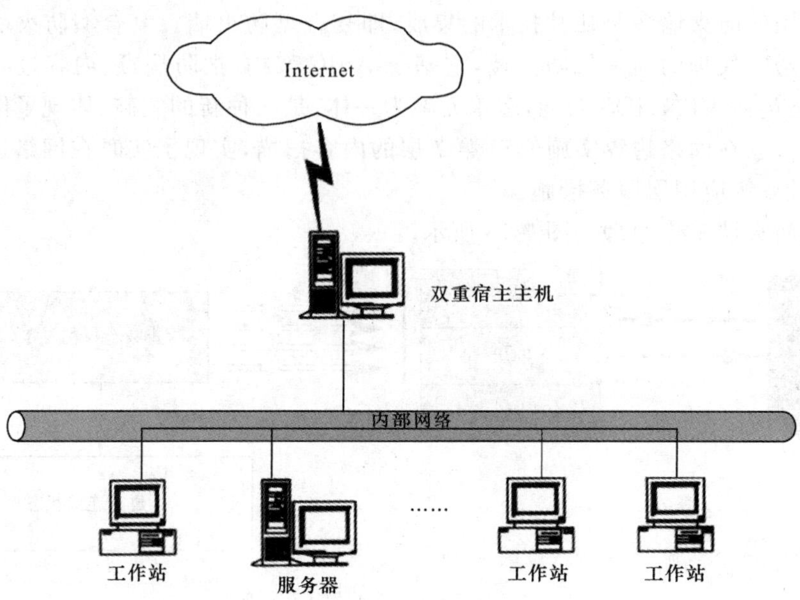

图 7-17　双重宿主主机结构

②如果双重宿主主机上有很多账号,管理员维护起来很麻烦。

③支持用户账号会降低机器本身的稳定性和可靠性。

④因为用户的行为是不可预知的,如双重宿主主机上有很多用户账户,这会给入侵检测带来很大的麻烦。

如果在双重宿主主机上运行代理服务器,产生的问题相对要少得多,而且一些服务本身的特点就是“存储转发”型的。当内网的用户要访问外部站点时,必须先经过代理服务器认证,然后才可以通过代理服务器访问因特网。

双重宿主主机是唯一的隔开内部网和 Internet 之间的屏障,如果入侵者得到了双重宿主主机的访问权,内部网络就会被入侵,所以为了保证内部网络的安全,双重宿主主机应具有强大的身份认证系统,才可以阻挡非法登录。

双重宿主主机防火墙优于屏蔽路由器之处在于,其系统软件可用于维护系统日志,这对于日后的安全检查很有用。

双重宿主主机防火墙的一个致命弱点是,一旦入侵者侵入堡垒主机并使其具有路由功能,则任何外网用户均可以随便访问内网。

堡垒主机是用户的网络上最容易受侵袭的机器,要采取各种措施来保护它。设计时有两条基本原则:①堡垒主机要尽可能简单,保留最少的服务,关闭路由功能;②随时做好准备,修复受损害的堡垒主机。

2. 屏蔽主机结构

屏蔽主机结构(Screened Host Gateway)又称为主机过滤结构。屏蔽主机结构需要配备一台堡垒主机和一个有过滤功能的屏蔽路由器,如图 7-18 所示。屏蔽路由器连接外部网络,堡垒主机安装在内部网络上。通常在路由器上设立过滤规则,并使堡垒主机成为从外部网络唯一可直接到达的主机。入侵者要想入侵内部网络,必须越过屏蔽路由器和堡垒主机两道屏障,所以屏蔽主机结构比双重宿主主机结构具有更好的安全性和可用性。

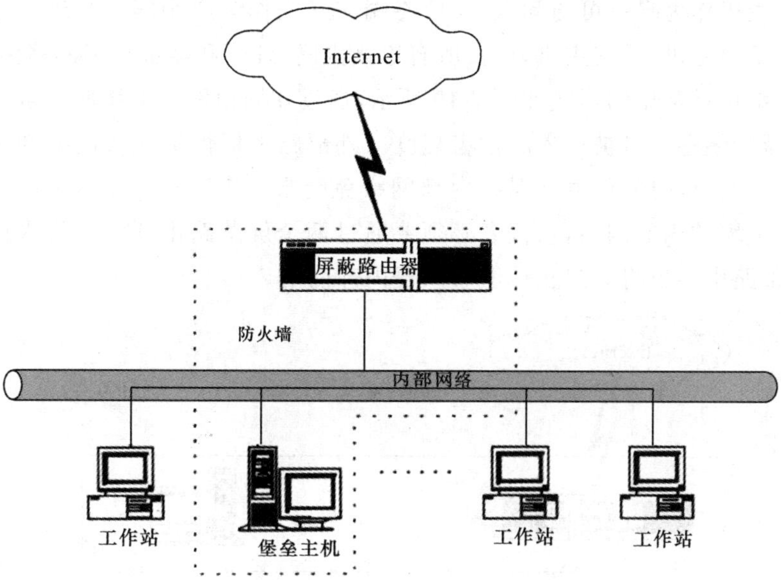

图 7-18 屏蔽主机结构

堡垒主机是外网主机连接到内部网络的桥梁，并且仅有某些确定类型的连接被允许(如传送进来的电子邮件)。任何外部网络如果要试图访问内部网络，必须连接到这台堡垒主机上。因此，堡垒主机需要有较高的安全等级。

在屏蔽路由器中数据包过滤可以按下列之一配置：

①允许其他的内部主机为了某些服务(如 Telnet)与外网主机连接。

②不允许来自内部主机的所有连接(强迫主机必须经过堡垒主机使用代理服务)。

用户可以针对不同的服务混合使用这些手段，某些服务可以被允许直接经由数据包过滤，而其他服务可以被允许仅仅间接地经过代理，这完全取决于用户实行的安全策略。

在采用屏蔽主机防火墙的情况下，屏蔽路由器是否正确配置是安全与否的关键。屏蔽路由器的路由表应当受到严格的保护，如果路由表遭到破坏，数据包就不会被路由到堡垒主机上，从而使外部访问越过堡垒主机进入内网。

屏蔽主机结构的缺点：如果入侵者有办法侵入堡垒主机，而且在堡垒主机和其他内部主机之间没有任何安全保护措施的情况下，整个网络对入侵者是开放的。为了改进这一点，可以使用屏蔽子网。

3. 屏蔽子网结构

堡垒主机是内部网络上最容易受到攻击的，在屏蔽主机结构中，如果能够侵入堡垒主机，就可以毫无阻挡地进入内部网络。因为该结构中屏蔽主机与其他内部机器之间没有特殊的防御手段，内部网络对堡垒主机不做任何防备。

屏蔽子网结构(Screened Subnet)可以改变这种状况，它是在屏蔽主机结构的基础上添加额外的安全层，即通过添加周边网络(屏蔽子网)进一步把内部网络与外部网络隔离开。

一般情况下，屏蔽子网结构包含外部和内部两个屏蔽路由器。两个屏蔽路由器放在子网的两端，在子网内构成一个“非军事区”(Demilitarized Zone，DMZ)。有的屏蔽子网中还设有一台堡垒主机作为唯一可访问点,支持终端交互或作为应用网关代理。这种配置的危险地带仅包括堡垒主机、子网主机,以及所有连接内网、外网和屏蔽子网的路由器。

屏蔽子网结构最常见的形式如图 7-19 所示,通过在周边网络上用两个屏蔽路由器隔离堡垒主机,能减少堡垒主机被侵入的危害程度。外部路由器保护周边网络和内部网络免受来自 Internet 的侵犯,内部路由器保护内部网络免受来自 Internet 和周边网的侵犯。要侵入使用这种防火墙的内部网络,入侵者必须要通过两个屏蔽路由器。即使入侵者能够侵入堡垒主机,内部路由器也将会阻止他继续入侵内部网络。

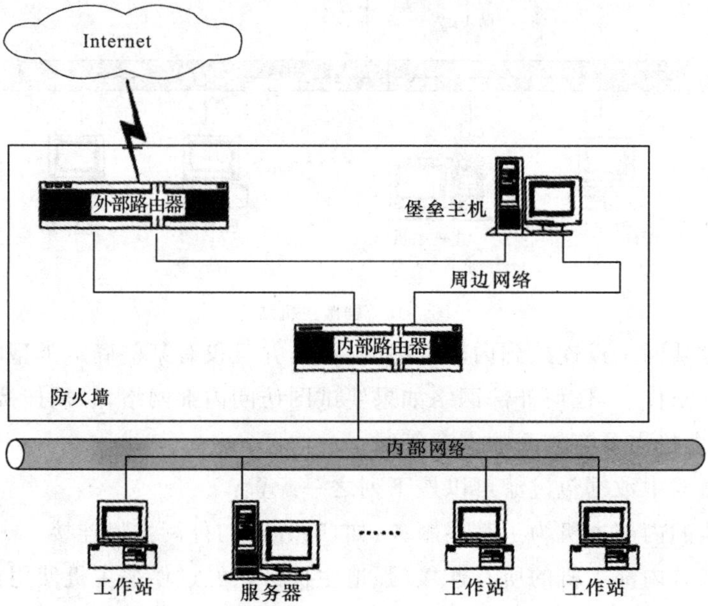

图 7-19　屏蔽子网结构

4. 防火墙的组合结构

建造防火墙时一般很少采用单一结构,通常采用多种结构的组合。这种组合主要取决于网管中心向用户提供什么样的服务,以及网管中心能接受什么等级的风险。采用哪种技术还取决于经费、投资的大小或技术人员的技术水平、时间等因素。

防火墙的组合结构一般有以下几种形式:

- 使用多堡垒主机。
- 合并内部路由器与外部路由器。
- 合并堡垒主机与外部路由器。
- 合并堡垒主机与内部路由器。
- 使用多台内部路由器。
- 使用多台外部路由器。
- 使用多个周边网络。
- 使用双重宿主主机与屏蔽子网。

7.6 入侵检测技术

7.6.1 入侵检测概述

随着黑客入侵的日益猖獗，人们发现只从防御的角度构造安全系统是不够的。入侵检测技术是继“防火墙”“访问控制”等传统安全保护措施后新一代的安全保障技术。它对计算机和网络资源上的恶意使用行为进行识别和响应，不仅检测来自外部的入侵行为，同时也监督内部用户的未授权活动。入侵检测技术是一种主动保护自己的网络和系统免遭非法攻击的网络安全技术，它从计算机系统或者网络中收集、分析信息，检测任何企图破坏计算机资源的完整性(Integrity)、机密性(Confidentiality)和可用性(Availability)的行为，即查看是否有违反安全策略的行为和遭到攻击的迹象，并做出相应的反应。

1. 入侵检测概念

不同于防火墙技术，入侵检测是相对缓和的网络安全技术，它是一种被动的和事后的机制技术措施。与防火墙技术相比，虽然目前的入侵检测商业产品实用性不高，不是难以配置和维护，就是有较高的虚警率，给人的总体感觉是有负盛名，但是随着网络安全技术的发展，入侵检测系统会在整个网络安全体系中占有越来越重要的地位。作为一种积极主动的安全防护技术，入侵检测提供了对内部攻击、外部攻击和误操作的实时保护，在网络系统受到危害之前拦截和响应入侵。从网络安全立体纵深、多层次防护的角度出发，入侵检测理应受到人们的高度重视，这从国外入侵检测产品市场的蓬勃发展就可以看出。

James Anderson 在 20 世纪 80 年代早期首先提出了入侵检测的概念，他将入侵尝试(Intrusion Attempt)或威胁(Threat)定义为潜在的、有预谋的、未经授权的访问信息、操作信息，致使系统不可靠或无法使用的活动。

Heady 给出了另一个入侵的定义，入侵是指试图破坏资源的完整性、机密性及可用性的活动集合。

Smaha 从分类角度指出入侵包括尝试性闯入、伪装攻击、安全控制系统渗透与泄露、拒绝服务、恶意使用等五种类型。

这里对入侵检测相关的一些基本概念作以下通俗的定义：

• 入侵(Intrusion)指的就是试图破坏计算机保密性、完整性、可用性或可控性的一系列活动。

• 入侵活动包括非授权用户试图存取数据、处理数据，或者妨碍计算机正常运行等活动。

• 入侵检测(Intrusion Detection)就是对计算机网络和计算机系统的关键节点信息进行收集分析，检测其中是否有违反安全策略的事件发生或攻击迹象，并通知系统安全管理员(Site Security Officer)。

• 入侵检测系统(Intrusion Detection System，IDS)是用于入侵检测的软件和硬件的合称，是加载入侵检测技术的系统。

一般情况下，并不严格地去区分入侵检测和入侵检测系统两个概念，而都称其为 IDS 或入侵检测技术。

2. 入侵检测系统组成

入侵检测系统的基本组成如图 7-20 所示，通常由以下基本组件组成：

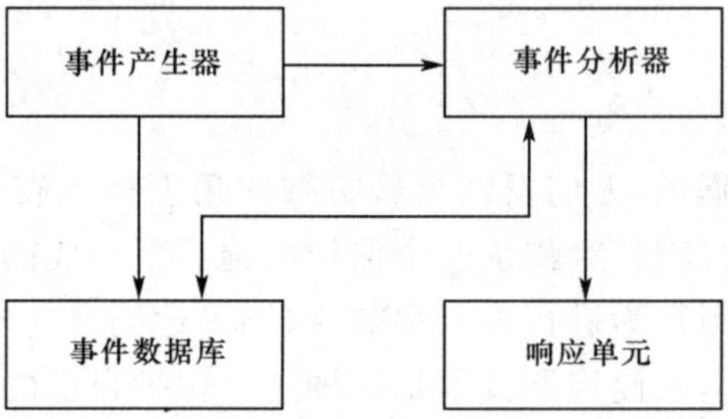

图 7-20　入侵监测系统的基本组成

(1)事件产生器。事件产生器是入侵检测系统中负责原始数据采集的部分，它对数据流、日志文件等进行追踪，然后将搜集到的原始数据转换为事件，并向系统的其他部分提供此事件。

(2)事件分析器。事件分析器接收事件信息，然后对它们进行分析，判断是否为入侵行为或异常现象，最后将判断的结果转变为警告信息。

(3)事件数据库。事件数据库是存放各种中间和最终数据的地方。它从事件产生器或事件分析器接收数据，并将数据较长时间保存。事件数据库既可以是复杂的数据库，也可以是简单的文本文件。

(4)响应单元。响应单元根据警告信息做出切断连接、改变文件属性等强烈反应，也可以只是简单地报警，是入侵检测系统中的主动武器。

以上四个部分只是入侵检测系统的基本组成部分。从具体实现的角度看，入侵检测系统包括硬件和软件两部分。硬件设备主要完成数据的采集和响应的实施；软件部分主要完成数据的处理、入侵的判断、响应的决策等。

基于主机的入侵检测系统相对简单；基于网络的入侵检测系统要复杂一些，一般采用分层分布式结构，主要分为数据采集层、分析层和管理层。数据采集层主要用于"抓包"，必要时做一些分包和拆包工作；分析层得到数据后对数据进行分析和判断，决定是否属于入侵行为或给出怀疑值；管理层对分析层的上报结果进行决策，做出响应，同时还担负系统维护、人机交互等任务。在网络中需要检测的点比较多，所以常采用分布式的结构。

3. 入侵检测功能

入侵检测系统能在入侵攻击对系统发生危害前检测到入侵攻击，并利用报警与防护系统驱逐入侵攻击；在入侵攻击过程中，尽可能减少入侵攻击所造成的损失；在被入侵攻击后，能收集入侵攻击的相关信息，作为防范系统的知识添加到知识库内，从而增强系统的防范能力。

入侵检测功能大致分为以下几个方面：

(1)监控、分析用户和系统的活动

这是入侵检测系统能够完成入侵检测任务的前提条件。入侵检测系统通过获取进出某台主机及整个网络的数据，或者通过查看主机日志等信息来监控用户和系统活动。获取网络数据的方法一般是“抓包”，即将数据流中的所有包都抓下来进行分析。

如果入侵检测系统不能实时地截获数据包并对它们进行分析，就会出现漏包或网络阻塞的现象。前一种情况下系统的漏报会很多；后一种情况会影响到入侵检测系统所在主机或网络的数据流速，入侵检测系统成为整个系统的瓶颈。因此，入侵检测系统不仅要能够监控、分析用户和系统的活动，还要使这些操作足够快。

(2)发现入侵企图或异常现象

这是入侵检测系统的核心功能。主要包括两个方面：一方面是入侵检测系统对进出网络或主机的数据流进行监控，查看是否存在入侵行为；另一方面则是评估系统关键资源和数据文件的完整性，查看系统是否已经遭受了入侵。前者的作用是在入侵行为发生时及时发现，从而避免系统遭受攻击；而后者一般是攻击行为已经发生，但可以通过攻击行为留下的痕迹的一些情况，避免再次遭受攻击。对系统资源完整性的检查也有利于对攻击者进行追踪或者取证。

对于网络数据流的监控，可以使用异常检测的方法，也可以使用误用检测的方法。目前还有很多新技术，但多数都还处于理论研究阶段。现在的入侵检测产品使用的主要还是模式匹配技术。检测技术的好坏，直接关系到系统能否精确地检测出攻击，因此，对于这方面的研究是入侵检测系统研究领域的主要工作。

(3)记录、报警和响应

入侵检测系统在检测到攻击后，应该采取相应的措施来阻止或响应攻击。它应该首先记录攻击的基本情况，其次应该能够及时发出警告。良好的入侵检测系统，不仅应该能把相关数据记录在文件或数据库中，还应该提供报表打印功能。必要时，系统还能够采取必要的响应行为，如拒绝接收所有来自某台计算机的数据、追踪入侵行为等。实现与防火墙等安全部件的交互响应，也是入侵检测系统需要研究和完善的功能之一。

作为一个功能完善的入侵检测系统，除具备上述基本功能外，还应该包括其他一些功能，比如审计系统的配置和弱点评估、关键系统和数据文件的完整性检查等。此外，入侵检测系统还应该为管理员和用户提供友好、易用的界面，方便管理员设置用户权限、管理数据库、手工设置和修改规则、处理报警和浏览、打印数据等。

7.6.2 入侵检测系统分类

根据不同的分类标准，入侵检测系统可分为不同的类别。对于入侵检测系统要考虑的因素(分类依据)主要有数据源、入侵、事件生成、事件处理及检测方法等。

1. 根据数据源分类

入侵检测系统要对所监控的网络或主机的当前状态做出判断，需要以原始数据中包含的信息为基础。按照原始数据的来源，可以将入侵检测系统分为基于主机的入侵检测系统、基于网络的入侵检测系统和基于应用的入侵检测系统等类型。

(1)基于主机的入侵检测系统

基于主机的入侵检测系统主要用于保护运行关键应用的服务器，它通过监视与分析主机的审计记录和日志文件来检测入侵，日志中包含发生在系统上的不寻常活动的证据，这些证据可以指出有人正在入侵或已成功入侵了系统。通过查看日志文件，能够发现成功的入侵或入侵企图，并启动相应的应急措施。

通常情况下，基于主机的入侵检测系统可监测系统、事件、Windows NT 下的安全记录及 UNIX 环境下的系统记录，从中发现可疑行为。当有文件发生变化时，入侵检测系统将新的记录条目与攻击标记相比较，看它们是否匹配。如果匹配，系统就会向管理员报警。对关键系统文件和可执行文件的入侵检测的常用方法是通过定期检查校验和来进行的，以便发现意外的变化。反应的快慢与轮询间隔的频率有直接的关系。此外，许多入侵检测系统还能够监听主机端口的活动，并在特定端口被访问时向管理员报警。

(2)基于网络的入侵检测系统

基于网络的入侵检测系统主要用于实时监控网络关键路径的信息，它能够监听网络上的所有分组，并采集数据以分析可疑现象。

基于网络的入侵检测系统使用原始网络包作为数据源，通常利用一个运行在混杂模式下的网络适配器来实时监视，并分析通过网络的所有通信业务。基于网络的入侵检测系统可以提供许多基于主机的入侵检测法无法提供的功能。许多客户在最初使用入侵检测系统时，都配置了基于网络的入侵检测。

(3)基于应用的入侵检测系统

基于应用(Application)的入侵检测系统是基于主机的入侵检测系统的一个特殊子集，其特性、优缺点与基于主机的入侵检测系统基本相同。由于这种技术能够更准确地监控用户某一应用行为，所以在日益流行的电子商务中越来越受到注意。

这三种入侵检测系统具有互补性。基于网络的入侵检测能够客观地反映网络活动，特别是能够监视到系统审计的盲区；而基于主机和基于应用的入侵检测能够更加精确地监视系统中的各种活动。

2. 根据检测原理分类

根据系统所采用的检测方法，将入侵检测分为异常入侵检测和误用入侵检测两类。

(1)异常入侵检测。异常入侵检测是指能够根据异常行为和使用计算机资源的情况检测入侵。异常入侵检测试图用定量的方式描述可以接受的行为特征，以区分非正常的、潜在的入侵行为。Anderson 做了如何通过识别"异常"行为来检测入侵的早期工作，他提出了一个威胁模型，将威胁分为外部闯入(用户虽然授权，但对授权数据和资源的使用不合法，或滥用授权)、内部渗透和不当行为三种类型，并采用这种分类方法开发了一个安全监视系统，可检测用户的异常行为。

(2)误用入侵检测。误用入侵检测是指利用已知系统和应用软件的弱点攻击模式来检测入侵。与异常入侵检测不同，误用入侵检测能直接检测不利或不可接受的行为，而异常入侵检测则是检查出与正常行为相违背的行为。

3. 根据体系结构分类

按照体系结构，入侵检测系统可分为集中式、等级式和协作式三种。

(1)集中式

集中式入侵检测系统包含多个分布于不同主机上的审计程序，但只有一个中央入侵检测服务器，审计程序把收集到的数据发送给中央服务器进行分析处理。这种结构的入侵检测系统在可伸缩性、可配置性方面存在致命缺陷。随着网络规模的增大，主机审计程序和服务器之间传送的数据量激增，会导致网络性能大大降低。并且一旦中央服务器出现故障，整个系统就会陷入瘫痪。此外，根据各个主机的不同需求，配置服务器也非常复杂。

(2)等级式

在等级式(部分分布式)入侵检测系统中，定义了若干个分等级的监控区域，每个入侵检测系统负责一个区域，每一级入侵检测系统只负责分析所监控区域，然后将当地的分析结果传送给上一级入侵检测系统。

这种结构存在以下问题：首先，当网络拓扑结构改变时，区域分析结果的汇总机制也需要做相应的调整；其次，这种结构的入侵检测系统最终还是要把收集到的结果传送到最高级的检测服务器进行全局分析，所以系统的安全性并没有实质性改进。

(3)协作式

协作式(分布式)入侵检测系统将中央检测服务器的任务分配给多个基于主机的入侵检测系统，这些入侵检测系统不分等级，各司其职，负责监控当地主机的某些活动。所以，可伸缩性、安全性都得到了显著的提高，但维护成本也相应增大，并且增加了所监控主机的工作负荷，如通信机制、审计开销、踪迹分析等。

4. 根据工作方式分类

入侵检测系统根据工作方式可分为离线检测系统和在线检测系统。

(1)离线检测。离线检测系统是一种非实时工作的系统，在事件发生后分析审计事件，从中检查入侵事件。这类系统的成本低，可以分析大量事件，调查长期的情况；但由于是在事后进行的，不能对系统提供及时的保护，而且很多入侵在完成后都会将审计事件删除，因而无法审计。

(2)在线检测。在线检测对网络数据包或主机的审计事件进行实时分析，可以快速响应，保护系统安全；但在系统规模较大时难以保证实时性。

5. 根据系统其他特征分类

作为一个完整的系统，其系统特征同样值得认真研究。一般来说，可以将以下一些重要特征作为分类的考虑因素：

(1)系统的设计目标

不同的入侵检测系统有不同的设计目标。有的只提供记账功能，其他功能由系统操作人员完成；有的提供响应功能，根据所作出的判断自动采取相应的措施。

(2)事件生成/收集的方式

根据入侵检测系统收集事件信息的方式，可分为基于事件的和基于轮询的两类。

基于事件的方式也称为被动映射，检测器持续地监控事件流，事件的发生激活信息的收集；基于轮询的方式也称为主动映射，检测器主动查看各监控对象，以收集所需信息，并判断一些条件是否成立。

(3)检测时间(同步技术)

根据系统监控到事件和对事件进行分析处理之间的时间间隔，可分为实时和延时两类。有些系统以实时或近乎实时的方式持续地监控从信息源检测出来的信息；而另一些系统在收集到信息后，要隔一定的时间后才能进行处理。

(4)入侵检测响应方式

根据入侵检测响应方式不同，可分为被动响应和主动响应。被动响应型系统只会发出告警通知，将发生的不正常情况报告给管理员，本身并不试图降低所造成的破坏，更不会主动地对攻击者采取反击行动。主动响应系统可以分为两类:对攻击系统实施控制和对被攻击系统实施控制。对攻击系统实施控制比较困难,主要采用对被攻击系统实施控制,通过调整被攻击系统的状态,阻止或减轻攻击影响,如断开网络连接、增加安全日志、杀死可疑进程等。

(5)数据处理地点

审计数据可以集中处理,也可以分布处理。

这些不同的分类方法可以从不同的角度了解、认识入侵检测系统,或者认识入侵检测系统所具有的不同功能。但实际的入侵检测系统常常要综合采用多种技术,具有多种功能,因此很难将一个实际的入侵检测系统归于某一类,它们通常是这些类别的混合体,某个类别只是反映了这些系统的一个侧面。

7.6.3 入侵检测技术

入侵检测系统常用的检测技术有误用检测、异常检测与高级检测技术等。本节在介绍入侵检测技术的同时,也将对入侵响应技术进行全面分析。

1. 误用检测技术

误用检测技术指通过将收集到的数据与预先确定的特征知识库里的各种攻击模式进行比较,如果发现有攻击特征,则判断有攻击,对检测已知攻击比较有效。特征知识库是将已知的攻击方法和技术的特征提取出来,建立的一个知识库。

常用的误用检测技术有专家系统、模型推理和状态转换分析等。

(1)专家系统

专家系统是误用检测技术中运用最多的一种方法。它将有关入侵的知识转化为If... Then 结构的规则,即将构成入侵所要求的条件转化为 If 部分,将发现入侵后采取的相应措施转化成 Then 部分。当其中某个或某部分条件满足时,系统就判断为入侵行为发生。其中的 If... Then 结构构成了描述具体攻击的规则库,状态行为及其语义环境可根据审计事件得到,推理机制根据规则和行为完成判断工作。

在具体实现中,专家系统主要面临以下问题:全面性问题,即难以科学地从各种入侵手段中抽象出全面的规则化知识;效率问题,即需要处理的数据量过大,而且在大型系统上如何获得实时、连续的审计数据也是个问题。

由于存在以上问题,商业产品一般不采用专家系统,而采用模型推理和状态转换分析方法。

(2)模型推理

模型推理是指结合攻击脚本推理出入侵行为是否出现,其中攻击行为描述攻击目的、攻击步骤以及对系统的特殊使用等。

根据这些知识建立攻击脚本库,每一脚本都由一系列攻击行为组成。检测时先将这些攻击脚本的子集看作系统正面临的攻击,然后通过一个被称为预测器的程序模块根据当前行为模式,产生下一个需要验证的攻击脚本子集,并传给决策器。决策器收到信息后,根据这些假设的攻击行为在审计记录中可能出现的方式,将其翻译成与特定系统匹配的审计记录格式,最后在审计记录中寻找相应信息来确认或否认这些攻击。初始攻击脚本子集的假设应易于在审计记录中识别,且出现频率很高。随着一些脚本被确认的次数增多,另一些脚本被确认的次数减少，攻击脚本不断得到更新。

模型推理方法的优点是对不确定性的推理有合理的数学理论基础，同时决策器使得攻击脚本可以与审计记录的上下文无关。此外，这种检测方法也减少了需要处理的数据量，因为它首先按脚本类型检测相应类型是否出现，然后再检测具体的事件。其缺点在于创建入侵检测模型的工作量比别的方法要大，在系统实现时，决策器如何有效地翻译攻击脚本也是一个问题。

(3)状态转换分析

状态转换分析最早由 R. 凯默勒(R. Kemmerer)提出，即将状态转换图应用于入侵行为的分析。

状态转换法将入侵过程看作一个行为序列，这个行为序列导致系统从初始状态转入被入侵状态。分析时，首先针对每一种入侵方法确定系统的初始状态和被入侵状态，以及导致状态转换的转换条件，即导致系统进入被入侵状态必须执行的操作(特征事件)。然后用状态转换图来表示每一个状态和特征事件，这些事件被集成于模型中，所以检测时不需要逐条查找审计记录。但是，状态转换是针对事件序列进行的分析，所以不善于分析过于复杂的事件，而且不能检测与系统状态无关的入侵。

同专家系统一样，对事件序列分析也需要知道攻击行为的具体知识。但是，攻击方法的语义描述不是被转化为检测规则，而是在审计记录中能直接找到的信息形式。这样就不像专家系统一样需要处理大量数据，从而大大提高了检测效率。这种方法的缺陷也和所有其他的误用检测方法一样，需要经常为新发现的系统漏洞更新知识库。另外，由于对不同操作系统平台的具体攻击方法不同，以及不同平台的审计方式不同，构造和维护的工作量都较大。

Petri 网就是一种类似于状态转换图分析的方法。它能一般化、图形化地表达状态，并且简洁明了。虽然复杂的入侵特征能用 Petri 网表达得很简单，但是对原始数据匹配时的计算量却很大。

2. 异常检测技术

误用检测技术需要已知入侵的行为模式，所以不能检测未知的入侵。异常检测则可以检测未知的入侵。基于异常检测的入侵检测首先要构建用户正常行为的统计模型，然后将当前行为与正常行为特征相比较来检测入侵。常用的异常检测技术有概率统计方法和神经网络方法两种。

(1)概率统计方法

概率统计方法是异常检测技术中应用最早也是最多的一种方法。首先，检测器根据用户的动作建立用户特征表，通过比较当前特征与已存储定型的特征，从而判断是否为异常行为。用户特征表需要根据审计记录情况不断加以更新。

用于描述特征的变量类型有以下几种：

①操作密度：度量操作执行的频率，常用于检测一段时间内的异常行为。

②审计记录分布：度量在最新记录中所有操作类型的分布情况。

③范畴尺度：度量在一定动作范畴内特定操作的分布情况。

④数值尺度：度量产生数值结果的操作，如 CPU 占用率、I/O 使用频繁程度等。

这些变量所记录的具体操作包括 CPU 的使用、I/O 的使用、使用地点及时间、邮件使用、编辑器使用、编译器使用，以及所创建、删除、访问或改变的目录及文件、网络活动等。

在入侵检测研究机构 SRI/CSL(Stanford Research Institute /Computer Science Laboratory)的入侵检测专家系统中给出了一个特征简表的结构，即

<变量名，行为描述，例外情况，资源使用，时间周期，变量类型，门限值，主体，客体，值>

其中的变量名、主体、客体唯一确定每一个特征简表，特征值由系统根据审计数据周期性地产生。这个特征值是所有用户特征异常程度值的函数。如果假设 $S_1, S_2, \cdots, S_n$ 分别是用于描述特征的变量 $M_1, M_2, \cdots, M_n$ 的异常程度值，$S_i (i=1,2,\cdots,n)$ 值越大，说明异常程度越大。这个特征值可以用所有 S_i 值的加权平方和来表示，即

$$M_n = a_1 S_1^2 + a_2 S_2^2 + \cdots + a_n S_n{}^2, a_i > 0, i = 1, 2, \cdots, n$$

式中，a_i 为每一种特征的权重。

如果选用标准偏差作为判别准则，则标准偏差计算公式为

$$\sigma = \sqrt{M_n \mid (n-1) - v^2}$$

其中，$v = M_n / n$。

如果某异常程度值 S 超出了 $v \pm \sigma$，就认为出现异常。

概率统计方法的优越性在于能应用成熟的概率统计理论。但也有一些不足之处，如统计检测对事件发生的次序不敏感，也就是说，完全依靠统计理论可能漏检那些利用彼此关联事件的入侵行为。其次，定义是否入侵的异常程度值 S 也比较困难。S 太低，则漏检率提高；S 太高，则误检率提高。

(2)神经网络方法

利用神经网络检测入侵的基本思想是用一系列信息单元(命令)训练神经元，这样在给定一组输入值后就可能预测出输出结果。与统计理论相比，神经网络更好地表达了变量间的非线性关系，并且能自动学习和更新。试验表明，UNIX 系统管理员的行为几乎全是可以预测的，不可预测的行为只占了很小的一部分。

当前命令和刚过去的 N 个命令组成了神经网络的输入层，其中 N 是神经网络预测下一个命令时所包含的过去命令集的大小。根据用户的典型命令序列训练网络后，该网络就形成了对应用户的特征命令表，网络对当前用户事件与用户的特征命令表中的事件进行比较，预测用户行为是否异常。基于神经网络的检测思想如图 7-21 所示。

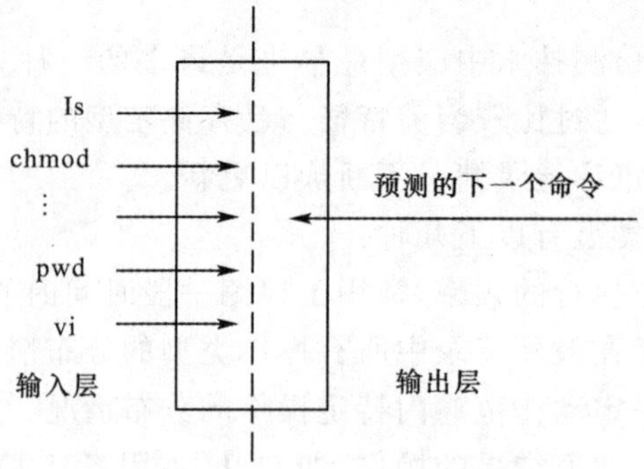

图 7-21 基于神经网络的检测思想

图中，输入层的 N 个箭头代表了用户最近的 N 个命令，输出层预测用户将要发生的下

一个动作。神经网络方法的优点在于能更好地处理原始数据的随机特征，即不需要对这些数据做任何统计假设，并且有较好的抗干扰能力。缺点在于网络拓扑结构及各元素的权重很难确定，命令窗口 N 的大小也难以选取。窗口太小，则网络输出不好；窗口太大，则网络会因为处理大量无关数据而降低效率。

3. 高级检测技术

高级检测技术主要包括文件完整性检查、计算机免疫技术、遗传算法、模糊证据理论、数据挖掘和数据融合等。

(1)文件完整性检查

文件完整性检查系统检查计算机中自上次检查后文件的变化情况，它能够保存每个文件的数字文摘数据库，每次检查时重新计算文件的数字文摘，并将其与数据库中的值相比较。如不同，则说明文件已被修改；若相同，则说明文件未发生变化。

文件的数字文摘通过 Hash 函数计算得到。不管文件长度如何，其计算结果是一个固定长度的数字。与加密算法不同，Hash 函数是一个不可逆的单向函数。采用安全性高的 Hash 函数，如 MD5、SHA 时，两个不同的文件几乎不可能得到相同的 Hash 结果。因此，文件一旦被修改，就可以检测出来。

在文件完整性检查中功能最全面的当属 Tripwire，其开放源代码的版本可以从 Tripwire 官网中获得。文件完整性检查系统具有以下优点：从数学上分析，攻克文件完整性检查系统，无论是时间上还是空间上都是不可能的。文件完整性检查系统具有相当的灵活性，可以配置成监测系统中的所有文件或某些重要文件。当一个入侵者攻击系统时，首先，他要通过更改系统中的可执行文件、库文件或日志文件来隐藏他的活动；其次，他要做一些改动以保证下次能够继续入侵。这两种活动都能够被文件完整性检查系统检测出来。

文件完整性检查系统的弱点是依赖于本地的文摘数据库。与日志文件一样，这些数据可能被入侵者修改。当一个入侵者取得管理员权限时，在完成破坏活动后可以运行文件完整性检查系统更新数据库，从而瞒过系统管理员。做一次完整的文件完整性检查非常耗时。在 Tripwire 中，可选择检查某些系统特性而不是完全的摘要，从而加快检查速度。系统有些正常的更新操作可能会带来大量的文件更新，从而产生比较繁杂的检查与分析工作，如在 WindowsNT 系统中升级 Outlook 将会带来 1 800 多个文件变化。

(2)计算机免疫技术

福勒斯特(Forrest)等人首次提出计算机免疫技术，这种免疫机制在处理外来异常时呈现了分布的、多样性的、自治的以及自修复的特征，免疫系统通过识别异常或以前未出现的特征来确定入侵。计算机免疫技术为入侵检测提供了一个思路，即通过正常行为的学习来识别不符合常态的行为序列。

当系统的一个关键程序投入使用后，其与系统用户行为的易变性相比，具有相对的稳定性。因而可以利用系统进程正常执行轨迹中的系统调用序列集，来构建系统进程正常执行活动的特征轮廓。由于利用这些关键程序的缺陷进行攻击时，对应的进程必然执行一些不同于正常执行时的代码分支，因而就会出现关键程序特征轮廓中没有的系统调用序列。当检测到该调用序列的量达到某一条件后，就认为被监控的进程企图攻击系统。

只有获得程序运行的所有情况的执行轨迹，才能使得到的程序特征轮廓很好地刻画程序的特征，从而降低虚警率。用这种方法检测不出能够利用程序合法活动获取非授权存取的攻击，因此，这项技术还需要进一步深入研究。

(3)遗传算法

遗传算法的基本思想来源于达尔文(Darwin)的进化论和孟德尔(Mendel)的遗传学说，最早由J. D.巴格利(J. D. Bagley)在1967年提出。遗传算法在入侵检测中的应用时间不长，在一些研究试验中，利用若干字符串序列来定义用于分析检测的指令组，这些指令在初始训练阶段不断进化，提高分析能力。此外，也有人将遗传算法与神经网络相结合，将其应用于网络的学习、网络的结构设计和网络的分析等方面，然后应用到入侵检测领域。

遗传算法虽然潜力巨大、前景宽广，但其本身还有很多问题需要研究，还存在各种不足，应用还有待于进一步的研究。

(4)模糊证据理论

入侵检测的评判标准本身就具有一定的模糊性，模糊证据理论因此被引入到入侵检测中。李之棠等建立了一种基于模糊专家系统的入侵检测框架模型，该模型吸收了误用检测和异常检测的优点，能较好地降低漏警率和虚警率。

(5)数据挖掘

数据挖掘(Data Mining)也称数据库中的知识发现(Knowledge Discovery in Database，KDD)。数据挖掘是指从大型数据库中提取人们感兴趣的知识，提取的知识一般可表示为概念(Concepts)、规则(Rules)、规律(Regularities)和模式(Patterns)等形式。数据挖掘是一门交叉性学科，涉及机器学习、模式识别、归纳推理、统计学、数据库、数据可视化，以及高性能计算等多个领域。

数据挖掘技术在入侵检测中主要有两个方向：一是发现入侵的规则、模式，与模式匹配检测方法相结合；二是用于异常检测，找出用户正常行为，创建用户的正常行为库。提出这个技术的目的之一是弥补模式匹配技术对未知攻击无能为力的弱点；还有就是使检测模型的构建自动化，发展异常检测方法。

(6)数据融合

数据融合是针对同一系统中使用多个或多类传感器这一特定问题展开的一种新的数据处理方法，因此数据融合又称为多传感器信息融合或信息融合。多传感器信息融合的定义可概括为充分利用不同时间与空间的多传感器数据资源，采用计算机技术对按时间序列获得的多传感器观测数据，在一定规则下进行分析、综合、支配和使用，获得对被测对象的一致性解释与描述，进而实现相应的决策和评估，使系统获得比其各组成部分更充分的信息。

多传感器系统是数据融合的硬件基础，多源信息是数据融合的加工对象，协调优化和综合处理是数据融合的核心。

数据融合系统主要有局部式和全局式两种。局部式又称为自备式，这种数据融合系统收集来自单个平台的多个传感器数据，也可以用于检测对象相对单一的智能检测系统中。全局式又称为区域式，这种数据融合系统组合来自空间和时间上各不相同的多平台、多个传感器的数据，大型军事防御系统与多参数或参数间交叉影响的智能检测系统大都采用这种融合方式。

多传感器数据融合与单传感器处理相比，复杂性大大增加。

数据融合的入侵检测系统要能够提供高质量的信息即提供的信息要比没有采用融合的系统提供的信息具有更高的质量。因此，能降低系统的误报数量和误警率。

4. 入侵诱骗技术

(1)概念

入侵诱骗技术是较传统入侵检测技术更为主动的一种安全技术。入侵诱骗技术包括蜜罐(Honeypot)和蜜网(Honeynet)两种,加载蜜罐技术和蜜网技术的系统分别称为蜜罐系统和蜜网系统。顾名思义,入侵诱骗技术就是用特有的特征吸引攻击者,以便对攻击者的各种攻击行为进行分析,并找到有效的对付方法。为了吸引攻击者,网络安全专家通常还在 Honeypot 上故意留下一些安全后门,或者放置一些网络攻击者希望得到的敏感信息(当然这些信息都是虚假信息)。当攻击者正为攻入目标系统而沾沾自喜时,他在目标系统中的所有行为,包括输入的字符、执行的操作等都已经被 Honeypot 所记录。

(2)蜜罐技术

Honeypot 是一种被侦听、被攻击或已经被入侵的资源,也就是说,无论如何对 Honeypot 进行配置,最终目的都是使得整个系统处于被侦听、被攻击的状态。Honeypot 并非一种安全解决方案,这是因为它并不会"修理"任何错误,它只是一种工具,如何使用这个工具取决于使用者想要做到什么。

Honeypot 可以仅仅是一个对其他系统和应用的仿真,也可以创建一个监禁环境将攻击者围困其中,还可以是一个标准的产品系统。无论使用者如何建立和使用 Honeypot,只有 Honeypot 受到攻击,其作用才能发挥出来。

为了方便攻击者攻击,最好是将 Honeypot 设置成域名服务器(Domain Name Server,DNS)、Web 或电子邮件转发服务等流行应用中的某一种。

从传统意义上讲,网络安全要做的工作主要是防御,防止自己负责的资源受到入侵攻击;尽力保护自己的系统,检测防御中的失误,并采取相应的措施,这些安全措施都只能检测到已知类型的攻击和入侵。而 Honeynet 设计的目的就是从现存的各种威胁中提取有用的信息,发现新型的攻击工具,确定攻击的模式并研究攻击者的攻击动机。

(3)蜜网技术

Honeynet 可以获取攻击者信息。大部分传统的 Honeypot 都进行对攻击的诱骗或检测,这些传统的 Honeypot 通常都是一个单独的系统,用于模拟其他系统、已知的服务和弱点。Honeynet 不同于传统的 Honeypot,它并不是一种比传统的 Honeypot 更好的解决方案,只是其侧重点不同而已。其工作实质是在各种网络迹象中获取所需的信息,而不是对攻击进行诱骗或检测。

Honeynet 在设计上与 Honeypot 有两点不同:

①Honeynet 不是一个单独的系统,而是由多个系统和多个攻击检测应用组成的网络。这个网络放置在防火墙后,可以监控、捕获并控制所有进出网络的数据,根据捕获的数据信息分析的结果就可以得到攻击组织所使用的工具、策略和动机。

Honeynet 内可以同时包含多种系统,比如 Solaris、Linux、Windows NT、Cisco 路由器和 Alteon 交换机等,可以创建一个反映真实产品情况的网络环境。此外,不同的系统还可以采用不同的应用,比如 Linux DNS 服务器、Windows IIS 网络服务器和 Solaris 数据库服务器等,这样就可以更加准确地概括不同攻击者的不同意图和特点。

②所有放置在 Honeynet 中的系统都是标准的产品系统。这些系统和应用都是用户可以在 Internet 上找到的真实系统和应用。该网络中的任何一部分都不是模拟的应用,并且

这些应用都具有与真实系统相同的安全等级。因此，在 Honeynet 中发现的漏洞和弱点就是真实存在需要改进的问题，用户需要做的就是将系统从产品环境移植到 Honeynet 中。

5. 入侵响应技术

入侵响应技术是入侵检测技术的配套技术，一般的入侵检测系统会同时使用这两种技术。根据系统设计的功能和目的不同，有时也称以实施入侵响应技术为主的系统为入侵响应系统。

入侵响应技术可分为主动响应和被动响应两种类型。在主动响应里，入侵检测系统能阻塞攻击，或影响进而改变攻击的进程；在被动攻击里，入侵检测系统仅简单地报告和记录所检测出的问题。主动响应和被动响应并不是相互排斥的。不管使用哪一种响应机制，入侵检测系统总能以日志的形式记录检测结果。

(1)主动响应

主动响应即检测到入侵后立即采取行动。主动响应有两种形式：一种是由用户驱动的；另一种是由系统本身自动执行的。对入侵者采取反击行动，修正系统环境和收集额外信息是主动响应的基本手段。

①对入侵者采取反击行动

警告攻击者、跟踪攻击者、断开危险连接和对攻击者的攻击是最严厉的一种主动反击手段。这种响应方法具有一定的风险。

• 根据黑客最常用的攻击方法，被确认为攻击的源头系统很可能是黑客的另一个牺牲品。成功攻击一个系统，然后使用它作为攻击另一个系统的平台，这是攻击者基本的手段之一。如果瞄准这个攻击源头系统，很可能反击的是一个无辜的同伴。

• 即使攻击者确实来自一个合法控制的系统，但如果使用攻击源 IP 地址欺骗，攻击系统的源头 IP 地址实际上可能是另一个牺牲者。

• 简单的反击可能会引起对手更大的攻击。

• 在许多情况下，反击会冒违法犯罪的风险。如果你的行为攻击了无辜的一方，该方可能要控告你，并要求赔偿其损失。更进一步，你的反击本身可能违反了计算机相关法规。

对入侵者采取反击行动也可以以温和的方式进行。比如，记录安全事件、产生报警信息、记录附加日志和激活附加入侵检测工具等。

介于温和与严厉之间的手段有隔离入侵者 IP、禁止被攻击对象的特定端口和服务及隔离被攻击对象等。另一种响应方式是自动地向入侵者可能来自的系统管理员发 E-mail，并且请求协助确认入侵者和处理相关问题。当黑客通过拨号连接进入系统时，这种响应方式还能产生多种用途。

②修正系统环境

修正系统环境较直接采取反击的主动性要差一些，当与提供调查支持的响应结合在一起时，却往往是一种更好的响应方案。在一些入侵检测系统中，这类响应也许通过增加敏感程度改变分析引擎的操作特征，通过插入规则改变专家系统，即通过这些规则提高对某些攻击的怀疑水平，或增加监视范围以更好地收集信息。这种策略类似于实时过程控制系统的反馈机制，即目前系统处理过程的输出将用来调整和优化下一个处理过程。

③收集额外信息

主动响应的第三种方法是收集额外信息。当被保护的系统非常重要且系统的主人想进行配置改进时，这种方法特别有用。前面提到的密罐技术实际上就是一种有效的收集信息的手段，以这种方式收集的信息对那些网络安全威胁趋势分析人员来说也是有价值的。

(2)被动响应

被动响应就是只向用户提供信息，而由用户去决定是否采取下一步行动的响应。在早期的入侵检测系统里，所有的响应都是被动的。以下列举两种常用的被动响应技术：

①告警和通知

绝大多数入侵检测系统提供多种形式的告警生成方式以供选择，允许用户设置告警以适合本组织的系统操作程序规范。

• 告警显示屏。

入侵检测系统提供的最常用的告警和通知方式是屏幕告警或窗口告警，这种告警消息出现在入侵检测系统控制台上，或由用户配置的其他系统上。在告警消息方面，不同的系统提供不同的翔实程度，范围从简单的“一个入侵已经发生”到列出此问题的表面源头、攻击目标、入侵的本质意图以及攻击是否成功等广泛性记录。在一些系统里告警消息的内容也可以由用户定制。

• 告警和警报的远程通知。

按时钟协调运行多系统的组织使用另一种告警和警报形式。在这些情形下，入侵检测系统能通过拨号或移动电话向系统管理员或安全工作人员发出告警和警报消息。

E-mail 消息是另一种通知手段，在某些情形下，通知选项允许用户配置附加信息或告警编码给相应单位。

②SNMP 陷阱和插件

Internet 上的 SNMP 陷阱服务接收由本地或远程 SNMP 代理生成的陷阱消息，然后将这些消息转发给用户计算机上运行的 SNMP 管理程序。为代理配置了 SNMP 陷阱服务后，如果发生任何特定的事件，都将生成陷阱消息。这些消息被发送到陷阱目标。例如，可以将代理配置为在无法识别的管理系统发送信息请求时启动身份验证陷阱。陷阱目标包括管理系统的计算机名、IP 地址或 Internet 数据包交换(Internet Work Packet Exchange，IPX)地址。陷阱目标必须是启用网络并且运行 SNMP 管理软件的主机。

有些入侵检测系统与网络管理工具一起使用。它能使用网络管理基础设施来传送在网络管理控制台显示的告警和警报信息，它依附简单网络管理协议(SNMP)的消息或陷阱作为一个告警选项。一些商业化产品里提供这个功能选项，入侵检测系统有可能和网络管理系统更彻底地集成在一起。这种集成能提高使用通信信道的能力和网络环境中对安全提供主动响应的能力。

7.6.4 入侵检测体系

本节在给出通用入侵检测模型的基础上，对主机入侵检测系统、网络入侵检测系统和分布式入侵检测系统的概念和特点进行集中讲解。

1. 入侵检测模型

为更好地研究入侵检测系统，人们将其各个组成部分抽象出来，形成各种入侵检测模型。较通用的模型有 Denning 模型和 CIDF 模型。

(1)Denning 模型

Denning 于 1987 年提出了一个通用的入侵检测模型，如图 7-22 所示。

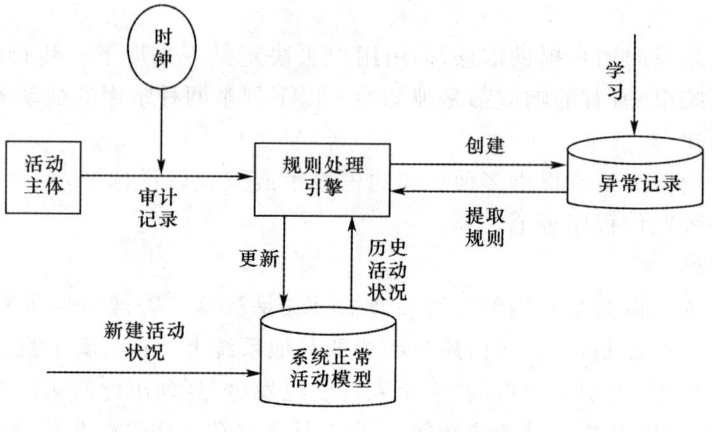

图 7-22　Denning 入侵检测模型

图 7-22 所示模型中包含 6 个主要部分。

①主体(Subjects)：在目标系统上活动的实体，如用户。

②对象(Objects)：系统资源，如文件、设备、命令等。

③审计记录(Audit Records)：由主体、活动(Action)、异常条件(Exception-Condition)、资源使用状况(Resource-Usage)和时间戳(Time-Stamp)等组成。其中活动是指主体对目标的操作，异常条件是指系统对主体的异常情况的报告，资源使用状况是指系统的资源消耗情况。

④活动档案(Active Profile)：系统正常活动模型，保存系统正常活动的有关信息。在各种检测方法中其实现各不相同。在统计方法中可以从事件数量、频度、资源消耗等方面度量。

⑤异常记录(Anomaly Record)：由事件、时间戳和审计记录组成，表示异常事件的发生情况。

⑥活动规则(Active Rule)：判断是否为入侵的准则及要采取的行动。一般以系统正常活动模型为基准，根据专家系统或统计方法对审计记录进行分析处理，在发现入侵时采取相应的对策。

(2)CIDF

入侵检测系统的通用模型(Common Intrusion Detection Framework，CIDF)包括入侵检测系统的体系结构、通信机制、描述语言和应用编程接口(API)等 4 个方面。其中体系结构如图 7-23 所示。模型中，入侵检测系统分为 4 个基本组件即事件产生器、事件分析器、响应单元和事件数据库。其中的事件是指入侵检测系统需要分析的数据。

这 4 个组件只是逻辑实体，一个组件可能是某台计算机上的一个进程甚至线程，也可能是多个计算机上的多个进程。它们以通用入侵检测对象(Generalized Intrusion Detection Objects，GIDO)格式进行数据交换。这种划分体现了入侵检测系统所必需具有的体系结构，即数据获取、数据分析、行为响应和数据管理，因此具有通用性。事件产生器、事件分析器和响应单元通常以应用程序的形式出现，而事件数据库则以文件或数据流的形式出现。GIDO 数据流可以是发生在系统中的审计事件或对审计事件的分析结果。

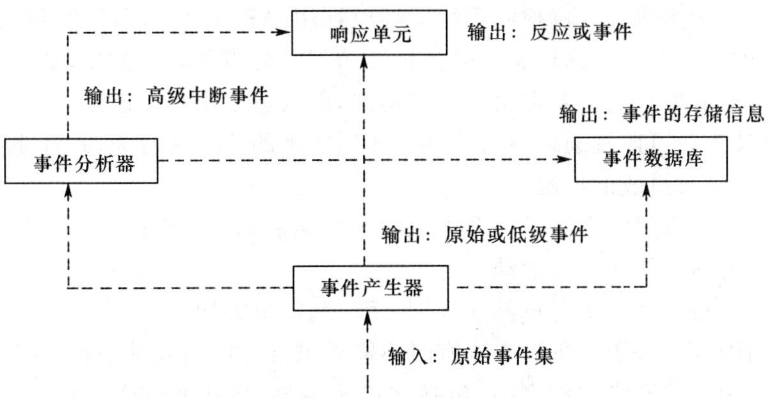

图 7-23 CIDF 体系结构

事件产生器的任务是从入侵检测系统之外的计算机中收集事件，但不做分析，将这些事件转换成 CIDF 的 GIDO 格式传送给其他组件；事件分析器分析收到的 GIDO，并将产生的新的 GIDO 再传送给其他组件；事件数据库用来存储 GIDO，以备系统使用；响应单元处理收到的 GIDO，并根据处理结果采取相应的措施，如删除相关进程、将连接复位以及修改文件权限等。

2. 入侵检测体系结构

根据入侵检测系统的保护对象或数据来源，可以将入侵检测技术分为主机入侵检测技术和网络入侵检测技术两种。作为这两类技术的实施体系，主机入侵检测系统和网络入侵检测系统是两类基本的入侵检测体系，混合入侵检测系统和分布式入侵检测系统则是在此基础上的延伸。

（1）主机入侵检测

基于主机的入侵检测出现在 20 世纪 80 年代初期，那时网络还没有像今天这样普遍、复杂，且网络之间也没有完全连通。在这较为简单的环境里，检查可疑行为的检验记录是很常见的操作。由于入侵在当时是相当少见的，因此对攻击进行事后分析就可以防止以后的攻击。主机入侵检测系统确切的定义就是，安装在单个主机或服务器系统上，监测和响应主机或服务器系统的入侵行为，并对主机系统进行全面保护的系统。

主机入侵检测系统主要是对该主机的网络连接行为，以及系统审计日志进行智能分析和判断。如果其中主体活动十分可疑，入侵检测系统就会采取相应措施。作为对主机系统的全面防护，主机入侵检测通常包括网络监控和主机监控两个方面。

主机入侵检测在发展过程中融入了其他技术。对关键系统文件和可执行文件的入侵检测的一个常用方法，是通过定期检查校验和来进行的，以便发现意外的变化。反应的快慢与轮询间隔的频率有直接的关系。许多系统都是监听端口的活动，并在特定端口被访问时向管理员报警。这类检测方法将基于网络的入侵检测的基本方法融入主机入侵检测环境中。

尽管基于主机的入侵检测系统不如基于网络的入侵检测系统快捷，但它确实具有基于网络的系统无法比拟的优点：

①性能价格比高。在主机数量较少的情况下，这种方法的性能价格比较高。尽管基于网络的入侵检测系统能很容易地提供广泛覆盖，但其价格通常很高，而基于主机的入侵检测系统花销较小，客户只需很少的费用用于最初的安装。

②细致性。基于主机的入侵检测系统能够监视用户和文件访问活动，包括文件访问、改变文件权限、试图建立新的可执行文件并且试图访问特许服务等。例如，基于主机的入侵检测系统可以监督所有用户登录及退出登录的情况，以及每个用户在连接到网络以后的行为。此外，基于主机技术还可监视通常只有管理员才能实施的非正常行为，并且能够记录所有用户账号的添加、删除及更改的情况。

③针对性。一旦入侵者得到了一个主机的用户名和口令，基于主机的入侵监测系统最有可能区分正常的活动和非法的活动。

④易于删除。每一个主机有自己的代理，用户删除更方便。

⑤无须专门硬件。基于主机的方法有时不需要增加专门的硬件平台。基于主机的入侵检测系统存在于现有的网络结构之中，包括文件服务器、Web 服务器，以及其他共享资源，因此，基于主机的系统效率很高。

⑥对网络流量不敏感。用代理的方式一般不会因为网络流量的增加而放弃对网络行为的监视。

⑦适用于被加密的以及切换的环境。由于基于主机的系统安装在遍布企业的各种主机上，因此它们比基于网络的入侵检测系统更加适用于加密的环境。交换设备可将大型网络分成许多小型网络段加以管理，所以从覆盖足够大的网络范围的角度出发，很难确定配置基于网络的入侵检测系统的最佳位置。基于主机的入侵检测系统可安装在所需的重要主机上，在交换的环境中具有更高的能见度。

根据加密方式在协议堆栈中的位置不同，基于网络的系统可能对某些攻击没有反应。基于主机的入侵检测系统没有这方面的限制。

⑧确定攻击是否成功。由于基于主机的入侵检测系统使用已发生事件的信息，因此比基于网络的入侵检测系统更能准确地判断攻击是否成功。

(2)网络入侵检测

网络入侵检测使用原始网络包作为数据源，它通常利用一个运行在混杂模式下的网络适配器来实时监视并分析通过网络的所有通信业务，其攻击识别模块通常使用 4 种常用技术来识别攻击标志，即模式、表达式或字节匹配、频率或穿越阈值、次要事件的相关性和非常规现象检测等。

一旦检测到了攻击行为，入侵检测系统的响应模块就提供多种选项以通知、报警，并对攻击采取相应的反应。反应因产品而异，但通常都包括通知管理员、中断连接并且做会话记录等。实际上，许多客户在最初使用入侵检测系统时，都配置了基于网络的入侵检测。

①基于网络的入侵检测系统的优点

• 检测速度快。基于网络的监测器通常能在微秒或秒级时间内发现问题，而大多数基于主机的产品则要依靠对最近几分钟内审计记录的分析才能得出结果。

• 隐蔽性好。网络上的监测器不像主机那样显眼和易被存取，因而也不容易遭受攻击。基于网络的监视器不运行其他的应用程序，不提供网络服务，可以不响应其他计算机，因此比较安全。

• 视野更宽。基于网络的入侵检测可以在网络的边缘上(攻击者还没能接入网络时)就被发现并制止。

• 较少的监测器。由于使用一个监测器就可以保护一个共享的网段，所以不需要很多的监测器。相反,如果基于主机,则在每个主机上都需要一个代理,成本很高且难以管理。

• 攻击者不易转移证据。基于网络的入侵检测系统使用正在发生的网络通信进行实时攻击的检测,所以攻击者无法转移证据。被捕获的数据不仅包括攻击的方法,而且还包括可识别黑客身份和对其进行起诉的信息。许多黑客都熟知审计记录,他们知道如何操纵这些文件来掩盖作案痕迹。

• 操作系统无关性。基于网络的入侵检测系统作为安全监测资源,与主机的操作系统无关。与之相比,基于主机的系统必须在特定的、没有遭到破坏的操作系统中才能正常工作。

• 占用资源少。在被保护的设备上不用占用任何资源。

②网络入侵检测系统存在的弱点

• 网络入侵检测系统只检测直接连接到的网段通信,不能检测不同网段的网络包。

• 在使用交换以太网的环境中会出现检测范围受限。

• 安装多台网络入侵检测系统的传感器会使部署整个系统的成本大大增加。

• 网络入侵检测系统为了优化性能通常采用特征检测的方法,可以检测出普通的攻击,但很难实现一些复杂的、需要大量计算与分析时间的攻击检测。

• 网络入侵检测系统会将大量的数据传回分析系统中,在监听特定的数据包时会产生大量的分析数据流量,因而传感器协同工作能力较弱。

• 网络入侵检测系统处理加密的会话过程比较困难,目前,通过加密通道的攻击尚不多,但随着 IPv6 的普及,这个问题会越来越突出。

(3)混合入侵检测

主机入侵检测系统和网络入侵检测系统各有自己的优、缺点,混合使用基于主机和基于网络这两种方式能够达到更好的检测效果。例如,主机入侵检测系统使用系统日志作为检测依据,在确定攻击是否已经取得成功时与网络入侵检测系统相比具有更大的准确性,因此主机入侵检测系统对网络入侵检测系统是一个很好的补充,人们完全可以使用网络入侵检测系统提供早期报警,而使用主机入侵检测系统来验证攻击是否取得成功。这实际上就是混合入侵检测系统的概念。

(4)分布式入侵检测

分布式入侵检测系统可以是混合入侵检测系统的一种,也可以仅仅是网络入侵检测系统的分布式整合。

传统的集中式入侵检测技术的基本原理是在网络的不同网段中放置多个传感器或探测器,首先收集当前网络状态的信息,然后将这些信息传送到中央控制台进行处理和分析。更进一步,有的传感器具有某种主动性,能够接收中央控制台的某些命令和下载某些识别模板。

集中式模型具有以下几个明显的缺陷:

①面对在大规模、异构网络基础上发起的复杂攻击行为,会增加中央控制台的工作负荷,以至于它无法具有足够的能力处理来自四面八方的消息事件。因此,会遗漏许多重大消息事件,从而增加漏警率。

②由于网络传输的延时问题,到达中央控制台的数据包中的事件消息只是反映了其刚

被生成时的情况，而不能反映随着时间而改变的当前状态。这使得基于过时信息做出的判断的可信度大大降低，同时也使得确认相关信息的来源变得非常困难。

③异构网络环境所带来的平台差异也给集中式模型带来诸多困难。因为每一种攻击行为在不同的操作环境中都表现出不同类型的模式特征，而已知的攻击方法数目非常多，因而在集中式模型的系统中，想要与攻击模式完全匹配就已经非常困难，更何况还要应对不断出现的新型攻击手段。

面对诸多难题，很多新的思路已经出现，其中一种就是攻击策略分析(Attack Strategy Analysis)方法。它采用分布式智能代理的结构方式，由几个中央智能代理和大量分布的本地代理组成，其中本地代理负责处理本地事件，而中央智能代理负责整体的分析工作。与集中式模型不同的是，攻击策略分析强调的是通过全体智能代理协同工作来分析入侵者的攻击策略：中央智能代理扮演的是协调者和全局分析员的角色，但绝不是唯一的事件处理者；本地代理有较强的自主性，可以独立地对本地攻击进行有效检测，同时也与中央智能代理和其他本地代理通信，接受中央智能代理的调度指挥，并与其他代理协同工作。这种方法有明显的优点，但同时又带来了其他的一些问题，如大量代理的组织和协作问题、相互之间的通信、处理能力和任务的分配等。

下面介绍一个典型的分布式入侵检测系统的解决方案。

图 7-24 所示的入侵检测系统是一种基于部件的分布式入侵检测系统。系统中的部件是具有特定功能的独立的应用程序、小型的系统或者仅仅是一个非独立的应用程序的功能模块。在部署时，这些部件可能在同一台计算机上，也可能各自分布在一个大型网络的不同地点，每个部件都能够完成某一特定的功能。各个部件之间通过统一的网络接口进行信息交换，这样既简化了数据交换的复杂性，使得多个部件能够很容易地分布在不同主机上，也给系统提供了一个扩展接口。

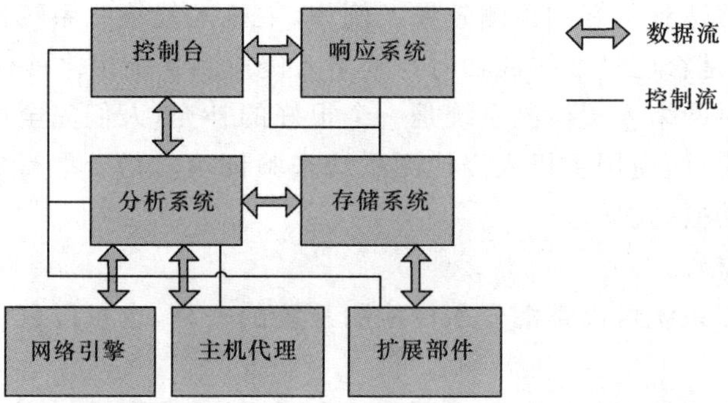

图 7-24　分布式入侵检测系统

系统主要部件有网络引擎(Network Engine)、主机代理(Host Agent)、存储系统(Storage System)、分析系统(Analyzer System)、响应系统(Response System)和控制台(Manager Console)。

网络引擎和主机代理属于 CIDF 中的事件产生器(Event Generators)。网络引擎截获网络中的原始数据包，并从中寻找可能的入侵信息或其他敏感信息。主机代理从所在主机内收集信息，包括分析日志、监视用户行为、分析系统调用、分析该主机的网络通信等。网络引擎和主机代理也具有数据分析功能，对于已知的攻击，在这些部件中使用模式匹配的方法来检测，可以大大提高系统的处理速度，也可以减少分析部件的工作量及系统网络传输的影响。

存储系统用来存储事件产生器捕获的原始数据、分析结果等，储存的原始数据用于对入侵者进行法律制裁时提供确凿的证据。存储系统也是不同部件之间数据处理的共享数据库，为系统不同部件提供各自感兴趣的数据。因此，存储系统应该提供灵活的数据维护、处理和查询服务，同时也必须是一个安全的日志系统。

分析系统能够对事件发生器捕获的原始信息、其他入侵检测系统提供的可疑信息进行统一分析和处理。分析系统采用高层次的分析方法，如基于统计的分析方法、基于神经网络的分析方法等，负责分布式攻击检测。

分析系统是整个入侵检测系统的大脑，分析方法则是该系统的思维能力。各种分析方法都有各自的优势和不足，因此，系统中分析方法应该是可以动态更换的，并且多种算法可以并存。

响应系统用于对确认的入侵行为采取相应措施。响应包括消极的措施，如给管理员发 E-mail、消息、传呼等；也可以采取保护性措施，如切断入侵者的 TCP 连接、修改路由器的访问控制策略等；还可以采取主动的反击策略，如对攻击者进行 DDoS 攻击等，但这种以毒攻毒的方法在法律上是不允许的。

控制台是整个入侵检测系统和用户交互的界面。用户可以提供控制台配置系统中的各个部件，也可通过控制台了解各部件的运行情况。

7.6.5 入侵检测系统与协同

由入侵检测系统的基本构成可以看出，典型的入侵检测系统模型包括以下 3 个功能部件：

①提供事件记录流的信息源。

②发现入侵迹象的分析引擎。

③基于分析引擎的分析结果产生反应的响应部件。

目前的入侵检测系统是网络安全整体解决方案的一个重要部分，需要与其他安全设备之间协同工作，共同解决网络安全问题，这就对引入协同提出了要求。

1. 数据采集协同

入侵检测需要采集动态数据（网络数据包）和静态数据（日志文件等）。基于网络的入侵检测系统，仅在网络层通过原始的 IP 包进行检测，已不能满足日益增长的安全需求；基于主机的入侵检测系统，通过直接查看用户行为和操作系统日志数据来寻找入侵，却很难发现来自底层的网络攻击。

目前的入侵检测系统将网络数据包的采集、日志文件的采集与信息分析割裂开来，即使是综合基于网络和基于主机的入侵检测系统也不例外，没有在这两类原始数据的相关性上做考虑。此外，在采集网络数据包时，入侵检测系统一直是通过嗅探等被动方式来获取数据，一旦某个数据包丢失就无法挽回。而且，未来的网络是全交换的网络，网络速度越来越快，许多重要的网络还是加密的。在这种情况下，对动态网络数据包的采集就更加困难。因此，在数据采集上进行协同并充分利用各层次的数据，是提高入侵检测能力的首要条件。

数据采集协同包含以下几个方面的内容：

(1)入侵检测系统与漏洞扫描系统的协同。漏洞扫描系统的特点是利用完整的漏洞库，对网络中的各个主机进行扫描，对主机所存在的网络、操作系统和运行等方面存在的漏洞给出综合报告，然后提出漏洞的修补办法和风险评估报告。

(2)入侵检测系统与扫描系统的协同。一方面，可以利用扫描系统的扫描结果，对目前网络或系统所存在的漏洞做到心中有数，并对预警策略进行修改，从而尽可能地减少误报，并对隐含在正常行为中的攻击行为做出报警；另一方面，入侵检测系统能够对目前正在遭受攻击的漏洞进行及时的防范。此外，漏洞扫描系统也可以利用入侵检测系统的报警信息，扫描主机的特定漏洞，查看正在受攻击的漏洞是否真实存在，如果真实存在，做出必须及时封堵的报告。

(3)入侵检测系统与防病毒系统的协同。面对来自网络的病毒攻击，入侵检测系统可能根据某些特征做出警告，但由于入侵检测系统本身并不是防病毒系统，对网络中的主机是否真的正在遭受计算机病毒的袭击不能准确地预报，这时防病毒系统就有了用武之地，可以有针对性地对入侵检测系统的病毒报警信息进行验证，对遭受病毒攻击的主机系统进行适当的处理。

2. 数据分析协同

入侵检测不仅需要利用模式匹配和异常检测技术来分析某个检测引擎所采集的数据，还要在此基础上利用数据挖掘技术，分析多个检测引擎提交的审计数据以发现更为复杂的入侵行为。

从理论上讲，任何网络入侵行为都能够被发现，因为网络流量和主机日志记录了入侵的活动。数据分析协同需要在两个层面上进行，一是对一个检测引擎采集的数据进行协同分析，综合使用检测技术，以发现较为常见的、典型的攻击行为；二是对来自多个检测引擎的审计数据，利用数据挖掘技术进行分析，以发现较为复杂的攻击行为。考核入侵检测系统数据分析能力可以从准确性、效率和可用性三个方面进行。基于这一点，可以认为监测引擎是完成第一种数据分析协同的最佳地点，中心管理控制平台则是完成第二种数据分析协同的最佳地点。

当检测引擎面对并非单一的数据时，综合使用各种监测技术就显得十分重要。从攻击的特征来看，有的攻击方法使用异常监测来检测会很容易，而有的攻击方法使用模式匹配来检测则很简单。因此，对检测引擎的设计者来说，首先需要确定监测策略，明确哪些攻击行为属于异常检测的范畴，哪些攻击属于模式匹配的范畴。中心管理控制平台执行的是更为高级的、复杂的入侵检测，它面对的是来自多个检测引擎的审计数据，并可就各个区域内的网络活动情况进行“相关性”分析，其结果为下一时间段及检测引擎的检测活动提供支持。例如，黑客在正式攻击网络之前，往往利用各种探测器分析网络中最脆弱的主机及主机上最容易被攻击的漏洞，在正式攻击时，因为黑客的“攻击准备”活动早已被系统记录，所以入侵检测系统就能及时地对此攻击活动做出判断。

传统的数据挖掘技术的监测模型是离线产生的，这是因为传统数据挖掘技术的学习算法必须处理大量的审计数据，十分耗时。但是，有效的入侵检测系统必须是实时的，而且基于数据挖掘的入侵检测系统仅仅在监测率方面高于传统方法的监测率是不够的，只有误报率也在一个可接受的范围内时才是可用的。

美国哥伦比亚大学提出了一种基于数据挖掘的实时入侵检测技术，证明了数据挖掘技术能够用于实时的入侵检测系统。基本框架是，首先从审计数据中提取特征，以帮助区分正常数据和攻击行为；其次将这些特征用于模式匹配或异常检测模型；再其次描述一种人工异常产生方法，来降低异常检测算法的误报率；最后提供一种结合模式匹配和异常检测模型的方法。实验表明，上述方法能够提高系统的监测率，而不会降低任何一种检测模型的性能。在此技术基础上，实现了基于数据挖掘的实时入侵检测系统是由引擎、监测器、数据仓库和自适应模型产生四部分构成，如图 7-25 所示。

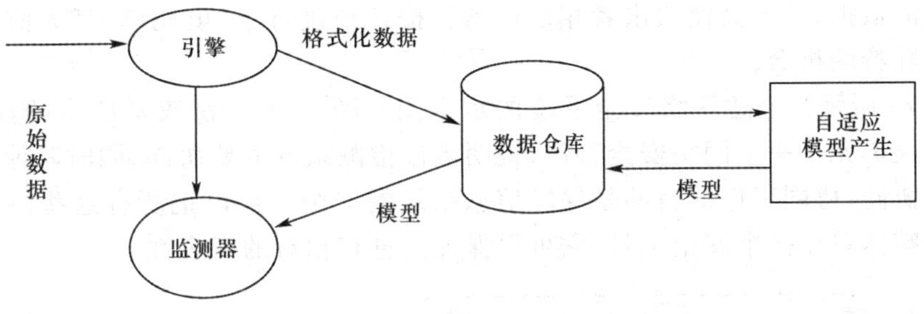

图 7-25　基于数据挖掘的实时入侵检测系统体系结构

在图 7-25 中，引擎观察原始数据并计算用于模型评估的特征；监测器获取引擎的数据并利用监测模型来评估其是否是一个攻击；数据仓库被用作数据和模型的中心存储地；模型产生的主要目的是加快开发及分发新的入侵检测模型的速度。

3. 响应协同

响应协同就是入侵检测系统与有充分响应能力的网络设备或网络安全设备集成在一起，构成响应和预警互补的综合安全系统。

响应协同主要包含以下几个方面：

(1)入侵检测系统与防火墙的协同

防火墙与入侵检测系统可以互补体现在静态和动态两个层面上。静态协同是指入侵检测系统可以通过了解防火墙的策略，对网络安全事件进行有效分析，从而准确地报警，减少误报；动态协同是指当入侵检测系统发现攻击行为时，可以通知防火墙阻断已经建立的连接，同时通知防火墙修改策略，防止潜在的进一步攻击。

(2)入侵检测系统与路由器、交换机的协同

交换机和路由器一般串接在网络上，都有预定的策略，可以决定网络上的数据流，所以入侵检测系统与交换机、路由器的协同也有静态和动态两个方面，过程也大致相同，这里不再详述。

(3)入侵检测系统与防病毒系统的协同

对防病毒系统来讲，查毒和杀毒缺一不可，在查毒层面有数据采集协同，在杀毒层面有响应协同。入侵检测系统可以通过发送大量 RST 报文阻断已经建立的连接，但在防止计算机遭受病毒袭击的方面却无能为力。目前由于网络病毒攻击占所有攻击的比例不断增加，入侵检测系统与防病毒系统的协同也变得越来越重要。

(4)入侵检测系统与蜜罐和填充单元系统协同

蜜罐是试图将攻击者从关键系统引诱开的诱骗系统。这些系统充满了看起来很有用的信息，但是这些信息实际上是捏造的，合法用户是访问不到的。因此，当监测到对“蜜罐”的访问时，很可能就有攻击者闯入。“蜜罐”上的监控器和事件日志器监测这些未经授权的访问，并收集攻击者活动的相关信息。

利用“蜜罐”的这种能力，一方面可以为入侵检测系统提供附加数据，另一方面，当入侵

检测系统发现有攻击者时，可以把攻击者引入“蜜罐”，防止攻击者造成危害，并收集攻击者的信息。

“填充单元”采取另一种不同的方法。“填充单元”不是试图用引诱性的数据吸引攻击者，而是等待传统的入侵检测系统来监测攻击者，攻击者被传递到一个特定的填充单元主机，并处于一个模拟环境中，因此不会造成任何伤害。与“蜜罐”相似，这种模拟环境会充满令人感兴趣的数据，从而会使攻击者相信攻击正按计划进行。“填充单元”为监测攻击者的行为提供了独特的机会。

如图 7-26 所示为上述网络安全系统的示意图。图 7-26 无法表示所有的数据流，其目的是说明安全单元是一个网络安全整体，说明入侵检测系统需要协同，同时其他所有的安全工具也需要协同，协同工作的目的是保障信息系统的安全。可以把所有这些协同工作的工具或者设备整体看作一个安全工具，它可以保证信息有相对的安全性。

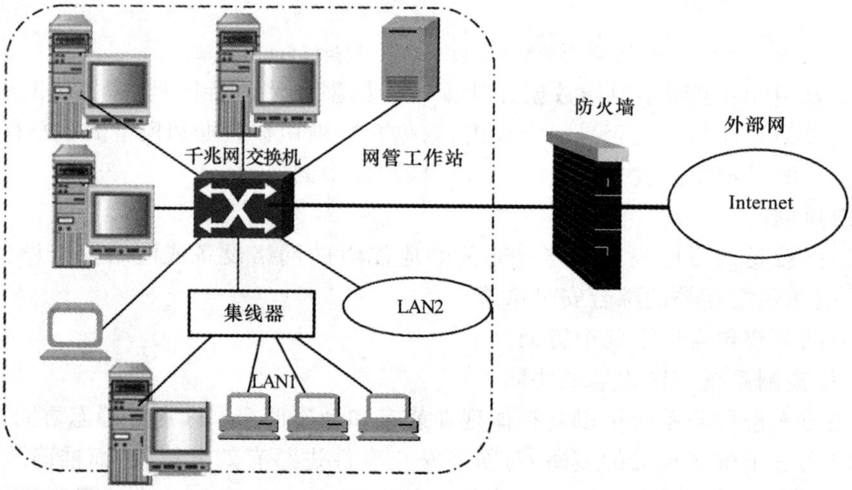

图 7-26　网络安全系统

7.6.6　入侵检测分析

入侵检测技术是一种非常重要的动态安全技术，如果与传统的静态安全技术共同使用，可以大大提高系统的安全防护水平。

一个安全系统至少应该满足用户系统的保密性、完整性及可用性要求。但是，随着网络连接的迅速扩展，特别是互联网大范围的开放以及金融领域网络的接入，越来越多的系统遭到入侵攻击的威胁。这些威胁大多是通过挖掘操作系统和应用服务程序的弱点或者缺陷来实现的。

对付破坏系统企图的理想方法是建立一个完全安全的系统。这不仅要求所有的用户能识别和认证自己，而且还要求用户采用各种各样的加密技术和强制访问控制策略来保护数据。实际上这一点是很难做到的。

• 要将所有已安装的带安全缺陷的系统转换成安全系统是不现实的，即使真正付诸实践，也需要相当长的时间。

• 加密技术本身存在一定的问题。比如密钥的生成、传输、分配和保存以及加密算法的安全性。

• 访问控制和保护模型本身存在一定的问题。

• 静态的安全控制措施不足以保护安全对象属性。通常，安全访问控制等级和用户的使用效率成反比。在一个系统中，担保安全特性的静态方法可能会过于简单、不充分，或者是系统过度地限制用户。例如，静态安全措施未必能阻止违背安全策略造成的对数据文件的浏览；强制访问控制仅允许用户访问具有合适通道的数据，造成系统使用的不便。因此，动态的安全措施（如行为跟踪）对检测和尽可能地阻止入侵是必要的。

• 安全系统易受内部用户滥用特权的攻击。一些安全技术（如防火墙）能够防止一些外部攻击，对来自内部的攻击就无能为力。

• 在实践中，建立完全安全的系统是不可能的。现今的操作系统和应用程序中不可能没有缺陷。在软件工程中存在着软件测试不充足、软件生命周期缩短等问题。

由于市场竞争激烈，软件生命周期正不断地被缩短，这样常常导致软件设计或测试不充分，并且有些软件的规模越来越大，复杂度越来越高，运行中用户的操作行为、软件安装平台、软件与软件之间交互的不可控性都可能带来问题。虽然软件商经常会针对某些具体缺陷发布一些修补软件，但系统的安全状态只能持续一段时间。此外，设计和实现一个整体安全系统也相当困难。

基于上述几类问题的解决难度，实用的方法是建立比较容易实现的安全系统，同时按照一定的安全策略建立相应的安全辅助系统。入侵检测系统就是这样一类系统。安全软件的开发方式基本上就是按照这个思路进行的。就目前系统安全状况而言，系统存在被攻击的可能性。如果系统遭到攻击，只要尽可能地检测到，甚至是实时地检测到，然后采取适当的处理措施，就可以避免造成更大的损失。

过去，防范网络攻击最常用的方法是使用防火墙。为了更好地说明入侵检测的必要性，对防火墙与入侵检测做一个比较。

"防火墙"是在被保护网络周边建立的、分隔被保护网络与外部网络的系统。防火墙技术是通过对网络做拓扑结构和服务类型上的隔离来加强网络安全的一种手段。它的保护对象是网络中有明确闭合边界的网块，防范对象则是来自被保护网块外部的对网络安全的威胁。防火墙通过在网络边界上建立相应的网络通信监控系统，拒绝非法的连接请求，从而达到保护网络安全的目的。

采用防火墙技术的前提条件如下：

• 被保护的网络具有明确定义的边界和服务。

• 网络安全的威胁仅来自外部网络。

通过监测、限制或更改穿过防火墙的数据流，尽可能地对外部网络屏蔽有关被保护网络的信息和结构，可实现对网络的安全保护，降低网络安全的风险。但仅仅使用防火墙保障网络安全是远远不够的。首先，防火墙本身会有各种漏洞和后门，有可能被外部黑客攻破；其次，防火墙不能阻止内部攻击，对内部入侵者来说防火墙毫无作用；最后，有些外部访问可以绕开防火墙。例如，内部用户通过调制解调器拨号接入 Internet，从而开辟了一个不安全的通路，而这一连接并没有通过防火墙，防火墙对此没有任何监控能力。

因此，仅仅依赖防火墙系统并不能保证足够的安全。入侵检测是防火墙的合理补充，为网络安全提供实时的入侵检测并采取相应的防护手段，如记录证据用于跟踪入侵者和灾难恢复、发出警报甚至终止进程、断开网络连接等。它从计算机网络系统中的若干关键点收集信息，并分析这些信息，看看网络中是否有违反安全策略的行为和遭到袭击的迹象。入侵检测被认为是防火墙之后的第二道安全闸门，在不影响网络性能的情况下，能对网络进行监测，从而提供对内部攻击、外部攻击和误操作的实时保护。

入侵检测系统一般不是采取预防的措施以防止入侵事件的发生，入侵检测作为安全技术其主要目的如下：

- 识别入侵者。
- 识别入侵行为。
- 检测和监视已成功的安全突破。
- 为对抗入侵，及时提供重要信息，阻止事件发生和事态扩大。

可见入侵检测对于建立一个安全系统来说是非常必要的，它可弥补传统安全保护措施的不足。

作为一类目前备受关注的网络安全技术，入侵检测技术也有很多不足，具体如下：

(1)入侵检测系统本身还在迅速发展和变化，尚未成熟。目前，绝大多数的商业入侵检测系统的工作原理和病毒检测相似，自身带有一定规模和数量的入侵特征模式库，可以定期更新。这种方式有很多弱点：不灵活，仅对已知的攻击手段有效；特征模式库的提取和更新依赖于手工方式，维护不易。具有自适应能力、能自我学习的入侵检测系统还尚未成熟，检测技术在理论上还有待突破。所以入侵检测系统领域当前正处于不断发展成长的时期。

(2)现有的入侵检测系统错报率(或称为虚警率)偏高，严重干扰了检测结果。如果入侵检测系统对原本不是攻击的事件产生了错误的警报，则假的警报一般称为虚警(False Positive)。通常这些错报会干扰管理员的注意力，产生以下两种后果：

①忽略警报，但这样做的结果和安装入侵检测系统的初衷相悖。

②重新调整临界阈值，使系统对虚报的事件不再敏感，但这样做之后，一旦有真的相关攻击事件发生，入侵检测系统将不再报警，这同样损失了入侵检测系统的功效。

(3)事件响应与恢复机制不完善。这一部分对入侵检测系统非常重要，但目前几乎都被忽略并没有一个完善的响应恢复体系，远不能满足人们的期望和要求。

(4)入侵检测系统与其他安全技术的协作性不够。如今，网络系统中往往采用很多其他的安全技术，如防火墙、身份认证系统、网络管理系统等。如果它们之间能够相互沟通、相互配合，对入侵检测系统进一步增强自身的检测和适应能力是有帮助的。

(5)入侵检测系统缺少对检测结果做进一步说明和分析的辅助工具，这妨碍了用户进一步理解看到的数据或图表。

(6)入侵检测系统缺乏国际统一的标准。

①没有关于描述入侵过程和提取攻击模式的统一规范。

②没有关于检测和响应模型的统一描述语言。

③检测引擎的定制处理没有标准化。

习题巩固

一、名词解释

密钥；对称加密法；非对称加密法；数字签名；PKI；防火墙；入侵检测。

二、单项选择题

1. 为了确定信息在网络传输过程中是否被他人篡改，一般采用的技术是(　　)。

A. 防火墙技术　B. 数据库技术　C. 消息认证技术　D. 文件交换技术

2. KDC分发密钥时，进行通信的两台主机都需要向KDC申请会话密钥。主机与KDC通信时使用的是(　　)。

A. 会话密钥　　B. 公开密钥
C. 二者共享的永久密钥　　D. 临时密钥

3. 用户A从CA得到了用户B的数字证书，用户A可以从该数字证书中得到用户B的(　　)。

A. 私钥　　B. 数字签名　　C. 口令　　D. 公钥

4. 计算机网络系统中广泛使用的DES算法属于(　　)。

A. 不对称加密　　B. 对称加密
C. 不可逆加密　　D. 公开密钥加密

5. 在公钥密码体制中，用于加密的密钥为(　　)。

A. 公钥　　B. 私钥　　C. 公钥与私钥　　D. 公钥或私钥

6. PKI是指(　　)。

A. 公共密钥基础结构　　B. Public Key Infrastructure
C. 上述都对

7. 证书颁发机构CA的功能包括(　　)。

A. 颁发证书　　B. 吊销证书
C. 发布证书吊销列表　　D. 上述都对

8. 包过滤防火墙工作在(　　)。

A. 应用层　　B. 会话层　　C. 传输层　　D. 网络层

9. 在下列防火墙体系结构中相对最安全的是(　　)。

A. 双重宿主主机结构　　B. 屏蔽主机结构
C. 屏蔽子网结构

10. 下列不属于防火墙的性能指标的是(　　)。

A. 防火墙的并发连接数　　B. 防火墙的转发速率
C. 防火墙的延时　　D. 防火墙的运行环境

三、简答题

1. 什么是对称密钥加密？什么是公开密钥加密？
2. 数字签名有哪几种实现方法？
3. 数字时间戳的用途是什么？
4. 防火墙的体系结构有哪些？各有什么优、缺点？
5. 防火墙的组合结构一般有哪几种形式？
6. 什么是入侵检测系统？它由哪些基本组件构成？
7. 简述入侵检测的功能和分类。
8. 简述常用的误用检测技术和异常检测技术的原理。

参考文献

[1] 季福坤,钱文光.数据通信与计算机网络[M].北京:中国水利水电出版社,2020.

[2] 陈代武.计算机网络技术[M].北京:北京大学出版社,2023.

[3] 曹建文.计算机网络技术基础大中专理科计算机[M].西安:西安电子科技大学出版社,2023.

[4] 高林娥,武建业.计算机网络基础与工程实践研究[M].北京:中国原子能出版社,2022.

[5] 张焱,李梦,麻冬茹.计算机网络技术与信息化网络技术[M].哈尔滨:黑龙江科学技术出版社,2022.

[6] 肖蔚琪.计算机网络安全[M].武汉:华中师范大学出版社,2022.

[7] 周世杰.计算机系统与网络安全技术[M].北京:高等教育出版社,2022.

[8] 栾婷婷,王昱煜.计算机网络基础:微课版[M].北京:人民邮电出版社,2022.

[9] 郑伟,蒋竹千,唐小军.计算机网络原理[M].成都:西南交通大学出版社,2022.